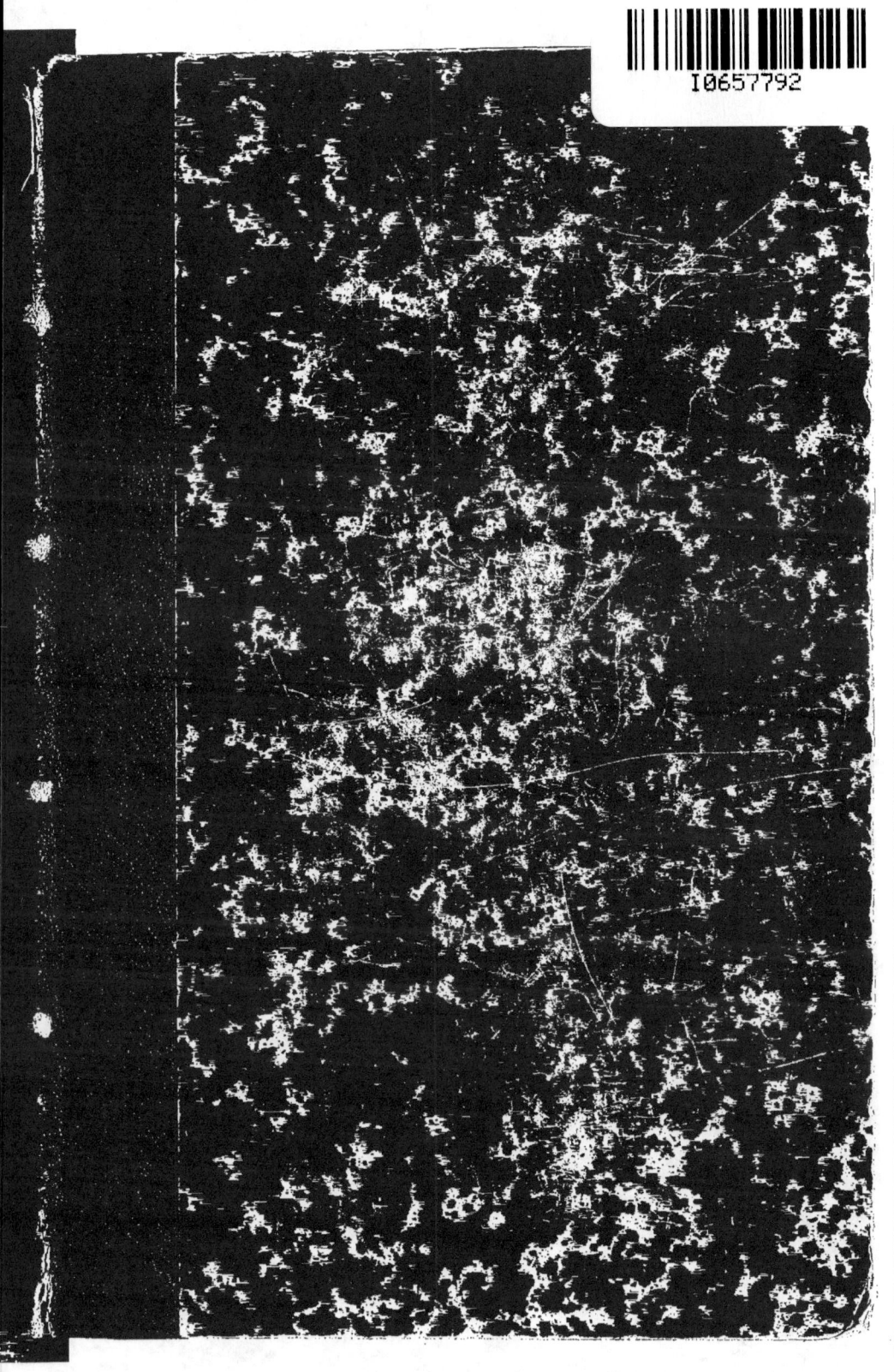

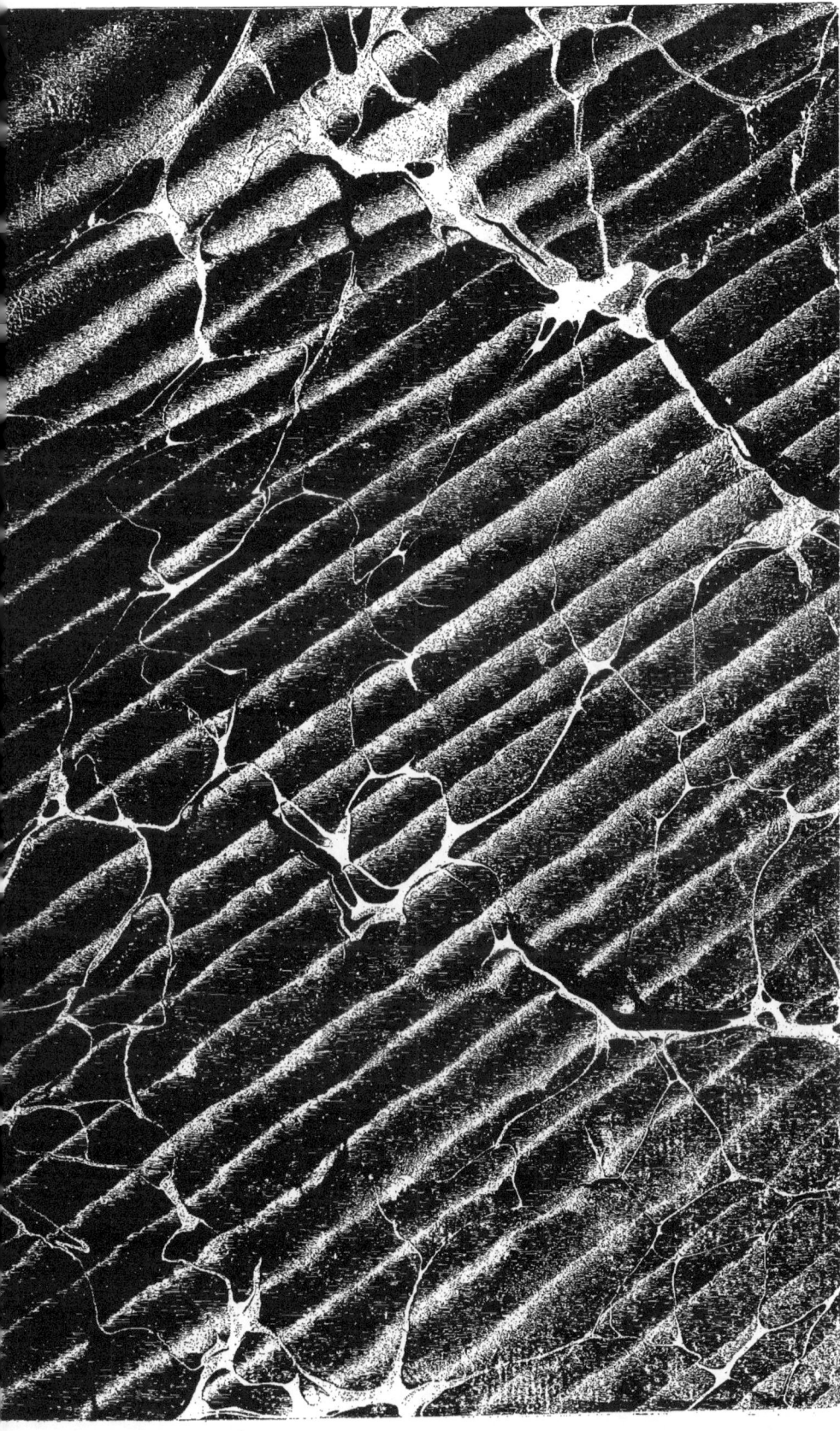

RECUEIL DE RAPPORTS

SUR

LES PROGRÈS DES LETTRES ET DES SCIENCES

EN FRANCE.

PARIS.

LIBRAIRIE DE L. HACHETTE ET Cie,

BOULEVARD SAINT-GERMAIN, N° 77.

RECUEIL DE RAPPORTS

SUR

LES PROGRÈS DES LETTRES ET DES SCIENCES

EN FRANCE.

RAPPORT SUR LES PROGRÈS

ET LA MARCHE

DE

LA PHYSIOLOGIE GÉNÉRALE

EN FRANCE

PAR M. CLAUDE BERNARD,

MEMBRE DE L'INSTITUT,

PROFESSEUR DE PHYSIOLOGIE GÉNÉRALE À LA FACULTÉ DES SCIENCES.

PUBLICATION FAITE SOUS LES AUSPICES

DU MINISTÈRE DE L'INSTRUCTION PUBLIQUE.

PARIS.

IMPRIMÉ PAR AUTORISATION DE SON EXC. LE GARDE DES SCEAUX

A L'IMPRIMERIE IMPÉRIALE.

M DCCC LXVII.

1867

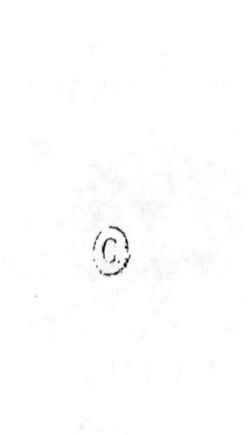

RAPPORT SUR LES PROGRÈS

ET LA MARCHE

DE LA PHYSIOLOGIE GÉNÉRALE

EN FRANCE.

INTRODUCTION.

INFLUENCE FRANÇAISE SUR LA PHYSIOLOGIE MODERNE.

Si l'on peut trouver, dans la plus haute antiquité, les traces de
toutes les sciences, parce qu'elles existent toutes en germe dans
l'intelligence humaine, leur développement ne se fait cependant que
progressivement, à mesure que le temps accumule les matériaux nécessaires à l'édification de chacune d'elles. Dans l'étude analytique
des phénomènes qui l'entourent, l'homme a débuté naturellement
par les choses les plus simples pour arriver successivement aux plus
compliquées. Il en est résulté que les sciences ont suivi la même
marche dans leur évolution. C'est pourquoi celles qui reposent sur
des notions très-générales et peu nombreuses se sont formées les
premières, tandis que celles qui renferment des notions très-mul-
tiples ne peuvent se constituer que les dernières. Sous ce rapport,
la physiologie, qui est la connaissance des lois de la vie, embrasse

incontestablement les phénomènes les plus complexes de la nature. Il n'est donc pas étonnant que sa marche soit si lente et son apparition si tardive dans l'ordre des sciences définies. Il lui fallait, pour prendre son essor, attendre que des sciences plus simples, qui devaient lui servir de points d'appui ou d'instruments, fussent elles-mêmes constituées.

Depuis longtemps la physiologie cherche à poser ses fondements et à conquérir son indépendance scientifique, mais c'est seulement de nos jours qu'elle peut commencer à entrevoir son véritable problème et à pressentir ses destinées. Elle s'efforce de plus en plus de sortir du vestibule obscur dans lequel elle a préparé son développement, et elle lutte pour se débarrasser de l'empirisme et se dégager des hypothèses qui gênent encore ses premiers pas. Cette seule indication suffira pour faire comprendre les difficultés particulières que l'on devra rencontrer pour tracer, dans un rapport, un tableau des progrès récents de la physiologie [1] *. Quand il s'agit de sciences qui dès longtemps sont en possession de leurs principes et de leurs méthodes, l'histoire de leurs conquêtes devient plus facile : on marche sur une base solide de connaissances acquises, auxquelles les connaissances nouvelles peuvent venir s'ajouter chronologiquement et par superposition. Quand il s'agit au contraire de sciences qui n'en sont qu'à leurs premiers linéaments, l'appréciation n'est plus aussi simple, et les causes de leur avancement doivent être recherchées à la fois dans les faits, dans les idées et dans les méthodes.

Les progrès de la physiologie ne sauraient être marqués seulement par les découvertes nouvelles qui sont venues l'enrichir et augmenter ses matériaux; il faudra aussi ranger au nombre de ses progrès les plus réels l'introduction des méthodes et des idées nouvelles qui ont eu pour but de diriger sa marche dans la voie où elle trouvera son autonomie scientifique. Enfin nous devrons

---

* Les chiffres ainsi placés entre deux parenthèses correspondent aux numéros des *notes et documents à consulter* à la fin de ce Rapport, p. 151 et suiv.

encore un compte des moyens de travail dont la physiologie expérimentale peut disposer, et signaler les principaux obstacles qu'elle rencontre. Si notre tâche devient ainsi plus difficile, l'intérêt qui s'attache à son accomplissement ne saurait diminuer; car il n'en sera que plus important d'examiner la part d'influence que la France peut revendiquer dans le développement et dans la fondation de cette belle science de la vie, dont l'avénement sera une des gloires de notre siècle.

Nous n'avons pas à remonter aux premiers temps de la physiologie, puisque les limites de notre cadre circonscrivent notre sujet à l'examen des progrès de cette science en France, particulièrement dans ce dernier quart de siècle. Cependant, pour bien interpréter l'influence de la physiologie française sur notre époque, il est nécessaire que nous jetions tout d'abord un coup d'œil rapide vers la fin du dernier siècle et le commencement de celui-ci. À ce moment remarquable, la France possède trois grands hommes, Lavoisier, Laplace et Bichat, qui imprimèrent à la physiologie une direction décisive et durable.

De tout temps les phénomènes de la vie furent, à juste titre, regardés comme les plus impénétrables. Les apparences, qui nous voilent presque toujours le fond réel des choses, avaient conduit les physiologistes à admettre que les manifestations vitales s'accomplissaient en dehors des lois physico-chimiques ordinaires, et qu'elles étaient régies par des influences occultes, mystérieuses (*principe vital*, *âme physiologique* ou *archée*), qu'on ne pouvait ni saisir ni localiser. Sans doute d'autres opinions étaient venues s'opposer aux premières; mais la physiologie générale n'aurait jamais pu se fonder sur ces idées vagues ni avancer par les discussions stériles de la scolastique. Il fallait résoudre les questions par des faits et les accompagner de démonstrations directes.

Lavoisier, en créant la chimie moderne, expliqua, du même temps, la nature des phénomènes chimiques qui se passent dans les êtres vivants. Il fit voir clairement que la vie est entretenue par des phénomènes chimico-physiques qui ne diffèrent pas quant à leur cause de ceux qui ont leur siége dans les corps bruts. Il démontra que les animaux qui respirent et les métaux que l'on calcine absorbent dans l'air le même principe actif ou vital (*l'oxygène*) [3], et que l'absence de cet air respirable arrête la calcination aussi bien que la respiration. Dans un autre travail Lavoisier et Laplace [4] prouvèrent que la chaleur organique qui anime les êtres vivants est engendrée en eux par une véritable combustion, en tous points semblable aux combustions de nos foyers. L'antique fiction de la vie comparée à une flamme qui brille et s'éteint cessa d'être une simple métaphore pour devenir une réalité scientifique. Ce sont, en effet, les mêmes conditions chimiques qui alimentent le feu et la vie. Ainsi Lavoisier et Laplace établirent cette première vérité fondamentale, qui est la base de la physique et de la chimie physiologiques, savoir : que les actions physico-chimiques qui manifestent et règlent les phénomènes propres aux êtres vivants rentrent dans les lois ordinaires de la physique et de la chimie générales.

Mais si les corps animés puisent les conditions de leurs activités chimico-vitales aux mêmes sources que les corps bruts, ils en diffèrent complétement par les formes spéciales de leurs manifestations physiologiques. L'anatomie seule peut rendre compte de ces dernières, parce qu'elles sont l'expression directe des propriétés de la matière organisée et de la contexture plus ou moins complexe des organismes vivants. Par les dissections anatomiques et les vivisections physiologiques, on était sans doute déjà parvenu à reconnaître et à déterminer les usages et les propriétés de beaucoup d'organes du corps. La science s'était enrichie, dans cette voie, d'un grand nombre de découvertes précieuses. Mais la physiologie générale n'en restait pas moins toujours plongée dans le vague des hypothèses touchant la nature du principe qui anime le corps vivant et donne à chacun de ses divers organes des fonctions particulières.

Ce fut Bichat qui, en fondant l'anatomie générale des tissus, apporta à la physiologie générale le point d'appui anatomique qui

lui manquait. Il fit comprendre l'inanité de la recherche d'un principe mystérieux et unique pour expliquer toutes les manifestations
vitales, et il montra qu'en physiologie chaque phénomène doit
être rattaché directement et rigoureusement aux propriétés physiologiques spéciales d'un tissu vivant, de même qu'en physique
chaque phénomène dérive des propriétés physiques d'une matière
déterminée [5]. Il ramena la physiologie générale sur un terrain défini, où il fut désormais possible de suivre et de localiser les phénomènes des corps vivants, en les rattachant aux propriétés élémentaires des tissus, comme des effets à leur cause. Or l'objet de la
physiologie générale est précisément de déterminer par l'analyse
expérimentale les propriétés physiologiques élémentaires des tissus,
afin d'en déduire ensuite d'une manière nécessaire l'explication des
mécanismes vitaux.

Il ne pouvait être donné au génie de Bichat de créer son œuvre
avec une perfection qui ne devait être apportée que par le temps.
Mais l'idée vraie et fondamentale n'en a pas moins été posée, et
c'est à lui que revient la gloire d'avoir créé l'anatomie générale et
d'avoir ouvert à cette science de la structure des corps vivants la
voie brillante et féconde qu'elle parcourt. Bichat fut le plus grand
anatomiste des temps modernes, mais à cause de cela même il ne
fut point un physiologiste complet, dans l'acception précise et plus
vaste qu'il faut aujourd'hui donner à ce mot.

La vie ne se conçoit que par le conflit des propriétés physico-
chimiques du milieu extérieur et des propriétés vitales de l'organisme réagissant les unes sur les autres. Il faut nécessairement le
concours de ces deux facteurs; car, si l'on supprime ou si l'on modifie soit le milieu, soit l'organisme, la vie cesse ou s'altère aussitôt.
La physiologie générale ne peut être solidement fondée qu'à la
condition de reposer sur cette double base. Elle doit considérer à
la fois dans l'organisme les propriétés vitales ou physiologiques des
tissus vivants et les propriétés physico-chimiques des *milieux* sous
l'influence desquelles la vitalité des tissus se manifeste. Si le phy-

siologiste, trop exclusivement anatomiste, physicien ou chimiste, ne s'appuie que sur un ordre des connaissances que nous avons signalées, ou seulement s'il lui accorde une trop large part, il fait nécessairement fausse route et il s'expose à avancer, sur les phéno- mènes de la vie, des explications erronées ou incomplètes. Il faudra toujours, en un mot, tenir compte de deux ordres de conditions : 1° des conditions anatomiques de la matière organisée qui donnent la nature ou la forme des phénomènes physiologiques; 2° des con- ditions physico-chimiques ambiantes qui déterminent et règlent les manifestations vitales.

Une troisième impulsion était encore indispensable pour assurer les progrès de la physiologie : il fallait la ramener définitivement à la méthode des sciences expérimentales; il fallait la pousser avec vigueur dans la direction des expériences sur les organismes vivants, afin de la détourner de la voie des hypothèses et des ex- plications prématurées dans laquelle elle s'était si souvent égarée. Un grand physiologiste français, Magendie[6], mon maître, est venu, au commencement de ce siècle, exercer cette action générale sur la science physiologique, en même temps qu'il l'enrichissait par ses propres découvertes. Magendie fut élevé dans l'école anato- mique de Paris, mais il n'était point disposé à suivre les succes- seurs de Bichat dans leurs explications hypothétiques[7]. Doué d'un esprit précis et pénétrant, sceptique et indépendant, il fut lié de bonne heure avec Laplace, qui le patronna. Par cette influence il se trouva encore fortifié dans son antipathie innée pour les explica- tions physiologiques dans lesquelles on ne se payait que de mots. Puis, par une tendance spontanée de réaction qui, à cette époque, fut très-utile à la physiologie, il s'arrêta à l'*expérimentation empi- rique*, c'est-à-dire au résultat brut de l'expérience considérée en dehors de toute interprétation et de tout raisonnement[8].

Magendie a exercé son influence sur la physiologie moderne en insistant pendant toute sa vie sur la nécessité des expériences et en réagissant toujours contre les hypothèses et les explications systématiques. Du reste Magendie joignit l'exemple au précepte. Il entreprit des cours privés de physiologie expérimentale fondée sur les vivisections [9]. Quand il commença cet enseignement, il était unique en Europe. Il fut fréquenté par des élèves nombreux, parmi lesquels se trouvaient beaucoup d'étrangers. C'est de ce foyer que sont partis de jeunes physiologistes qui sont allés porter les germes de la nouvelle physiologie expérimentale dans des écoles voisines, où elle s'est développée ensuite avec une si prodigieuse rapidité. Ce sont là des faits contemporains, devenus des souvenirs de jeunesse pour les physiologistes de la vieille génération. Il n'est pas nécessaire d'y insister davantage [10].

Depuis Galien jusqu'à nos jours, les physiologistes des divers pays qui pratiquèrent des expériences sur les animaux vivants ne s'étaient montrés que par intervalles et de loin en loin. Tour à tour prônées ou décriées, reprises, puis abandonnées, ces expériences n'avaient point acquis droit de domicile dans la physiologie. Maintenant elles y sont entrées pour n'en plus sortir, et désormais les vivisections, perfectionnées et analytiquement instituées, constituent une des branches fondamentales de la méthode d'investigation appliquée aux phénomènes de la vie. L'avénement de la physiologie expérimentale appartient à la France ; c'est à Magendie que revient la gloire d'avoir planté définitivement le drapeau de l'expérimentation physiologique. Ce sera un de ses titres à la reconnaissance de la postérité.

En résumé, les progrès actuels de la physiologie se relient à une véritable *renaissance* que cette science a éprouvée vers le commencement de ce siècle. Il était important de montrer que la France a été le berceau de cette rénovation, à laquelle ont principalement concouru Lavoisier, Laplace, Bichat et Magendie.

C'est à partir seulement de cette époque moderne que la physiologie expérimentale a réellement pris son essor, ayant pour base solide ce trépied indispensable : les sciences physico-chimiques, les sciences anatomiques et l'expérimentation sur l'organisme vivant.

Aujourd'hui cette nouvelle science expérimentale des phénomènes de la vie est partout cultivée avec la plus grande activité. L'importance et l'attrait des problèmes qu'elle poursuit, le pressentiment de l'influence qu'elle est destinée à exercer, dans l'avenir, sur le bien-être de l'homme, ont excité l'ardeur scientifique des jeunes générations et lui ont valu la sympathie de tous les hommes de progrès. Dans cette voie féconde, la physiologie expérimentale sera bientôt constituée comme science indépendante; elle marche à pas de géant, et elle a réalisé dans ce siècle des progrès vraiment extraordinaires. Chaque pays participe nécessairement à ces progrès rapides. Mais on peut concourir à l'avancement de la physiologie, comme à celui de toutes les sciences, par deux voies distinctes : 1° par l'impulsion des découvertes et des idées nouvelles; 2° par la puissance des moyens de travail et de développements scientifiques. Dans l'évolution des sciences, l'invention est, sans contredit, la partie essentielle. Toutefois les idées nouvelles et les découvertes sont comme des graines : il ne suffit pas de leur donner naissance et de les semer, il faut encore les nourrir et les développer par la culture scientifique. Sans cela elles meurent, ou bien elles émigrent; et alors on les voit prospérer et fructifier dans le sol fertile qu'elles ont trouvé loin du pays qui les a vues naître.

PREMIÈRE PARTIE.

DÉCOUVERTES ET PROGRÈS PRINCIPAUX
DE LA PHYSIOLOGIE GÉNÉRALE EN FRANCE DEPUIS VINGT-CINQ ANS.

Dans l'exposé qui va suivre nous considérerons spécialement le développement de la physiologie générale, et nous montrerons que tous les progrès de cette science tendent à déterminer les propriétés et les conditions d'existence des éléments organiques qui constituent les radicaux physiologiques de la vie. Notre but sera de bien faire comprendre les difficultés et l'importance d'un tel problème. La physiologie générale est encore trop peu avancée pour prétendre à aucune systématisation. L'histologie elle-même, dont l'objet est de donner les caractères anatomiques des tissus, est en voie d'évolution, et, sur beaucoup de points, elle ne peut actuellement fournir que des distinctions provisoires que l'avenir modifiera, sans aucun doute. C'est pourquoi, nous ne chercherons pas à établir une classification rigoureuse des phénomènes physiologiques élémentaires. Nous garderons seulement un cadre assez large pour nous permettre d'embrasser à la fois les résultats synthétiques acquis, et les recherches analytiques qui se rapportent à des questions de physiologie générale encore à l'étude.

I

PHÉNOMÈNES DE SENSATION ET DE LOCOMOTION.

Systèmes et éléments nerveux et musculaires.

La sensibilité et le mouvement, qui se rattachent aux propriétés des systèmes nerveux et musculaire, doivent être réunis ici dans une même étude physiologique. Ces deux attributs, les plus élevés de l'animalité, sont, en effet, tellement connexes que, l'un sans l'autre, ils n'auraient pas de raison d'être. Le système musculaire est le démonstrateur indispensable des propriétés du système nerveux, et les nerfs sont les excitateurs et les coordinateurs nécessaires du système musculaire.

Les phénomènes de sensibilité et de mouvement, obscurs ou indistincts dans les êtres inférieurs, apparaissent d'autant plus variés et mieux caractérisés qu'on les étudie dans des animaux plus parfaits. De même, les éléments qui représentent anatomiquement ces phénomènes se séparent et se différencient davantage à mesure que l'organisation se perfectionne. C'est pourquoi, les études expérimentales instituées sur les animaux supérieurs sont les plus faciles et ordinairement les plus utiles à la physiologie générale. Ce serait une grande erreur de croire que les êtres inférieurs sont nécessairement les plus simples, anatomiquement et physiologiquement [11]. Ils possèdent seulement une organisation inférieure dans laquelle les éléments des tissus sont moins développés et présentent des propriétés plus confuses. Ce qui signifie, en d'autres termes, que le perfectionnement organique se traduit par une différenciation anatomique et physiologique de plus en plus grande.

La séparation anatomique et physiologique des divers éléments constitutifs du système nerveux, n'a été définitivement établie par l'analyse expérimentale que dans ces derniers temps, et la France a puissamment contribué à ce progrès. Le premier pas important dans cette voie a été marqué par la découverte des fonctions distinctes des nerfs rachidiens. Des expériences faites sur des animaux vivants démontrent que la section des nerfs rachidiens antérieurs produit constamment la paralysie du mouvement, tandis que la section des nerfs rachidiens postérieurs entraîne exclusivement la perte du sentiment.

Le mérite d'avoir fait connaître les fonctions des racines rachidiennes a été réclamé en faveur de deux physiologistes, l'un Anglais, Ch. Bell, l'autre Français, Magendie. Bien que les éléments de cette controverse puissent réellement remonter à un demi-siècle, cependant le jugement définitif de la question appartient à notre époque. De semblables débats ne peuvent être justement appréciés qu'après la mort des auteurs [12] et lorsque les passions qui s'agitaient autour d'eux se sont éloignées et éteintes avec le temps; car, ainsi que l'a dit Bacon, « la science a parfois aussi les yeux humectés par les passions humaines. »

L'idée qu'il pouvait ou même qu'il devait exister des nerfs distincts de sentiment et de mouvement est fort ancienne : on pourrait la retrouver dans Galien. Mais la question dont il s'agit ici est celle de savoir quel est le physiologiste qui a, le premier, *démontré expérimentalement* la vérité scientifique sur ce point. Si les hommes qui pressentent les choses et émettent sur elles des opinions anticipées sont souvent très-utiles, c'est cependant à ceux qui apportent les faits positifs que revient toujours le principal mérite. Ce sont eux qui accomplissent le progrès réel, en ce qu'ils fixent la science et lui fournissent un point d'appui pour aller plus loin et marcher en avant.

C'est toujours par des publications et par des textes précis qu'un auteur peut appuyer ses droits à une découverte. Mais, entre Ch. Bell et Magendie, le débat ne doit pas, selon moi, rester réduit à une simple question de date. Il y a un grand intérêt à prendre le sujet de plus haut pour l'envisager en même temps plus philosophiquement, au point de vue de la méthode d'investigation. On verra que, pour bien asseoir son jugement, il faut absolument tenir compte de l'esprit scientifique opposé des deux auteurs et de la manière différente suivant laquelle chacun d'eux a procédé.

Ch. Bell était avant tout un anatomiste [13]. Sans faire aucune expérience, il disséqua pendant longtemps, comme il nous l'apprend lui-même, le cerveau, le cervelet, la moelle épinière, ainsi que les nerfs qui en émanent. D'après l'anatomie seule, il se forma des idées préconçues sur les relations physiologiques de ces divers centres nerveux et sur les usages des nerfs rachidiens et encéphaliques. Il pensa que les nerfs tirent leur spécialité de fonctions de leur différence d'origine, et que plus un nerf a d'usages à remplir, plus il doit avoir d'origines distinctes. Partant de cette vue, Ch. Bell commença par en faire l'application aux nerfs rachidiens, qui possèdent deux racines apparentes : l'une venant de la partie antérieure de la moelle, l'autre de sa partie postérieure. Il admit encore, et toujours d'après ses dissections anatomiques, que la racine antérieure prenait son origine dans le cerveau par l'intermédiaire de la colonne médullaire antérieure, et que la racine postérieure communiquait avec le cervelet par le moyen de la colonne postérieure de la moelle. Puis il supposa que chacune de ces racines était chargée de porter, dans les diverses parties du corps où elle se distribue, l'influence du centre nerveux d'où elle émanait. Mais ce qu'il faut bien savoir ici, c'est que, d'après les idées de Ch. Bell (empruntées à Willis), le cerveau était l'organe de la sensibilité et du mouvement, et le cervelet, l'organe nerveux qui présidait aux fonctions vitales organiques (circulation, nutrition, sécrétion[14]). D'où il suivait tout naturellement que, pour Ch. Bell, la racine antérieure était chargée de porter aux parties du corps les facultés cérébrales, c'est-à-dire le mouvement et la sensibilité; tandis que la racine postérieure avait pour mission de leur transmettre l'influence cérébelleuse, c'est-à-dire la nutrition et la vitalité. Telles sont les fonctions hypothétiques que Ch. Bell attribua aux nerfs rachidiens dans sa première brochure, imprimée pour ses amis en 1811, *An idea of a new anatomy of the brain*. Ce travail, comme l'indique son titre, est bien plus méditatif qu'expérimental. Il n'y est question d'aucune expérience détaillée. Ch. Bell, qui du reste montre une grande répulsion pour l'expérimentation sur les animaux, se contente de dire vaguement, et sans indiquer sur quel animal l'expérience a pu être faite, que l'attouchement de la racine ou du faisceau antérieurs de la moelle fait entrer les muscles en convulsion, tandis que cela n'a pas lieu pour la racine et le faisceau postérieurs. Ch. Bell, dominé par ses idées préconçues, se hâta de voir la confirmation de tout son système dans cette seule expérience, qui ne le contredisait point, il est vrai, mais qui ne prouvait rien au delà du résultat incomplet et partiel qu'elle exprimait. En 1811, Ch. Bell ne connut donc point les fonctions des nerfs rachidiens; il interprétait faussement un fait que l'on a voulu plus tard alléguer en sa faveur.

En 1821, Ch. Bell était toujours sous l'influence des mêmes idées systématiques qu'en 1811; mais il essaya d'en faire l'application, cette fois, aux nerfs de la face, qui sont plus complexes que ceux de la moelle épinière. Il regarda le nerf de la cinquième paire ou trijumeau comme représentant à lui seul un nerf mixte rachidien qui, par son origine cérébrale, avait les fonctions d'une racine antérieure (sensibilité et mouvement volontaire), et qui, par son origine cérébelleuse, participait aux fonctions d'une racine postérieure (nutrition et sécrétion). Quant au nerf de la septième paire ou facial, Ch. Bell le rangea dans les nerfs de mouvements involontaires, qu'il avait appelés *nerfs respiratoires*, etc. Dans ce dernier travail, les expériences sont plus complètes et plus nombreuses que dans le mémoire de 1811. Cependant telle est l'influence funeste des idées préconçues trop enracinées, qu'elles empêchent celui qu'elles subjuguent d'apercevoir la vérité qui est devant ses yeux. Ch. Bell vit toutes ses expériences au travers du prisme de son système, et c'est pourquoi il les interpréta encore faussement. Il dota le nerf facial d'une faculté motrice exclusivement respiratoire, qui est chimérique, et il accorda au nerf trijumeau une influence motrice volontaire sur les lèvres et les narines, qui n'existe pas.

C'est en 1822 que Magendie apparut dans la question. Il ne connaissait que les dernières expériences de Ch. Bell; mais il n'avait et ne pouvait avoir, d'ailleurs, aucune raison *à priori* pour partager ou combattre ses idées. En effet, Ch. Bell et Magendie étaient deux esprits entièrement opposés. Autant l'un avait peu de sympathie pour les expériences et se complaisait dans les combiliaisons spéculatives, autant l'autre était prompt et ardent à expérimenter et se souciait peu des idées et des raisonnements. Magendie disait ce qu'il voyait en expérimentant, et il poussait même l'excès de l'empirisme jusqu'à donner les résultats bruts de l'expérience, sans les dégager des apparences contradictoires que les conditions diverses de l'expérimentation pouvaient parfois leur donner.

Magendie, selon son habitude, commença donc par expérimenter. Il mit la moelle épinière à nu sur des animaux vivants (chiens), après quoi il coupa les racines rachidiennes postérieures et antérieures, isolément et successivement, puis les deux en même temps. Il vit qu'en coupant la racine postérieure, la sensibilité était éteinte, qu'en coupant l'antérieure, le mouvement disparaissait, et qu'en divisant les deux à la fois, la sensibilité et le mouvement étaient abolis dans les parties du corps où se rendaient ces nerfs[15]. Magendie fit une autre expérience des plus décisives : il empoisonna, par la noix vomique, un animal chez lequel il avait coupé, d'un côté, les racines postérieures, et, de l'autre, les racines antérieures. Les convulsions manquèrent dans le membre dépourvu de ses racines antérieures, tandis qu'elles éclatèrent avec toute leur force dans le membre seulement privé des racines postérieures. De ces résultats directs de l'expérience Magendie tira cette conclusion : que les racines antérieures président au mouvement, et les racines postérieures au sentiment. Telles sont, en effet, les véritables fonctions des nerfs rachidiens, dont la découverte appartient à Magendie.

L'opinion que je viens d'émettre ne saurait être douteuse pour quiconque lira les mémoires successifs de Ch. Bell et de Magendie, en se reportant au temps des premières publications et aux textes originaux[16]. Récemment un jeune physiologiste français, M. Vulpian, a également, dans l'intérêt de la vérité scientifique, étudié avec soin toutes les pièces du débat relatif à la découverte des fonctions des nerfs rachidiens. Il a résolu la question en faveur de

Magendie, à l'aide de faits et d'arguments qui ne laissent aucune incertitude [17].

Une ère nouvelle de progrès rapides commence, pour la physiologie du système nerveux, à la découverte des fonctions distinctes des nerfs rachidiens. Ce fait fondamental, repris et étudié par les physiologistes de tous les pays [18], fut confirmé, et bientôt généralisé à tous les nerfs du corps.

Le nerf sensitif, le nerf moteur et le muscle sont trois éléments absolument inséparables, sans la réunion desquels on ne pourrait concevoir aujourd'hui le jeu des mécanismes sensitivo-moteurs dans l'organisme vivant. L'objet de la physiologie générale sera de distinguer expérimentalement ces divers éléments et de montrer que c'est de leurs propriétés physiologiques élémentaires que se déduisent les explications de tous les phénomènes nerveux les plus complexes. En conséquence, nous aurons d'abord à démontrer l'indépendance de l'élément musculaire; puis il nous faudra rechercher si le nerf moteur et le nerf sensitif, que la vivisection a séparés, constituent bien, en réalité, des radicaux physiologiques distincts et autonomes. Nous signalerons les principaux matériaux que la physiologie française a fournis pour la solution de ces importantes questions.

Déjà, dans le siècle dernier, lorsque les nerfs n'étaient point encore distingués en moteurs et sensitifs, Haller avait entrepris de prouver que la propriété spéciale du nerf, qu'il appelait la *sensibilité*, était séparée de la propriété contractile du muscle, qu'il nommait l'*irritabilité*. Il admettait déjà que les propriétés musculaires et nerveuses étaient distinctes et indépendantes l'une de l'autre. Le nerf, suivant lui, ne donnait pas au muscle sa contractilité; il ne faisait que l'exciter, c'est-à-dire la solliciter à entrer en fonction. Mais les preuves expérimentales décisives manquaient, et cette question, dite *de l'irritabilité hallerienne*, resta irrésolue jusqu'à ces derniers temps. En 1841, M. Longet [19], en France, montra, à l'exemple d'autres expérimentateurs, mais d'une façon plus nette, qu'en resé-

quant sur un animal vivant le nerf d'un membre, son bout périphérique meurt et cesse d'être excitable avant que les muscles
auxquels il se distribue aient perdu leur contractilité. Sans doute
ces expériences témoignaient en faveur de la distinction des propriétés nerveuses et musculaires ; mais c'est particulièrement à
l'aide des poisons et des modificateurs physico-chimiques que l'on
a pu démontrer cette indépendance des deux ordres de propriétés
d'une manière complète et frappante. La vivisection a ses limites,
et, dans tous les cas, elle devient un moyen trop grossier quand
il s'agit d'isoler et de distinguer les éléments des tissus vivants. Le
microscope, spécialement utile à l'analyse anatomique, ne se prête
que dans des circonstances exceptionnelles à l'étude des propriétés
physiologiques élémentaires. Les poisons, au contraire, sont particulièrement applicables à ces sortes d'études, parce qu'ils pénètrent,
avec le sang, dans tous les tissus, et peuvent aller agir directement
sur les éléments histologiques. Cette direction nouvelle et féconde de
l'analyse physiologique a reçu en France une puissante impulsion,
ainsi que nous le verrons plus loin. Mais, pour que cette méthode
d'investigation ait toute son importance, il est nécessaire qu'elle
s'appuie sur l'histologie et qu'elle marche parallèlement avec elle.

L'analyse anatomique des tissus nerveux et musculaires avait
fait de grands progrès, en même temps que leur analyse physiologique se perfectionnait. L'histologie, cultivée partout, mais plus
particulièrement développée en Allemagne, avait appris qu'à leur
état parfait de développement anatomique et physiologique (le seul
où nous devions les considérer ici), les éléments des muscles et
des nerfs sont constitués les uns et les autres par des fibres ou
tubes microscopiques. Le muscle, décomposé anatomiquement, se
réduit à une fibrille musculaire élémentaire, dont la longueur
peut être différente, mais dont la grosseur ne varie guère qu'entre
$0^{mm},001$ et $0^{mm},002$. Cette fibrille musculaire est formée par
un tube ou enveloppe extérieure élastique et par une substance
intérieure contractile. Chacune des extrémités du tube musculaire

s'insère, en général, par de la substance tendineuse, aux parties qu'il rapproche ou resserre, lorsque sa contraction, c'est-à-dire son raccourcissement, vient à s'effectuer.

Les racines rachidiennes antérieures et postérieures, de même que tous les troncs nerveux du corps, se décomposent anatomiquement en fibres ou en tubes plus fins encore que les tubes musculaires. Leur grosseur varie entre $0^{mm},0027$ et $0^{mm},02$. Leur longueur est relativement très-considérable, et la fibre nerveuse, qui n'est autre chose qu'une sorte de fil conducteur moteur ou sensitif, s'étend toujours depuis un centre nerveux jusque dans un muscle ou dans une partie sensible du corps. Les tubes nerveux moteurs sont généralement plus gros que les tubes nerveux sensitifs, mais leur structure est identique. Tous ces tubes sont constitués par une enveloppe hyaline et par de la moelle nerveuse, qui les remplit. Au centre du tube nerveux se trouve un filament très-ténu, appelé le *cylinder-axis*, qui constitue la partie conductrice vraiment essentielle de l'élément nerveux; l'enveloppe et la moelle nerveuse ne sont que des parties protectrices.

C'est par leur origine et par leur terminaison que les éléments nerveux sensitifs et moteurs se distinguent et se caractérisent. Le cylinder-axis de la fibre nerveuse motrice prend naissance au centre, dans une cellule nerveuse spéciale, appelée *cellule motrice*, et, par son extrémité périphérique, il se termine dans la fibre musculaire en formant une intumescence particulière (colline, plaque nerveuse), découverte et étudiée par divers savants français, MM. Doyère, de Quatrefages, Rouget[20], etc. Le cylinder-axis de la fibre nerveuse sensitive s'insère, par l'une de ses extrémités, au centre nerveux, dans une cellule spéciale, appelée *cellule sensitive*; il finit à son autre bout par des terminaisons à formes variées, dans la peau ou dans une autre partie sensible du corps. Sur son trajet, au niveau du ganglion intervertébral, la fibre sensitive présente parfois, chez les poissons, ainsi que l'a découvert M. Ch. Robin[21], une cellule nerveuse bipolaire. Mais elle n'existe pas toujours chez les mammifères. Le ganglion intervertébral, dans ces animaux, contient beaucoup de cellules unipolaires donnant des nerfs qui se dirigent surtout vers la périphérie, où il est difficile de les suivre[22]. Enfin, dans les centres nerveux, les cellules motrices et sensitives communiquent entre elles par des commissures qui leur permettent de réagir les unes sur les autres.

Tous les éléments musculaires et nerveux situés dans la profondeur du corps se nourrissent et manifestent leur activité sous l'influence des conditions chimico-physiques qui se passent dans le milieu liquide qui les baigne. Environnés de vaisseaux capillaires, ces éléments sont mis en contact avec le sang qui leur apporte les conditions physiologiques de la vie. Mais c'est également le sang qui leur transmet les conditions toxiques qui peuvent les empoisonner ou les détruire en les attaquant isolément et d'une façon véritablement individuelle, ainsi que nous allons le démontrer.

J'ai fait voir que le poison américain connu sous le nom de *curare* ou *woorara* est un agent ou un réactif véritablement spécifique pour isoler physiologiquement les divers éléments des systèmes nerveux et musculaire[23]. Depuis ces expériences, qui remontent à vingt-cinq ans, ce poison, jadis relégué parmi les curiosités, a pris une importance physiologique qu'il n'avait pas. On le trouve aujourd'hui dans tous les laboratoires de physiologie, et l'on s'en sert comme d'un réactif indispensable pour l'analyse physiologique des fonctions vitales.

D'abord j'ai montré que le curare isole la propriété contractile du muscle de la propriété motrice du nerf. La preuve en est facile à donner. Si l'on empoisonne un animal vertébré, et particulièrement un vertébré à sang froid (grenouille), avec une forte dose de curare, et si l'on découvre, aussitôt après la mort, les nerfs et les muscles, on constate que les nerfs moteurs ont complétement perdu leur propriété physiologique. En les irritant à l'aide de l'électricité ou par d'autres excitants mécaniques ou chimiques, on ne provoque plus de convulsion dans les membres. Les muscles, au contraire, ont con-

servé leur propriété physiologique tout à fait intacte, et ils se contractent avec énergie quand on les excite directement. Le cœur, qui
est un muscle, continue ses mouvements; mais l'irritation du pneumogastrique, qui suspend ses battements dans l'état normal, ne les
arrête plus après l'empoisonnement par le curare, parce que le poison
a détruit l'activité du nerf pneumogastrique et a laissé persister celle
du cœur. Ces expériences établissent clairement que le poison américain détruit la propriété physiologique de la fibre nerveuse motrice
et n'atteint pas celle de la fibre musculaire. Elles démontrent donc
déjà, par cela même, que le muscle et le nerf moteur sont deux éléments distincts doués de propriétés indépendantes, puisqu'ils peuvent
être empoisonnés et mourir l'un sans l'autre.

Mais ce n'est pas tout. Notre réactif curarique rend encore
d'autres services à la physiologie générale. Il ne se borne pas à
séparer l'élément musculaire de l'élément nerveux moteur, il distingue encore l'élément nerveux moteur de l'élément sensitif [24].

Afin de bien saisir l'expérience démonstrative de cette distinction, il est nécessaire de savoir que le curare attaque la fibre
nerveuse par son extrémité périphérique et non par son extrémité
centrale. Ce qui le prouve, c'est qu'après qu'on a coupé un nerf moteur pour le séparer de la moelle épinière, ce nerf peut encore être
empoisonné si le curare est porté par le sang sur son extrémité qui
pénètre dans le muscle. Au contraire, si on laisse le nerf moteur
attenant à la moelle et si l'on empêche le sang de toucher son
extrémité musculaire, l'empoisonnement n'a pas lieu, bien que
l'origine des nerfs dans la moelle épinière soit baignée par du sang
empoisonné. Il résulte de là qu'en liant les vaisseaux qui portent
le sang dans les muscles des membres, nous pourrons préserver de
l'empoisonnement un ou plusieurs nerfs moteurs, qui nous serviront de témoins pour savoir si la sensibilité persiste dans les autres
parties du corps où les nerfs moteurs sont paralysés. Voici comment
se pratique cette expérience décisive : sur une grenouille, on découvre, en soulevant le sacrum, les deux faisceaux des nerfs lom-

baires qui se rendent aux membres postérieurs; puis on lie for-
tement les vaisseaux et toutes les parties qui se trouvent au-devant
d'eux. De cette manière on interrompt la circulation sanguine entre
le tronc et les membres postérieurs, tout en laissant ceux-ci en
communication avec la moelle épinière, par les nerfs lombaires
qui sont restés en dehors de la ligature. Alors on empoisonne
la grenouille en plaçant le poison sous la peau du dos; et il arrive
que bientôt le tronc, la tête et les membres antérieurs sont seuls
empoisonnés, les membres postérieurs ne pouvant éprouver l'effet
du curare, puisqu'ils ne reçoivent plus de sang. Dans cette condition, tous les nerfs moteurs des membres antérieurs, de la tête et
du tronc sont seuls paralysés, tandis que ceux des membres postérieurs ne le sont pas. Aussi l'arrière-train de l'animal continue à
jouir de tous ses mouvements et de sa sensibilité, lorsque le tronc, la
tête et les membres antérieurs sont devenus flasques et immobiles.
Mais ce qu'il importe de prouver ici, c'est que les parties empoisonnées ont complétement perdu leur mouvement et cependant conservé toute leur sensibilité. Il suffit, pour s'en assurer, de pincer la
peau du tronc ou celle des membres antérieurs, et aussitôt la grenouille agite plus ou moins violemment et seulement ses membres
postérieurs pour témoigner sa douleur. Cette expérience démontre
donc que, dans les parties empoisonnées, l'élément sensitif reste
intact, tandis que l'élément moteur se trouve seul complétement
paralysé. Or, en établissant que le poison de la fibre nerveuse motrice
n'est pas le poison de la fibre nerveuse sensitive, on montre clairement que les éléments nerveux moteurs et sensitifs sont des radicaux physiologiques distincts.

Les résultats de l'expérience précédente sont constants. Ils sont
plus faciles à observer sur les vertébrés à sang froid parce que, chez
ces animaux, les propriétés des nerfs sensitifs, ainsi que celles des
autres éléments, résistent davantage à l'asphyxie et se maintiennent
plus longtemps. Mais chez les mammifères les phénomènes ne sont
pas différents [25]. L'expérience réussit de même si, par la respiration

artificielle ou par la transfusion partielle du membre réservé, on empêche la mort des muscles et des nerfs moteurs d'arriver par anémie. L'analyse physiologique devient encore plus instructive chez les animaux élevés, car on voit plus facilement chez eux que le curare n'altère ni la volonté ni l'intelligence; ce qui indiquerait que ces deux facultés se rattachent aux fonctions d'organes nerveux dont les propriétés dérivent de celles des éléments sensitifs [26].

La spécialisation toxique du curare que nous venons de constater sur l'élément nerveux moteur n'est point une exception; l'élément·musculaire et l'élément nerveux sensitif ont aussi leurs poisons propres et caractéristiques. Autrefois j'avais donné le sulfocyanure de potassium [27] comme le poison spécial de l'élément musculaire, mais depuis on en a trouvé beaucoup d'autres.

Un des poisons les plus énergiques de l'élément nerveux sensitif est la strychnine. Mais comme les excitations se propagent du nerf sensitif à l'ensemble du système nerveux, il devient plus difficile d'isoler et de délimiter son action toxique. Néanmoins on parvient, par une analyse bien faite, à démontrer la spécialisation des effets de la strychnine sur l'élément nerveux sensitif. Pour en donner la preuve expérimentale, il importe d'abord de faire remarquer que, par un mécanisme toxique en quelque sorte inverse de celui du curare, la strychnine attaque l'élément sensitif par son extrémité centrale ou médullaire, ce qui fait dire habituellement que ce poison agit sur la moelle épinière [28].

L'extrémité médullaire du nerf sensitif excite le centre nerveux et réagit sur l'extrémité centrale du nerf moteur, comme l'extrémité périphérique de ce nerf moteur lui-même excite et fait fonctionner la fibre musculaire. Le poison attaquera donc, dans les deux ordres de nerfs, leur bout actif ou fonctionnel. Or nous avons vu qu'on peut préserver de l'empoisonnement par le curare les nerfs moteurs en empêchant ce poison d'être porté sur leur périphérie par la circulation. Pour s'opposer à l'empoisonnement des nerfs sensitifs par la strychnine, il faudra, au contraire, empêcher le poison d'être porté

sur leur extrémité centrale, dans la moelle. On peut arriver à ce
résultat en coupant sur une grenouille la moelle épinière en arrière
des bras, et en détruisant avec précaution tous les rameaux de
l'aorte qui vont porter le sang dans sa partie lombaire. Si alors on met
une solution de strychnine sous la peau des membres postérieurs,
on constate que bientôt le poison a été absorbé et que son action se
manifeste seulement dans le tronc et dans les membres antérieurs.
On ne voit en effet survenir aucune convulsion dans les jambes,
bien que le sang continue à y circuler et à porter le poison à la
périphérie des nerfs sensitifs et moteurs. Les membres postérieurs
possèdent d'ailleurs pendant longtemps la sensibilité et des mouvements réflexes très-énergiques, tandis qu'après l'empoisonnement les
membres antérieurs sont immobiles et insensibles. Comme dernière
démonstration de la différence des mécanismes toxiques de la strychnine et du curare, j'ajouterai que, pour opérer localement et sans
l'intervention de la circulation l'empoisonnement des nerfs moteurs,
il faut porter directement le curare sur leur extrémité périphérique;
tandis que, pour opérer l'empoisonnement des nerfs sensitifs dans
les mêmes conditions, il faut porter la strychnine directement sur
leur extrémité centrale [29].

Les éléments musculaires et nerveux, avons-nous dit plus haut,
trouvent les conditions de leur vitalité dans le contact avec le liquide
sanguin normal, qui est pour eux le véritable milieu nutritif intérieur. Quand on supprime simplement la circulation du sang, les
divers éléments finissent nécessairement par mourir; et l'on peut
dire alors qu'ils périssent de leur mort naturelle, puisque aucune
matière toxique n'intervient. Dans ce cas, les nerfs sensitifs, les nerfs
moteurs et les muscles meurent chacun à sa manière, ce qui prouve
encore une fois de plus que ces éléments se comportent comme des
individualités organiques élémentaires distinctes. Toutes choses égales
d'ailleurs, l'élément sensitif meurt le premier, ensuite l'élément moteur, et enfin l'élément musculaire, qui paraît persister plus longtemps que les deux autres. L'élément nerveux sensitif meurt en

perdant ses propriétés successivement de la périphérie au centre, tandis que l'élément nerveux moteur les perd du centre à la périphérie [30].

Quant à leur forme anatomique, les éléments nerveux moteur et sensitif ne représentent, en réalité, que des conducteurs nerveux ayant chacun deux extrémités, l'une périphérique, l'autre centrale. De ces deux extrémités nerveuses, l'une est *active* et agit sur l'élément qui lui est subordonné, l'autre est *passive* et reçoit l'impression des excitations ambiantes ou l'influence de l'élément qui la domine. L'extrémité active est disposée en sens inverse pour les deux ordres de nerfs cérébro-spinaux : dans l'élément moteur, elle est à la périphérie ; dans l'élément sensitif, elle est au centre. Il est remarquable que, pour entretenir les propriétés des éléments nerveux, il faille que l'action excitatrice et respiratoire du sang ait lieu dans chacun d'eux par une extrémité spéciale, comme si en quelque sorte l'élément organique avait une tête, un corps et une queue. L'extrémité nerveuse active ou fonctionnelle, qui représenterait la tête de l'élément, paraît seule impressionnable aux modificateurs normaux et anomaux. Nous avons constaté que c'est sur elle que les poisons portent leur action délétère; c'est aussi sur elle que le sang exerce son influence excitatrice et vivifiante. Cela résultera clairement, ainsi que nous allons le voir, de l'étude des phénomènes qui se passent dans les deux ordres de nerfs, après la suppression du sang autour de leur extrémité périphérique et autour de leur extrémité centrale.

Dans la soustraction du sang à la *périphérie*, dans les muscles et la peau, par la ligature des artères des membres, un animal à sang chaud tombe et semble paralysé presque immédiatement du mouvement et du sentiment [31]. Mais il n'y a pourtant dans ce cas qu'un seul ordre de nerfs qui soit paralysé. Le nerf moteur seul meurt par anémie, et j'ai constaté qu'alors il perd, comme toujours, ses propriétés du centre à la périphérie, c'est-à-dire de son extrémité passive vers son extrémité active. Quant au nerf sensitif, il ne meurt réellement pas dans toute son étendue. Ses propriétés disparaissent accidentellement et il cesse de fonctionner dans les parties seulement où la circulation du sang est suspendue, parce que là les liquides ambiants, se décomposant ou changeant seulement de réaction par leur stagnation, altèrent la substance nerveuse. J'ai observé, en effet, que le nerf sensitif reste sensible indéfiniment au-dessus de la ligature des vaisseaux, et il en serait de même au-dessous, si la circulation des liquides pouvait empêcher l'altération locale de la fibre nerveuse. C'est pourquoi dans l'empoisonnement par le curare [32] le nerf sensitif reste intact et conserve ses propriétés depuis la moelle jusque dans la peau. La circulation du sang curarisé, n'étant toxique que pour le nerf moteur, ne supprime en quelque sorte la circulation périphérique que pour lui; mais elle continue pour le nerf sensitif et le protége contre les altérations locales qu'entraîne la stagnation des humeurs.

Dans la soustraction du sang à *l'extrémité centrale* des nerfs, dans la moelle [33], un animal à sang chaud tombe également comme s'il était paralysé à la fois du mouvement et du sentiment; mais il n'y a aussi dans ce cas qu'un seul ordre de nerfs qui soit paralysé. La mort physiologique rapide ne survient que pour l'élément nerveux sensitif. L'élément nerveux moteur ne meurt réellement pas par simple soustraction de sang; il périt accidentellement par altération de la substance de la moelle. C'est, comme on le voit, précisément l'inverse de ce que l'on observe dans l'anémie des extrémités périphériques des nerfs. Ces expériences montrent donc bien nettement que c'est par son extrémité centrale que l'élément nerveux sensitif reçoit l'influence vivifiante du sang. Dans l'anémie nerveuse centrale, le nerf sensitif meurt d'ailleurs physiologiquement, en perdant graduellement ses propriétés de la périphérie au centre, c'est-à-dire de son extrémité *passive* périphérique vers son extrémité *active* centrale, qui meurt la dernière.

Mais si l'on supprime la circulation centrale médullaire, en laissant continuer la circulation périphérique, le nerf sensitif meurt seul. Enfin, quand on supprime la circulation à la fois à l'extrémité périphérique et à l'extrémité centrale des nerfs, ce qui arrive quand, par exemple, on fait périr un animal d'hémorragie, les deux ordres de nerfs moteurs et sensitifs meurent simultanément; mais le nerf sensitif semble mourir beaucoup plus vite que le nerf moteur [34].

Après avoir établi que c'est par leur extrémité active que les éléments nerveux sensitif et moteur reçoivent à la fois l'influence vivifiante du sang et l'influence délétère des poisons, il faut ajouter, comme complément de tout ce qui précède et comme un résultat des plus imprévus, que l'action du curare sur l'extrémité périphérique du nerf moteur ne diffère en rien de celle de la suppression du sang. J'ai prouvé, en effet, que dans l'empoisonnement par le curare, comme dans la soustraction du sang à la périphérie, le nerf moteur meurt en perdant ses propriétés motrices du centre à la périphérie. J'ai vu de plus qu'un nerf moteur séparé de la moelle épinière meurt plus vite qu'un nerf intact, soit quand on empoisonne l'animal par le curare, soit quand on supprime simplement le sang dans les muscles.

D'après l'ensemble de tous ces faits, qui par leur rapprochement s'éclairent mutuellement, il ne peut rester, ce me semble, aucun doute dans l'esprit sur l'interprétation qu'il convient de leur donner. Nous devons en conclure, en outre, que le curare n'attaque pas profondément la substance même du nerf moteur, mais qu'il agit comme s'il supprimait en quelque sorte le sang à sa périphérie. Il faut nécessairement qu'il produise dans ce liquide une modification engourdissante, de telle nature que le sang devienne impropre à vivifier l'élément nerveux moteur, tandis qu'il est encore apte à exercer son influence vitale sur le nerf sensitif, sur les muscles et sur tous les autres éléments de l'organisme. Dans l'état actuel de nos connaissances, il nous est bien difficile de nous faire une idée d'une altération aussi spéciale. Mais le fait n'en est pas moins positif, et il viendra un moment où nous l'expliquerons certainement.

Si, comme nous venons de le prouver, le sang doit circuler autour des extrémités *actives* des éléments nerveux pour les vivifier et exciter leurs fonctions spécifiques, cela ne suffit pas toutefois pour entretenir leur vitalité et leur nutrition. La propriété nutritive des éléments nerveux paraît, au contraire, résider dans leur extrémité *passive*, qui, par opposition, est insensible aux excitants toxiques et aux influences fonctionnelles du sang.

Chaque élément nerveux renferme en lui une cellule spéciale qui est son centre de nutrition et de conservation organique. Pour l'élément nerveux moteur, cette cellule conservatrice existe à son extrémité centrale, dans la moelle épinière; tandis que, pour l'élément nerveux sensitif, elle siège en dehors de la moelle, dans le ganglion intervertébral. Il résulte de là que, si l'on coupe un nerf de mouvement sur un animal vivant, le bout attenant à la moelle conserve sa texture, tandis que le bout périphérique, bien qu'il continue à recevoir du sang comme à l'état normal, se détériore dans sa substance et meurt peu à peu en perdant ses propriétés physiologiques. Quand on divise un nerf de sensibilité, c'est toujours le bout qui tient au ganglion intervertébral, c'est-à-dire à la cellule nutritive, qui se conserve; l'autre s'altère, se désorganise et meurt.[35]

L'élément musculaire et les éléments nerveux sensitif et moteur nous présentent donc un grand nombre de phénomènes vitaux distincts et caractéristiques pour chacun d'eux; ce qui prouve qu'ils constituent de véritables organismes élémentaires autonomes. Mais ils n'en ont pas moins aussi des conditions communes d'existence et de dépérissement, que nous devons maintenant examiner.

Quand une ou plusieurs des conditions vitales des tissus viennent à manquer, leurs propriétés physiologiques disparaissent; mais avec ce caractère singulier que, pour tous les éléments histologiques, la mort est précédée par des phénomènes d'excitabilité fonctionnelle. Quand les éléments nerveux et musculaire meurent de leur mort naturelle, c'est-à-dire par la cessation simple de la vie, après la soustraction de leur milieu sanguin normal, on observe ce fait remarquable que la vitalité des éléments augmente au moment où débute la série des phénomènes successifs de leur mort. M. E. Faivre, dans un travail intéressant, a fait voir que, chez les grenouilles récemment sacrifiées, l'excitabilité des nerfs et des muscles augmente avant de commencer à s'éteindre [36]. J'ai observé qu'il en était de même pour les nerfs et les muscles qui mouraient sans être séparés du corps, lors même que la circulation continuait. Dans le cas, par exemple, où l'on fait la section d'un tronc nerveux mixte, le bout périphérique, avant de dégénérer, devient toujours plus excitable.

La mort amène la rigidité cadavérique des éléments. Les substances nerveuse et musculaire, demi-fluides et transparentes, d'une réaction alcaline ou neutre pendant la vie, se coagulent, deviennent opaques et acides après la mort. Toutefois la réaction acide n'est pas un caractère constant comme on l'avait cru. J'ai montré qu'elle pouvait souvent manquer chez les mammifères [37], et je ne l'ai point rencontrée chez les crustacés [38]. J'ai attribué son absence au manque de la matière glycogène dans le muscle [39].

Quand les muscles et les nerfs se sont ainsi altérés dans leur substance et sont devenus rigides, leur irritabilité [40], c'est-à-dire leurs propriétés physiologiques, sont complétement perdues. Mais si l'on n'attend pas trop longtemps, on peut les restituer au moyen d'une transfusion convenablement pratiquée. C'est ainsi qu'en injectant par les artères du sang défibriné et oxygéné à l'air, on fait reparaître la contractilité et la motricité dans des membres déjà envahis par un commencement de rigidité cadavérique [41].

Le sang, en circulant autour des éléments musculaires et nerveux, leur permet d'engendrer et de manifester leurs propriétés spécifiques par suite d'un véritable échange nutritif qui se produit entre ces éléments et le milieu sanguin. Pour connaître la nature de cet échange nutritif, il faut examiner la composition du sang avant et après son contact avec les éléments musculaires et nerveux. La méthode analytique de la physiologie générale conduit

en effet à considérer les phénomènes de la vie, non dans tout l'organisme à la fois, mais dans chaque organe, dans chaque tissu et
dans chaque élément en particulier. La nutrition du muscle et la
nutrition du nerf forment une des parties les plus intéressantes de
la physiologie; car, outre l'importance des fonctions de ces deux espèces d'organes, les nerfs et les muscles constituent par leur masse
la presque totalité du corps des vertébrés. Il y a longtemps déjà
que j'ai commencé des recherches sur la nutrition des muscles sur
l'animal vivant, et en insistant sur la nécessité de considérer les
changements qu'éprouve le sang dans les organes à l'état de repos
et à l'état de fonction [42]. En effet, j'ai vu que, pendant la contraction,
le sang veineux musculaire sort plus chaud que le sang artériel,
en même temps qu'il a une couleur très-noire et qu'il contient
beaucoup d'acide carbonique et peu d'oxygène. Pendant le repos
absolu du muscle, c'est-à-dire après la section des nerfs qui l'ani-
ment, le sang veineux musculaire paraît peu altéré; il sort presque
aussi rouge que le sang artériel et renferme encore beaucoup d'oxygène. Il semble résulter de là que l'état de fonction du muscle est
nécessaire pour que sa nutrition s'opère. Cela s'accorde d'ailleurs
avec d'autres observations, qui prouvent que des muscles paralysés ou condamnés au repos pendant trop longtemps finissent
par s'atrophier et tomber en dégénérescence graisseuse. Mais on
peut éviter cette dégénérescence des muscles en excitant leur fonction à l'aide du galvanisme, qui remplace alors l'influence nerveuse et ramène à la fois dans l'organe le fonctionnement et la
nutrition.

Les propriétés vitales des muscles et des nerfs dérivent donc du
sang. Elles sont en effet la conséquence des phénomènes de la nutrition des tissus et des éléments. L'énergie des manifestations des
propriétés vitales des muscles et des nerfs est en rapport direct
avec l'intensité des phénomènes physico-chimiques qui s'accomplissent autour d'eux. Mais doit-on voir dans cette relation constante
la preuve d'une transformation des forces physico-chimiques en

propriétés vitales? Dans l'action des nerfs et dans la contraction des muscles il y a évidemment un travail produit, des phénomènes chimiques accomplis et de la chaleur engendrée, etc. Mais y a-t-il équivalence entre les phénomènes chimico-calorifiques développés et le mouvement musculaire produit? Peut-on, en un mot, appliquer ici la loi de l'équivalent mécanique de la chaleur? Toutes ces questions de transformation des forces, qui ont pris une si grande extension dans les sciences mécaniques, devaient naturellement chercher à s'introduire dans la physiologie des phénomènes mécaniques de la vie. Le premier travail sur ce sujet difficile est dû à un physiologiste français, M. J. Béclard. Dans le mémoire qu'il a publié en 1861 [43], cet auteur a essayé de montrer que, dans la contraction musculaire avec charge, il y a disparition d'une certaine quantité de chaleur qui s'est transformée en travail, c'est-à-dire en mouvement.

Au point de vue physique, la contraction du muscle a encore été mesurée dans son énergie et étudiée dans ses formes diverses, à l'aide de moyens graphiques d'une grande précision [44]. De même les muscles et les nerfs possèdent des propriétés électro-physiologiques qui ont été l'objet de beaucoup de travaux de la part des physiologistes et des physiciens [45].

Les propriétés électriques des muscles disparaissent après la mort, comme leurs propriétés vitales. Toutefois, il n'est pas prouvé qu'il y ait un parallélisme nécessaire entre la disparition de ces propriétés électriques et la perte de la sensibilité et de la motricité dans les nerfs ou de la contractilité dans les muscles. Après l'empoisonnement par le curare, il y a extinction de la propriété physiologique du nerf, et cependant les propriétés électriques persistent. J'ai aussi constaté depuis longtemps que, dans l'action de certains poisons musculaires qui agissent très-rapidement, la propriété contractile du muscle disparaît, tandis que les propriétés électriques présentent encore leur apparence normale. D'où je conclus que, si les propriétés vitales des muscles et des nerfs ont

besoin, pour se manifester, de la présence des propriétés physico-
chimiques, elles ne sont point directement engendrées par elles.

Dans toutes les études si complexes des phénomènes de la
vie, nous ne devons jamais oublier que l'objet de la physiologie
générale est de distinguer d'abord les éléments histologiques, de
déterminer ensuite leurs conditions d'activité vitale, et d'établir
enfin leurs relations physiologiques réciproques dans le jeu des
divers mécanismes vitaux. Jusqu'à présent j'ai voulu indiquer les
principaux progrès effectués dans l'analyse physiologique expérimentale, pour établir l'autonomie des éléments musculaires et
nerveux, ainsi que leurs conditions essentielles d'activité vitale.
Cependant il ne faut pas dissimuler que l'histoire physiologique
de ces éléments organiques présente de nombreuses lacunes et
des difficultés apparentes d'interprétation, résultant d'expériences
encore mal définies. Quant aux lacunes, l'avenir les comblera;
mais je désire m'arrêter quelques instants à l'examen de certaines
objections que l'on a cru pouvoir faire contre l'autonomie des éléments nerveux sensitif et moteur. Cela me permettra de corrobo-
rer l'opinion que j'ai soutenue et que je crois l'expression exacte
des faits. En outre, cet examen critique me fournira l'occasion d'indiquer aux investigateurs la direction scientifique de la physiologie
générale, en leur signalant en même temps les questions fondamentales qu'elle soulève actuellement.

Une des conséquences nécessaires de la distinction et de l'autonomie des éléments organiques, *c'est de ne pouvoir jamais se suppléer
physiologiquement les uns les autres*. Autrefois, avant qu'on connût la
spécialisation physiologique des différents nerfs, on pensait que la
sensibilité et le mouvement avaient des organes nerveux non distincts. Aujourd'hui il est des physiologistes qui paraissent revenir,
pour ainsi dire, aux vieilles idées, en voulant prouver expérimentalement que les nerfs de mouvement et de sensibilité n'ont rien
de spécial et peuvent se suppléer réciproquement. En France, on
a soutenu cette opinion, que je considère non-seulement comme

erronée mais même comme opposée aux progrès de la physiologie générale [46].

Avant d'examiner les expériences sur lesquelles s'appuie la manière de voir qui précède, nous devons rappeler la distinction que nous avons établie entre le corps et les extrémités des éléments nerveux. Nous avons vu que la spécialité de ces éléments siége dans leurs extrémités, qui sont les parties essentielles, et non dans le corps, qui n'est qu'une partie conductrice. Pour l'élément sensitif, c'est son extrémité centrale qui est active et vraiment spécifique; tandis que, pour l'élément moteur, c'est son extrémité périphérique. Quant au corps de l'élément nerveux, qui n'est qu'un long fil conducteur unissant les deux extrémités nerveuses, comme un fil télégraphique relie deux stations, on conçoit qu'il puisse ne rien avoir de spécial. On n'est pas en droit, en effet, d'admettre aujourd'hui un fluide nerveux moteur ni un fluide nerveux sensitif; mais il n'en faut pas moins reconnaître qu'il y a, à l'extrémité des filets nerveux, tantôt un organe élémentaire moteur particulier, tantôt un organe élémentaire sensitif spécial. En un mot, on peut bien considérer ce qui circule ou ce qui vibre dans les deux ordres de conducteurs nerveux comme un agent excitateur physiologique identique; mais cet agent n'en produit pas moins des phénomènes dissemblables, parce qu'il excite des extrémités nerveuses douées de propriétés physiologiques spéciales. Il n'est pas nécessaire d'admettre non plus que l'agent incitateur nerveux marche dans un sens centripète pour le nerf sensitif, ou centrifuge pour le nerf moteur; quand un nerf est excité, il vibre et peut propager son influence dans toutes les directions [27]; seulement l'action nerveuse spéciale ne se manifeste qu'à l'extrémité active de l'élément nerveux.

L'expérience invoquée comme la plus décisive pour prouver que les nerfs moteurs et sensitifs peuvent se remplacer est due à MM. Philippeaux et Vulpian. Cette expérience consiste à souder le nerf lingual (nerf sensitif de la langue) avec le nerf hypoglosse (nerf moteur du même organe), de telle façon que la partie supé-

rieure ou originelle du nerf lingual sensitif vienne se continuer
avec la partie inférieure ou terminale du nerf hypoglosse moteur.
Lorsque, après l'union des deux nerfs, l'hypoglosse s'est régénéré,
on constate, en mettant à nu les parties soudées, que les excitations
peuvent se transmettre d'un nerf à l'autre. Quand on pince, au-
dessus de la soudure, la portion du nerf formée par le lingual,
l'animal éprouve une vive douleur, en même temps qu'il se produit un mouvement dans la moitié correspondante de la langue.
Cela montre que l'excitation du nerf sensitif s'est propagée dans
les deux sens à la fois, vers le centre pour déterminer la sensation,
et vers la périphérie pour faire mouvoir la langue par l'intermédiaire du bout inférieur de l'hypoglosse. Toutefois, si, comme nous
venons de le voir, le nerf lingual sensitif a pu exciter le nerf hypoglosse moteur, la réciproque ne s'observe pas. Quand on pince
l'hypoglosse au-dessous de la cicatrice de soudure, on constate bien
que des mouvements éclatent dans la moitié correspondante de la
langue, mais on ne voit pas l'animal manifester de la douleur. De
sorte que, si l'hypoglosse irrité propage son influence très-nette-
ment à la périphérie, il reste très-douteux qu'il la transmette au
centre, ou tout au moins qu'il excite le nerf lingual. D'ailleurs, après
cette soudure effectuée entre le nerf hypoglosse et le lingual, la
langue n'en reste pas moins toujours paralysée, c'est-à-dire privée
de tout mouvement volontaire. Il est donc évident, d'après cela,
que *le nerf lingual n'a pas remplacé le nerf hypoglosse.* Si l'animal
reprenait le mouvement volontaire de la langue, alors seulement
on pourrait admettre que les nerfs se suppléent et que le nerf de
sentiment est devenu un nerf moteur.

En attendant, et pour ne pas aller au delà des faits , je concl-
rai, quant à moi, de l'expérience qui précède, qu'après l'union par
soudure et bout à bout d'un nerf sensitif avec un nerf moteur, le
nerf sensitif est capable d'exciter les propriétés du nerf moteur [48],
mais que le nerf moteur n'excite pas celles du nerf sensitif. Cela
est, du reste, d'accord avec le rôle fonctionnel normal des deux

ordres d'éléments nerveux. L'élément nerveux sensitif est l'excitateur naturel ou physiologique de l'élément moteur; tandis que
l'élément moteur, qui a pour usage d'agir sur l'élément musculaire, n'excite jamais les éléments sensitifs. C'est ce qui explique
pourquoi les actions toxiques ou excitatrices quelconques portées
sur les éléments nerveux moteurs ne se généralisent pas comme
celles qui sont dirigées sur l'élément sensitif.

En résumé, la science ne saurait conduire, quant à présent, à
refuser l'autonomie physiologique et la spécialité fonctionnelle aux
divers éléments du système nerveux. Au contraire, je pense que
l'on devra être amené par les progrès de la physiologie générale à admettre encore dans les organismes élevés un plus grand
nombre d'éléments nerveux distincts.

Je considère qu'il y aurait lieu dès aujourd'hui à distinguer
deux ordres de caractères pour les éléments histologiques, les
uns génériques, les autres spécifiques. Les caractères histologiques
génériques seraient fondés *physiologiquement* sur des différences de
fonctions élémentaires, non-seulement distinctes, mais encore indépendantes; et *anatomiquement* sur une *différence radicale de substance*. Tels sont les caractères qui séparent les éléments des divers
systèmes musculaire, nerveux, glanduleux, etc. Les caractères
histologiques *spécifiques* seraient fondés *physiologiquement* sur des
différences fonctionnelles positives, mais connexes, c'est-à-dire non
indépendantes, et *anatomiquement* sur une *différence d'arrangement
moléculaire* dans la matière organisée. C'est de cet ordre que
sont les caractères qui différencient les divers éléments histologiques du système nerveux. En effet, ces éléments sont tous
constitués par de la substance nerveuse, et leurs propriétés physiologiques, bien qu'elles soient essentiellement distinctes, ne sont
pas, à proprement dire, indépendantes, en ce sens qu'elles se
trouvent dans une relation telle qu'on ne saurait avoir l'idée de
l'existence des unes sans les autres. En effet, on conçoit que le système musculaire ou contractile puisse exister sans le système ner-

veux, s'il se trouve en rapport avec des excitants physico-chimiques
qui puissent déterminer sa contraction[49], mais on ne comprendrait pas que l'élément nerveux sensitif existât sans l'élément nerveux moteur, ni celui-ci sans l'élément musculaire. Dans le système
musculaire, il y aurait lieu aussi à distinguer physiologiquement
plusieurs espèces d'éléments, parce que les muscles offrent des
caractères fonctionnels distincts. La fibre musculaire lisse et la
fibre musculaire striée, de même que beaucoup d'autres substances contractiles (sarcode, proto-plasma), présentent chez les animaux une multitude de différences physiologiques dans la forme
de leur contraction et dans la nature des agents excitateurs qui
peuvent la déterminer. C'est ainsi qu'il y a des muscles que la chaleur fait contracter, comme le cœur, les intestins, etc. et d'autres
sur lesquels cet excitant n'a aucune influence. L'histologie comparée offrirait, sous ce rapport, un très-grand intérêt, car ce sont
précisément ces variétés physiologiques qui constituent, chez les
divers animaux, les nuances infinies dans les manifestations vitales
des mêmes éléments anatomiques.

Comme on le voit, les éléments nerveux et musculaires sont
non-seulement autonomes et distincts en tant qu'éléments histologiques de genres différents, mais chacun de ces genres d'éléments
contient aussi des espèces diverses. Le physiologiste doit les séparer, parce qu'elles lui offrent des propriétés physiologiques spéciales qui font que ces éléments se comportent différemment vis-à-
vis des agents toxiques ou des divers modificateurs que renferment
les milieux ambiants.

La physiologie générale ne saurait donc se renfermer dans un
cadre purement anatomique. Pour établir l'autonomie physiologique d'un élément, elle tient compte de tous les caractères, mais
elle les subordonne nécessairement, et elle met toujours au premier rang les caractères physiologiques, c'est-à-dire les propriétés
vitales spécifiques. Dès que le physiologiste voit un élément nerveux être impressionnable à un agent spécial, il doit reconnaître

en lui un élément organique distinct. Cela se comprend, car, dès qu'il voudra expliquer les fonctions de cet élément, il sera obligé, avant tout, de tenir compte des différents excitateurs qui le font entrer en activité. Les cellules nerveuses visuelles et auditives ne sauraient se distinguer anatomiquement par leur substance, mais elles n'en sont pas moins des éléments physiologiquement différents, parce que la lumière qui affecte la cellule visuelle n'excite pas la cellule auditive, et que le son qui fait vibrer la cellule auditive n'agit pas sur la cellule visuelle. De même, les fibres nerveuses motrice et sensitive sont des éléments différents, parce qu'elles ont des propriétés physiologiques distinctes, et que les poisons qui sont délétères pour l'une ne le sont pas pour l'autre.

Mais, malgré la ressemblance des formes, malgré l'identité apparente de substance [50], quand on a constaté une propriété vitale spéciale, le physiologiste conclut nécessairement à une différence de structure. C'est le cas de lui appliquer ici ce mot d'un philosophe : « Il ne sait pas, mais il affirme [51]. » En effet, il faut nécessairement qu'il existe des différences matérielles ou organiques dans les divers éléments nerveux pour expliquer la diversité de leurs propriétés, et ce serait nier la science que d'admettre que des propriétés différentes peuvent se manifester dans des éléments matériellement identiques. Un savant français, dont les travaux sont empreints à la fois d'une rigueur expérimentale et d'une philosophie scientifique qui les rendent de la plus haute importance pour la physiologie générale, est venu nous montrer à quelles nuances délicates de structure peuvent se rattacher des différences caractéristiques des corps. M. Pasteur [52] a découvert, dans ses belles expériences sur les acides tartriques droit et gauche, que deux substances chimiques, de composition en tout point identique quant à la nature et à la proportion de leurs éléments constituants, pouvaient différer considérablement dans certaines de leurs propriétés par le seul fait d'une différence décélée par des caractères optiques dans leur arrangement moléculaire. Pourquoi n'en serait-il pas de même pour nos éléments histologiques, qui, bien qu'identiques dans leur composition chimique, ne différeraient dans leurs propriétés physiologiques que par une simple modification d'arrangement moléculaire organique? Tout porte à penser qu'il doit en être ainsi, et que c'est là un des moyens que la nature emploie pour opérer la différenciation, c'est-à-dire le perfectionnement des êtres dans les corps organisés aussi bien que dans les corps bruts [53].

En définitive, la tendance de la physiologie générale doit être d'analyser et de différencier de plus en plus les propriétés vitales, en cherchant à déterminer les conditions mêmes de ces différences. Dans les sciences naturelles, où l'on ne cherche que les lois *contemplatives* des phénomènes, on se borne à étudier les différences organiques pour les confondre dans des unités typiques idéales. Mais dans les sciences expérimentales, où l'on cherche les lois *effectives* des phénomènes, il faut étudier les différences organiques pour les ramener chacune à ses conditions matérielles élémentaires de manifestation. Voilà pourquoi j'ai dit, relativement aux propriétés des nerfs, qu'en cherchant à effacer les différences pour tout confondre dans des analogies et des ressemblances, on nuit aux progrès de la physiologie générale telle que je la comprends. Je ne saurais, en effet, ainsi que je le développerai plus tard, regarder la physiologie générale comme une science destinée à rester dans les régions contemplatives des sciences naturelles, mais bien comme une science expérimentale destinée à agir sur les phénomènes des êtres vivants.

Si nous examinons maintenant les relations physiologiques réciproques des divers éléments musculaires et nerveux, nous verrons que, malgré la multiplicité, la complexité et la variété inouïes des mécanismes vitaux dans lesquels les propriétés de ces éléments entrent en jeu, on peut cependant toujours les ramener à une formule générale qui comprend quatre termes : 1° un élément nerveux sensitif; 2° un élément nerveux central; 3° un élément nerveux moteur; 4° un élément contractile ou musculaire [54].

L'élément nerveux sensitif reçoit les impressions ou les excitations venant soit du milieu extérieur, soit du milieu intérieur
organique; il les transmet à l'élément central et agit ainsi comme
excitateur direct ou indirect de l'élément moteur.

Le centre nerveux ou l'élément central est une cellule nerveuse
dans laquelle l'action sensitive se transforme en action motrice.
Dans les cas de *sensibilité inconsciente*, cette transformation a lieu
directement comme si la sensibilité se réfléchissait en motricité.
C'est pourquoi on a appelé ces sortes de mouvements involontaires et nécessaires des *mouvements réflexes*. Dans les cas de *sensibilité consciente*, il existe entre la sensation et le phénomène moteur volontaire d'autres phénomènes nerveux d'ordre supérieur
qui ont leurs conditions de manifestation dans des éléments cen-
traux spéciaux. Je ne puis point entrer ici dans l'examen de ces
phénomènes intermédiaires, qui présentent d'ailleurs encore bien
des obscurités que les progrès de la physiologie ne dissiperont que
plus tard. Je me bornerai à dire seulement que la physiologie peut
prouver que ces *phénomènes psychiques* intermédiaires ne changent
rien aux mécanismes nerveux considérés en eux-mêmes. Les
centres nerveux élémentaires conscients n'existent que dans le cerveau; dans toutes les autres parties du corps, ces centres nous
paraissent inconscients. Mais on ne saurait pour cela les considérer
comme étant tous également simples et de même ordre. Chez les
animaux inférieurs, il y a des mouvements réflexes qui ont une
apparence de finalité intentionnelle; il paraît même en être ainsi
après l'ablation du cerveau chez les animaux vertébrés. Chez une
grenouille décapitée, par exemple, si l'on pince la peau des côtés
du corps ou du pourtour de l'anus, on voit les membres postérieurs se porter sur la pince et l'écarter avec violence. On pourrait donc, avec beaucoup de physiologistes, admettre qu'il y a
dans les cellules élémentaires centrales de la moelle épinière
une sorte d'intelligence coordinatrice des mouvements. Mais il faut
reconnaître cependant que cette intelligence inconsciente est dé-

pourvue de spontanéité et de volonté, c'est-à-dire incapable de provoquer ou d'arrêter le mouvement réflexe, qui est toujours un mouvement nécessaire et fatal. Le plus haut problème de la physiologie générale du système nerveux serait de savoir comment la sensibilité, d'abord confuse et inconsciente, peut successivement, par les progrès de l'organisation, se dégager et passer à l'état conscient, en donnant lieu à la spontanéité [55].

Y a-t-il chez les animaux vertébrés des centres nerveux en dehors du cerveau et de la moelle épinière? On avait supposé, depuis bien longtemps, que les ganglions du grand sympathique devaient jouer le rôle de centre nerveux inconscient et indépendant de l'axe cérébro-spinal, mais on n'était pas parvenu à en fournir la preuve expérimentale. Je pense avoir donné cette démonstration sur le ganglion nerveux de la glande salivaire sous-maxillaire [56].

L'élément nerveux moteur est physiologiquement subordonné à l'élément sensitif et à l'élément central; il ne peut agir que sous leur influence, et il constitue ainsi le troisième et dernier anneau de la chaîne nerveuse. Jamais dans les éléments moteurs les actions ne peuvent se propager dans une direction inverse de celle que nous venons d'indiquer. C'est pourquoi l'excitation du nerf moteur ne rétrograde pas et ne se transmet jamais au centre nerveux, ni à l'élément sensitif. L'élément nerveux moteur a pour unique fonction d'exciter le muscle et de le déterminer à manifester son activité vitale [57]. Or cette activité vitale de l'élément musculaire, mise en jeu par son nerf, se manifeste le plus ordinairement par une contraction; mais il arrive dans certains cas que c'est, au contraire, un relâchement, une sorte d'action paralysante que produit l'influence nerveuse, d'où il résulte qu'on a admis des nerfs moteurs *paralyseurs* des muscles [58].

L'élément musculaire peut être annexé à une foule de mécanismes divers, tantôt à un os, tantôt à un intestin, tantôt à une vessie, tantôt à un vaisseau, tantôt à un conduit excréteur, tantôt

enfin à des appareils tout à fait spéciaux à certaines espèces d'animaux vertébrés ou invertébrés [59]; d'où il résulte que le système
nerveux en agissant sur le muscle peut exercer son influence sur
tous les mécanismes vitaux, depuis le phénomène physique ou chimique le plus élémentaire jusqu'aux phénomènes les plus complexes
des appareils des sens. Dans ces derniers temps, les systèmes nerveux et musculaire, ainsi que les organes des sens, ont été l'objet
d'expériences si précises qu'elles constituent de véritables études de
physiologie physico-mathématique. Les travaux remarquables de
Helmholtz, de Donders, de Brücke, de Bois-Reymond, etc. en
fournissent des preuves parmi les étrangers. En France, beaucoup
de recherches sont maintenant entreprises dans la même voie. Les
appareils de locomotion et les organes nerveux ne sont rien autre
chose, en effet, que des appareils de mécanique et de physique
créés par l'organisme. Ces mécanismes sont plus complexes que
ceux des corps bruts, mais ils n'en diffèrent pas quant aux lois qui
régissent leurs phénomènes; c'est pourquoi ils peuvent être soumis
aux mêmes théories et étudiés avec la même exactitude.

Maintenant, comme question finale du problème, nous devons
nous demander quel est le but que la physiologie générale se propose d'atteindre en poursuivant ainsi l'étude des éléments histologiques dans leurs propriétés vitales autonomiques et dans leur
association fonctionnelle. Ce but ne saurait se borner, ainsi que
nous l'avons déjà dit, à une simple curiosité contemplative. La physiologie générale cherche à distinguer les éléments histologiques et
à déterminer leurs conditions physico-chimiques d'activité, afin de
pouvoir, par leur intermédiaire, régler leur manifestation vitale et
arriver par suite à modifier scientifiquement les mécanismes organiques complexes qui résultent de leur réciprocité d'action. Quelle
que soit la nature du phénomène de la vie auquel on s'adresse,
c'est toujours à la connaissance des propriétés élémentaires des
tissus vivants qu'il faut faire remonter l'explication physiologique.
La vie n'est au fond qu'un mécanisme; elle ne s'entretient dans

l'organisme que par l'activité fonctionnelle bien équilibrée de tous les éléments histologiques. La mort survient par la rupture de l'équilibre vital, amenée dans la machine organisée par la cessation d'action d'un ou de plusieurs éléments organiques essentiels à la vie de l'ensemble.

Les effets des poisons nerveux et musculaires nous démontrent déjà cette proposition de la manière la plus évidente. En nous reportant au mécanisme de la mort par ces agents toxiques, nous voyons qu'il n'y a en définitive qu'un seul élément atteint par le poison. Nous pouvons suivre facilement les perturbations vitales qu'il provoque, maîtriser scientifiquement les symptômes de l'empoisonnement, et nous rendre compte de la manière suivant laquelle il détermine progressivement l'extinction de l'activité vitale dans tous les autres éléments histologiques [60].

On comprendra facilement que toutes ces études de physiologie générale soient d'une complexité inouïe et entourées d'innombrables difficultés, qui ne seront peut-être surmontées qu'au prix de longs efforts. Mais, au milieu de tous les obstacles qu'il rencontre, le savant doit reprendre courage dès qu'il aperçoit, dans les résultats de ses recherches, quelques lueurs qui lui montrent qu'il marche dans la bonne voie.

II

PHÉNOMÈNES DE CIRCULATION ET DE RESPIRATION.

Système vasculaire. — Éléments sanguins et lymphatiques, etc.

Les éléments organiques ne manifestent leurs propriétés vitales qu'à la condition d'être entourés par un milieu ambiant qui soit compatible avec l'accomplissement des phénomènes physico-chimiques essentiels à la vie. On comprend dès lors que la plupart des éléments histologiques, plongés et fixés dans les profondeurs du corps vivant, ne puissent se mettre en rapport direct avec le *milieu extérieur.* C'est pourquoi il s'est formé dans tous les organismes un véritable *milieu intérieur*, dans lequel les éléments anatomiques remplissent leurs fonctions, et parcourent toutes les phases de leur existence, comme dans une atmosphère physiologique qui leur est propre. L'eau, l'air et les aliments qui existent au dehors pénètrent dans l'organisme et y circulent avec le sang sous le nom de *liquide nourricier*. Mais l'élément organique ne puise pas seulement dans ce liquide ses principes respiratoires et alimentaires; il y rejette aussi les résidus excrémentitiels de sa nutrition. C'est donc bien là un véritable milieu liquide intérieur dont les éléments anatomiques sont les habitants naturels. J'ai particulièrement insisté sur cette idée du milieu intérieur[61], et je la crois très-juste au point de vue de la physiologie expérimentale.

Le milieu intérieur doit être liquide parce que l'eau est indispensable aux réactions chimiques, ainsi qu'à la manifestation des propriétés de la matière vivante. Ce n'est que par un artifice de construction que des organismes animaux et végétaux existent dans l'air. Aucun de leurs éléments histologiques ne pourrait y vivre; il y périrait infailliblement ou tomberait à l'état de *vie latente* par dessiccation. Les éléments histologiques sont donc tous de véritables organismes élémentaires aquatiques; ils conservent chacun leur substance spéciale et leurs sucs propres, car ils ne sont point imbibés par les liquides organiques dans lesquels ils nagent ou par lesquels ils sont baignés.

Tout milieu intérieur liquide doit présenter, pour entretenir la vitalité des éléments histologiques, des conditions convenables de température, ainsi que de l'air et des aliments dissous dans l'eau.

L'air du milieu intérieur chez tous les êtres vivants est composé, comme celui du milieu extérieur, par de l'oxygène, de l'acide carbonique et de l'azote; seulement les proportions de ces trois gaz peuvent varier à chaque instant, en raison des combustions respiratoires et des autres phénomènes chimiques qui ont lieu dans l'organisme.

Les aliments que renferme le milieu *intra-organique* sont des sels terreux, puis des matières azotées ou albuminoïdes, des matières grasses et des matières sucrées; et ces substances sont d'autant plus variées dans leur composition que l'organisme est plus parfait, c'est-à-dire que la diversité des éléments anatomiques qui le constituent est plus grande. Les matières alimentaires complexes contenues dans le milieu intérieur proviennent du dehors, mais elles ne s'y trouvent pas à l'état convenable pour nourrir les éléments histologiques; elles sont préalablement élaborées et souvent profondément modifiées par les appareils digestifs. C'est pourquoi ces matières nutritives du milieu intérieur doivent être réellement considérées comme des produits de sécrétions spéciales de l'organisme vivant. En effet, une fois qu'elles ont été ainsi élaborées par l'organisme, elles ne peuvent servir qu'à lui, et elles ne sauraient être transfusées d'un animal dans un autre d'espèce différente; car elles seraient impropres à faire vivre convenablement les éléments anatomiques d'un organisme qui ne les aurait point préparées.

La température du milieu organique intérieur est, pour les végétaux, à peu près la même que celle du milieu extérieur cosmique. Parmi les animaux, les uns possèdent un milieu intérieur à température variable, qui suit les oscillations de la température extérieure : ce sont les animaux dits *à sang froid;* les autres sont pourvus d'un milieu intérieur possédant une température en général plus élevée que celle du milieu extérieur, mais à peu près fixe et indépendante des variations atmosphériques ambiantes : ce sont les animaux dits *à sang chaud.* Cette seule circonstance de fixité ou de variabilité dans la température du milieu intérieur amène, au point de vue physiologique, une différence radicale entre les êtres vivants. Tous ceux dont le milieu intérieur offre une température variable ne possèdent point des manifestations vitales identiques et constantes dans leur activité. Ils sont enchaînés aux vicissitudes climatériques, s'engourdissent pendant l'hiver, et se réveillent pendant l'été. Les animaux à sang chaud, au contraire, se montrent inaccessibles à ces oscillations de température du milieu extérieur et possèdent une vie libre et indépendante. Cette liberté vitale, on le voit, n'est qu'une question de perfectionnement du milieu intérieur qui fait que les organismes élevés se trouvent mieux protégés contre les variations de température. Chez ces animaux les éléments histologiques sont renfermés dans le corps comme en serre chaude; ils ne ressentent pas l'influence des frimats extérieurs, mais au fond ils n'en sont pas pour cela plus indépendants. S'ils fonctionnent constamment et s'ils ne s'engourdissent pas, c'est que la température constante et élevée du milieu intérieur entretient incessamment les combustions et les conditions physiques et chimiques qui sont indispensables à leur activité vitale.

Le milieu intérieur organique peut, comme le milieu cosmique extérieur, s'altérer par des circonstances normales ou accidentelles. Il s'use et se vicie normalement par le fait même de la vie des éléments. C'est pourquoi il doit se réparer et se purifier, c'est pourquoi il faut qu'il respire, c'est-à-dire qu'il circule et qu'il soit constamment aéré et ventilé. Cette dernière fonction est confiée à un élément anatomique spécial, qui est libre et circule dans le liquide nourricier : c'est le globule rouge, qui constitue l'élément respiratoire spécial du liquide sanguin. Outre l'altération produite par les résidus de la nutrition des éléments histologiques, le milieu intérieur peut encore être vicié par la formation ou l'introduction accidentelle de matières toxiques. En effet, ce n'est qu'à la condition d'arriver dans le sang que les poisons produisent sur les éléments leurs actions délétères, et que les substances médicamenteuses exercent leur influence salutaire.

Telle est en abrégé l'idée qu'il faut se faire du sang et des divers liquides qui sont mis en circulation dans l'organisme vivant. Ces fluides doivent être considérés comme constituant un milieu intérieur dont la physiologie générale aura à rechercher et à déterminer les conditions physico-chimiques dans leur rapport avec la vie des éléments histologiques [62].

La température des animaux à sang chaud est regardée comme étant fixe. Toutefois, dans les parties intérieures les plus chaudes, elle oscille en général de 38 à 4o degrés centigrades chez les mammifères, de 43 à 45 degrés centigrades chez les oiseaux. Dans les parties du corps qui sont refroidies par le contact direct de l'atmosphère extérieure, la température du liquide sanguin, et particulièrement celle du sang des veines superficielles, peut quelquefois s'abaisser considérablement. Mais, comme il y a mélange total du sang dans le cœur et dans le poumon, il en résulte que le sang artériel qui est distribué aux éléments organiques présente toujours à peu près la même température.

Magendie et moi avons fait des expériences pour savoir jusqu'à quel point la chaleur du sang peut rester fixe chez les animaux à sang chaud plongés dans des atmosphères extérieures très-chaudes ou très-froides. Nous avons placé des mammifères et des oiseaux dans des étuves sèches dont l'air renouvelé avait une température de 6o à 8o et jusqu'à 1oo degrés centigrades. D'abord les animaux supportaient assez bien cette chaleur élevée; ils ne paraissaient pas souffrir dans ce milieu. Puis ils devenaient un peu agités et haletants; et, sans autre symptôme, au bout d'un certain temps, qui était variable, ils poussaient un cri et mouraient subitement. En examinant aussitôt la température du rectum, on trouvait que l'animal s'était toujours échauffé de 5 degrés en plus de sa chaleur normale. D'où il semblait résulter que, dès que le sang avait acquis la température de 45 degrés chez les mammifères, et de 5o degrés chez les oiseaux, la vie de certains éléments histologiques devenait impossible, et la mort de l'organisme inévitable. Plus tard, en reprenant ces études, je trouvai que, dans ces expériences, la vie cesse par arrêt subit du cœur et par rigidité presque instantanée de tout le système musculaire [(63)]. Quand on ouvre l'animal immédiatement après la mort, le cœur, surpris en fonction en quelque sorte, ne se contracte plus, et l'on trouve le sang rutilant dans les cavités gauches et noir dans les cavités droites. Cela indique que la circulation a cessé avant la respiration; car, dans les genres de mort, les plus nombreux, où la circulation survit au contraire à la respiration, on trouve toujours comme conséquence le sang noir dans toutes les cavités du cœur. L'enseignement que la physiologie générale peut retirer de ces expériences, c'est que la température du milieu intérieur ne saurait dépasser impunément 45 degrés chez les mammifères et 50 degrés chez les oiseaux. Chez l'animal mort à cette température, la matière musculaire est altérée, coagulée et devenue acide, ce qui amène nécessairement l'extinction des fonctions vitales. Toutefois il est remarquable que la mort par rigidité musculaire puisse aussi survenir sous l'influence de certains poisons qui cependant ne modifient pas la température du sang. Cela porte à supposer que la chaleur du sang exerce son action sur les muscles par l'intermédiaire des nerfs, et qu'elle amène la mort simplement par épuisement nerveux et musculaire.

Quand on refroidit de petits mammifères (cochons d'Inde, lapins) en les entourant de glace, mas en les préservant en même temps de son contact humide, on constate que la mort survient lorsque la température du rectum est descendue à 18 ou 20 degrés [04]. Si alors on retire les animaux du contact avec la glace, et qu'on les laisse à une température ambiante de 15 à 25 degrés, par exemple, ils ne se réchauffent plus spontanément et ils ne reviennent pas comme le feraient des animaux à sang froid engourdis. Ils finissent par périr après un certain temps, à moins qu'on ne les réchauffe artificiellement; dans ce cas on peut les faire revenir à la vie. Mais il ne faudrait pas conclure de l'expérience qui précède que les éléments histologiques des animaux à sang chaud perdent leurs propriétés vitales à une température de 18 à 20 degrés centigrades. Si l'abaissement de la température était opéré très-graduellement, on pourrait la porter beaucoup plus bas. J'ai constaté moi-même, après beaucoup d'autres observateurs, sur des marmottes qui étaient dans l'engourdissement hibernal, que la température du rectum descendait quelquefois à 4 ou 5 degrés au-dessus de zéro. Chez des marmottes ainsi engourdies j'ai fait la section du grand sympathique au cou sans les réveiller et sans produire aucune différence de température appréciable du côté de la tête correspondant à la section. Mais j'ai été surpris de voir que, chez ces animaux, où les humeurs et les éléments histologiques étaient plongés dans un si profond engourdissement, les phénomènes de plasticité organique ne s'accomplissaient pas moins avec une grande facilité. Les plaies faites pour découvrir le sympathique furent, pendant le sommeil hibernal, peut-être plus rapidement cicatrisées que pendant le réveil de l'animal[65].

Le milieu liquide intérieur arrose et baigne les éléments histologiques en leur faisant supporter une certaine pression, qui, de même que la température, est à peu près fixe chez les animaux à sang chaud, tandis qu'elle est variable chez les animaux à sang froid. On pourrait donc distinguer aussi sous ce rapport des animaux *à haute pression* ou à pression constante, et des animaux *à basse pression* ou à pression variable. La pression du sang artériel qui se distribue aux tissus et aux éléments est supérieure à la pression atmosphérique. C'est une observation qui a pu être faite dès qu'on a blessé une artère et qu'on a vu le sang jaillir au loin; mais les premières études expérimentales exactes sur ce sujet sont dues à un physiologiste français. M. Poiseuille[66] a le premier adapté un manomètre à l'artère d'un animal vivant; il a ouvert ainsi la voie à une branche de la physiologie expérimentale, *l'hémo-dynamique*, qui s'est depuis rapidement développée et a été, à l'étranger, l'objet des beaux travaux de Volkmann, Ludwig, etc. L'hémo-dynamique a été considérablement perfectionnée par l'emploi de procédés graphiques, dont le principe est également dû à deux savants français, MM. Poncelet et Morin, et dont l'application à la physiologie de la circulation a donné lieu en France à d'importantes recherches de la part de MM. Marey et Chauveau[67]. Il faut distinguer deux éléments dans la pression du sang artériel[68] : 1° *l'impulsion*, qui vient de la contraction cardiaque; 2° la *pression*, qui résulte de la tension artérielle. L'impulsion cardiaque varie chez les animaux suivant leur taille, c'est-à-dire suivant le volume du cœur. La pression ne varie que peu, et elle équivaut en général, chez les mammifères, à une force capable de soulever une colonne mercurielle de 150 millimètres environ. L'impulsion cardiaque qui détermine le pouls est elle-même d'autant plus forte qu'on l'examine plus près du cœur; elle s'éteint et disparaît vers la fin du système artériel, et alors la pression artérielle reste à peu près seule. On peut donc admettre en physiologie générale que, chez tous les animaux dont la température est constante, c'est-à-dire chez les animaux à sang chaud, la pression que supportent les éléments histologiques est aussi à peu près constante. La pression a une influence importante pour la vie des éléments histologiques. Elle règle les phénomènes d'échange qui se font entre ces éléments et le milieu liquide qui les entoure. Quand on diminue la pression par une soustraction considérable de sang, l'absorption devient plus énergique, c'est-à-dire que les fluides intersticiels, ainsi que le liquide propre des tissus et des éléments, s'exosmosent et passent dans le milieu intérieur en beaucoup plus grande proportion, ainsi qu'on peut s'en assurer par les modifications de composition qu'éprouve alors le fluide sanguin. Quand on augmente la pression en restreignant le champ circulatoire par la ligature d'un certain nombre d'artères ou autrement, il en résulte des troubles d'ordre inverse, et les excrétions deviennent plus considérables.

Les variations dans les proportions du sang peuvent encore avoir des conséquences directes sur la vie des éléments histologiques. Quand la quantité du sang est diminuée, c'est comme si le milieu liquide intérieur avait été restreint. Il se vicie alors d'autant plus facilement qu'il offre moins de masse. C'est pourquoi, quand on a enlevé du sang à un animal, il faut moins de substance toxique pour l'empoisonner [69]. En effet, les lois de la viciation du milieu intérieur sont les mêmes que pour le milieu extérieur. Si l'on veut rendre l'air toxique, à l'aide d'un gaz délétère, par exemple, il faudra naturellement dégager une quantité de gaz d'autant plus grande qu'il y aura plus d'air à vicier; car un gaz vénéneux n'est point mortel par sa quantité absolue, mais par la proportion relative qui se trouve répandue dans l'air. Il en est absolument de même pour les poisons introduits dans l'atmosphère liquide intérieure des éléments.

Le milieu intérieur, ayant de la tendance à se corrompre et à se vicier, a besoin de se renouveler et d'être constamment mis en mouvement. Il faut, en un mot, qu'il soit toujours en circulation. La chaleur deviendrait une cause puissante de viciation du sang, en favorisant les phénomènes chimiques d'échange nutritif. Mais comme elle accélère en même temps les contractions du cœur, il existe toujours un parallélisme établi entre l'intensité de la viciation et l'activité de la dépuration du milieu intérieur [70].

Le liquide sanguin offre constamment une réaction neutre ou alcaline, mais jamais acide. La composition du milieu liquide intérieur règle d'avance les réactions chimiques qui s'y accomplissent. J'ai entrepris autrefois une série de recherches ayant pour objet de déterminer quelle est la nature des réactions qui peuvent s'effectuer dans le sang. Les expériences m'ont appris que la constitution chimique du sang ne permet pas, en général, les combinaisons métalliques par double décomposition; mais qu'elle est, au contraire, éminemment favorable au développement des fermentations, ainsi qu'à toutes les actions chimiques que l'on comprenait autrefois sous le nom de *phénomènes catalytiques* [71]. Mais, dans tous les cas, pour se manifester, les phénomènes chimiques du milieu intérieur, de même que les propriétés vitales des tissus, ont besoin du contact de l'air, et particulièrement de la présence de l'oxygène. C'est ici qu'intervient le rôle indispensable et spécial de l'élément respiratoire du sang.

Les globules rouges sanguins sont des éléments histologiques innombrables qui colorent le milieu intérieur organique liquide des animaux vertébrés. Ce sont des cellules rondes ou ellipsoïdes libres et flottantes dans le plasma. Ces éléments respiratoires circulent avec le sang et viennent alternativement absorber l'oxygène au contact de l'air, à la surface des poumons, pour l'emporter ensuite dans la profondeur du milieu intérieur, au contact des éléments histologiques fixes des tissus vivants. Tous ces éléments peuvent ainsi respirer et vivre, semblables aux animaux fixés dans la mer qui respirent et vivent à la faveur de l'eau aérée qui passe au-devant d'eux. Les éléments respiratoires du sang, en portant l'oxygène dans le milieu liquide intérieur, président à la respiration, qui est, pour l'animal, la fonction la plus immédiatement indispensable de toutes. La suspension de la respiration entraîne rapidement la mort par asphyxie, et avec une rapidité d'autant plus grande que l'organisme est plus parfait, c'est-à-dire que les propriétés vitales de ses éléments sont plus variées ou plus délicates.

Toutes les fonctions élémentaires des tissus sont finalement manifestées par des propriétés de matière. La physiologie générale doit donc rattacher la fonction respiratoire du globule rouge du sang à la propriété chimique innée que possède sa substance de se charger d'oxygène, en absorbant ce gaz, soit au contact de l'air atmosphérique libre, soit au contact de l'air dissous dans l'eau. Mais ce qui importe au physiologiste, c'est de connaître exactement les conditions dans lesquelles cette propriété respiratoire du globule peut s'exercer.

Le globule rouge du sang est un élément de perfectionnement organique. Les vertébrés seuls le possèdent dans leur milieu intérieur [72]. La chaleur, qui augmente l'activité fonctionnelle de tous les éléments anatomiques, exalte aussi celle des globules rouges sanguins. C'est pourquoi ils ont des propriétés plus énergiques chez les animaux à sang chaud que chez les animaux à sang froid. Comme parties organisées et vivantes, les globules sanguins naissent, vivent et meurent par l'exercice même de leurs fonctions naturelles. Mais j'ai montré qu'ils peuvent aussi mourir accidentellement, et que, comme les autres éléments histologiques, ils ont

leurs poisons spéciaux. Je vais développer ce point nouveau, parce
qu'il éclaire la nature du rôle physiologique des globules sanguins
et permet en même temps de déduire des applications utiles à la
physiologie expérimentale.

Un chimiste français, M. Félix Leblanc [73], avait, en 1842, découvert que, parmi les produits gazeux de la combustion du charbon
ordinaire, l'oxyde de carbone est de beaucoup le plus vénéneux.
Il constata que ce gaz, à la dose de 4 à 5 pour 100 dans l'air,
fait périr instantanément des oiseaux. En 1853 et en 1856, en
étudiant le mécanisme de l'empoisonnement par l'oxyde de carbone, je fus amené à trouver que la respiration de ce gaz détermine très-rapidement la mort, parce qu'il déplace instantanément
l'oxygène des globules du sang [74]. L'examen attentif des propriétés
de l'élément sanguin intoxiqué me prouva ensuite qu'il s'était
produit, entre l'oxyde de carbone et la substance du globule, une
combinaison chimique spéciale, qui, une fois connue, rendait parfaitement compte de tous les phénomènes de l'empoisonnement.

L'hémato-globuline, qui constitue la substance du globule, est
la seule matière élémentaire vivante qui contienne du fer; elle est
rouge et possède une grande affinité pour l'oxygène. C'est à cette
propriété que l'élément respiratoire sanguin est redevable de sa
fonction. L'absorption de l'oxygène par le globule rouge s'effectue
par une véritable combinaison avec l'hémato-globuline. Si c'était
une simple dissolution, elle devrait augmenter avec l'abaissement
de la température; or c'est le contraire qui s'observe, soit quand
on considère ce qui se passe chez les animaux à sang chaud et à
sang froid, soit quand on expérimente directement sur les globules
sanguins eux-mêmes. Toutefois cette combinaison entre l'hémato-
globuline est peu énergique, et, bien que le globule prenne l'oxygène avec avidité, il ne le retient que faiblement. Du reste, cette
grande instabilité caractérise toutes les combinaisons gazeuses du
sang [75]; ce qui permet la mobilité des phénomènes chimiques, qui
est nécessaire dans les manifestations vitales. En effet, si un

élément histologique vient à contracter avec ce qui l'entoure des combinaisons trop stables, il tombe en indifférence chimique, et la vie, par cela même, cesse aussitôt en lui. C'est précisément ce qui arrive dans la combinaison de l'oxyde de carbone avec l'hémato-globuline. L'oxyde de carbone n'empoisonne et ne tue le globule sanguin que parce qu'il contracte avec sa substance une union trop énergique, qui chasse l'oxygène qu'elle contient sans permettre à celui-ci de le déplacer à son tour. Les globules sanguins ainsi empoisonnés sont véritablement embaumés, et ils conservent pendant des semaines entières leur couleur rutilante. Le globule qui a été touché par l'oxyde de carbone ne renferme plus d'oxygène, mais il est en outre incapable d'en reprendre au contact de l'air. L'animal se trouve empoisonné par une véritable paralysie des éléments respiratoires de son sang; ces éléments sont encore dans les vaisseaux, mais ils circulent inertes et ont cessé de remplir leur fonction. Les globules du sang sont alors seuls atteints, et, autant qu'on peut le constater, l'oxyde de carbone n'agit directement sur aucun autre élément histologique. Le plasma sanguin lui-même paraît inaltéré, de sorte que l'oxyde de carbone pourrait servir à distinguer dans le sang les usages des globules des usages du plasma seul.

D'après ce qui précède, il nous sera facile de prévoir et d'expliquer physiologiquement les symptômes de l'intoxication par l'oxyde de carbone. L'empoisonnement se manifeste d'abord avec les symptômes de l'hémorragie pure et simple, c'est-à-dire par des paralysies du sentiment et du mouvement, comme celles qui surviennent après la soustraction du sang par la saignée ou par l'obstruction des vaisseaux. Si les inspirations du gaz délétère sont suspendues, l'animal pourra revenir, parce que les globules sanguins du corps entier, ne se rencontrant pas à la fois dans le poumon, n'ont pas tous été atteints par le poison. Les éléments sanguins restés sains pourront continuer de remplir leurs fonctions, soit par la continuation spontanée du jeu respiratoire, soit à l'aide de la respiration artificielle. Quand l'empoisonnement a été complet, c'est-à-dire quand les éléments respiratoires du milieu intérieur ont été intoxiqués en totalité ou en trop grande quantité par l'oxyde de carbone, la mort de l'organisme est irrévocable [76].

Mais les études sur l'empoisonnement par l'oxyde de carbone m'ont encore conduit à une application utile aux progrès de la physiologie générale. J'ai pensé que cette singulière propriété que possède l'oxyde de carbone de dégager l'oxygène du globule sanguin pourrait servir de principe pour un nouveau procédé d'analyse des gaz du sang, qui aurait l'avantage d'être rapide et d'éviter les causes d'erreurs qui résultent de l'altération incessante du liquide sanguin. Mes prévisions ont été réalisées; et ce procédé, déjà expérimenté par beaucoup de physiologistes, me paraît devoir obtenir une supériorité évidente sur tous les autres, surtout en le combinant avec l'emploi du vide [77].

Dans la mécanique vitale des organismes élevés, il faut considérer que le sang est appelé à jouer vis-à-vis des éléments histologiques un double rôle : il est à la fois leur *liquide nourricier* et leur *liquide excitateur* fonctionnel. Pour se faire une idée juste de l'action des globules du sang dans ces deux ordres de fonctions, il est nécessaire d'avoir une notion exacte de leurs diverses propriétés vitales et une connaissance précise des conditions physico-chimiques dans lesquelles ces propriétés entrent en activité.

On peut étudier les propriétés vitales des globules sanguins en dehors du corps vivant avec une plus grande facilité que pour les autres éléments histologiques. En effet, les globules sanguins sont les seuls éléments dont la mobilité permette de les retirer de l'organisme, suspendus dans un liquide et sans dilacération. On constate, en dehors des vaisseaux, que le globule absorbe l'oxygène de l'air, le retient et le change plus ou moins rapidement en acide carbonique. En effet, si l'on agite du sang dans une éprouvette, on voit les globules prendre la teinte rutilante caractéristique du sang artériel; puis, si l'on abandonne le sang au repos, on observe que les globules qui ne sont plus au contact de l'air deviennent noirs,

perdent leur oxygène et se chargent d'acide carbonique; alors le
sang est devenu veineux. La disparition de l'oxygène est d'autant
plus rapide que la température est plus élevée et que l'activité du
globule sanguin est plus grande. Chez les animaux hibernants, les
globules du sang, comme tous les autres éléments histologiques, sont
engourdis par l'abaissement de la température, et j'ai constaté que,
dans ces circonstances, le sang est presque aussi rutilant dans les
artères que dans les veines. Néanmoins nous avons vu que dans ce
cas le travail de plasticité et de cicatrisation a conservé son activité;
ce qui semblerait indiquer que les globules rouges sont étrangers à
ce phénomène, qui aurait probablement son siége dans le plasma
ou dans des liquides blastématiques qui en doivent dériver.

Chez les animaux à sang chaud, le sang commence réellement
à devenir veineux dans le système artériel dès qu'il est sorti des
poumons. En effet, puisque le sang artériel se change en sang
veineux dans une éprouvette, il peut bien éprouver le même phénomène dans une artère, s'il y séjourne assez longtemps. C'est
pourquoi la quantité d'oxygène doit diminuer dans le sang artériel
à mesure qu'il s'éloigne du cœur. C'est en effet ce qu'on peut
constater [78]. Néanmoins c'est principalement dans le système des
vaisseaux capillaires que le sang trouve les conditions de la vé-
nosité, qui font disparaître son oxygène et apparaître de l'acide
carbonique [79]. C'est là surtout qu'il prend une teinte plus foncée.
Cependant il peut arriver, ainsi que je l'ai constaté, que le sang
ne devienne pas veineux en traversant les capillaires, et qu'il sorte
des veines rutilant et même par jet saccadé comme du sang artériel [80]. Cela arrive quand les capillaires sont élargis, soit par une
section des nerfs vaso-moteurs du grand sympathique, soit par
suite d'un état fonctionnel spécial des organes.

Mais si le globule du sang consomme en lui et change en acide
carbonique l'oxygène qu'il vient puiser dans le poumon, on cherche
comment il peut vivifier les autres éléments du sang, et l'on se
demande s'il agit sur eux à l'aide de l'oxygène qu'il porte ou à l'aide

de l'acide carbonique ou d'autres produits qu'il forme. Ce sont
là des questions encore entourées de beaucoup d'obscurité, mais il
n'en est pas moins positif que, dans les animaux élevés, le sang artériel, c'est-à-dire celui qui renferme des globules oxygénés, est seul
capable d'entretenir la vie; tandis que le sang veineux est inerte
et même délétère, particulièrement pour les éléments nerveux et
musculaires [81].

On a admis que l'oxygène nourrit les tissus et que l'acide carbonique les excite à fonctionner [82]. J'ai lieu de croire jusqu'à présent, d'après des expériences particulières, que la propriété nutritive
réside dans d'autres parties du plasma et qu'elle est indépendante
du globule rouge sanguin. En effet, chez les animaux invertébrés,
le sang, dépourvu de globules rouges, ne sert pas moins à la nourriture de leurs tissus. J'admettrais au contraire que les globules
rouges chargés d'oxygène sont les excitateurs fonctionnels des
autres éléments du corps. En effet, l'oxygène, porté sur les tissus
vivants, les excite à manifester leurs propriétés vitales spécifiques,
de même qu'il excite aussi les propriétés physico-chimiques particulières des corps minéraux. On peut d'ailleurs constater cette action
excitante de l'oxygène quand on le met en contact direct, dans le
tissu cellulaire, avec des éléments histologiques déterminés [83].

Quant à l'acide carbonique, je pense qu'au lieu d'être un excitateur fonctionnel des éléments, il joue au contraire un rôle inverse,
c'est-à-dire qu'il engourdit les tissus et agit en ralentissant l'état fonctionnel pour favoriser les phénomènes nutritifs. Le globule sanguin
contribuerait donc à deux fonctions à la fois : lorsqu'il est oxygéné,
il exciterait les tissus par son contact avec eux, et, quand il a trans-
formé l'oxygène en acide carbonique, il leur fournirait un élément
ou une condition pour leur nutrition [84]. Quand je dis que l'oxygène
excite les tissus nerveux et musculaire, j'entends seulement faire
comprendre qu'il sollicite en eux la production et en quelque sorte
la sécrétion de leurs propriétés vitales, mais non pas qu'il les met
en jeu. En effet, les éléments musculaires et nerveux entrent en

fonction en réagissant les uns sur les autres, ou bien sous l'influence d'excitants mécaniques qui remplissent le même rôle.

Lorsqu'on fait circuler dans l'organisme du sang noir, c'est-à-dire du sang chargé d'acide carbonique, on éteint les propriétés nerveuses et musculaires [85]; mais on n'éteint pas les fonctions nutritives ni la production de certains principes immédiats sécrétés [86].

Quant aux propriétés vivifiantes du sang artériel, elles se démontrent par une foule de procédés, mais en particulier par la *transfusion*. Les globules du sang sont les seuls éléments histologiques qui, à raison de leur mobilité, peuvent être *transfusés* d'un animal dans un autre [87].

La transfusion du sang privé de globules est impropre à entretenir la vie dans les organismes élevés. La transfusion du sang veineux pourrait peut-être constituer, dans certaines conditions données, une transfusion nutritive; mais c'est la transfusion artérielle qui est la transfusion vivifiante ainsi que cela est connu depuis longtemps. En d'autres termes, c'est le sang oxygéné seul qui peut développer les propriétés musculaire et nerveuse, qui sont les moyens presque exclusifs de manifestation vitale chez les animaux.

Lorsqu'on opère la transfusion dans des muscles et des nerfs dont les propriétés vitales sont éteintes ou considérablement amoindries, on ne peut donc réveiller leur vitalité qu'à la condition de leur envoyer des globules du sang chargés d'oxygène. On voit alors peu à peu les propriétés musculaire et nerveuse réapparaître et se manifester sous l'influence de leurs excitants. On peut faire des transfusions totales, c'est-à-dire sur des corps entiers, et rappeler à la vie des animaux et même des hommes dans les cas de mort par hémorragie ou dans certains cas d'empoisonnement, quand il n'y a pas altération définitive d'un élément histologique essentiel. On peut aussi pratiquer des transfusions partielles et injecter le sang oxygéné seulement dans un organe, dans un membre ou dans la tête.

M. Brown-Sequard [88] a fait beaucoup d'expériences intéressantes sur la transfusion. Il a montré que les divers tissus musculaires et nerveux, privés de sang depuis un certain temps, pouvaient reprendre plus ou moins rapidement leurs propriétés vitales sous l'influence de l'injection du sang oxygéné. Il a opéré sur les animaux et sur l'homme. Il a montré chez des suppliciés que les muscles d'un membre séparé du corps, après avoir perdu leur irritabilité musculaire, pouvaient la recouvrer. Seulement tous les muscles ne reprennent pas simultanément leurs propriétés; il en est de même pour la disparition des propriétés vitales. L'irritabilité musculaire dure plus longtemps dans certains muscles que dans d'autres, et M. J. Regnauld a constaté que les propriétés électriques ne sont pas de même intensité pour tous les muscles d'un membre. Tout cela prouve de plus en plus qu'il y a dans les éléments musculaires beaucoup de variétés qui constituent en quelque sorte des individualités très-intéressantes à considérer pour le physiologiste.

M. Brown-Séquard a également montré que les propriétés des troncs des nerfs et des centres nerveux réapparaissent sous l'influence de l'injection du sang artériel. En injectant le sang par la carotide dans la tête d'un chien décapité, il a vu revenir la propriété vitale des muscles et des nerfs. L'animal exécutait des mouvements de la face et des yeux qui paraissaient dirigés par la volonté. M. Brown-Séquard ne dit pas toutefois si le chien voyait et entendait.

Les expériences de transfusion faites sur la tête, et dans lesquelles on voit disparaître et reparaître l'expression de l'intelligence, nous frappent toujours comme quelque chose de merveilleux et d'incompréhensible. Mais ces faits ne nous semblent extraordinaires que parce que nous confondons les *causes* des phénomènes avec leurs *conditions*. Nous croyons à tort que la science conduit à admettre que la matière engendre les phénomènes que ses propriétés manifestent, et cependant nous répugnons instinctivement à croire que la matière puisse avoir la propriété de penser et de sentir.

Pour le physiologiste qui se fait une juste idée de la nature des phénomènes vitaux, le rétablissement de la vie et de l'intelligence dans une tête sous l'influence de la transfusion du sang oxygéné n'a rien absolument qui soit anomal ou étonnant; ce serait le contraire seul qui serait surprenant pour lui. En effet, le cerveau est un mécanisme conçu et organisé de façon à manifester les phénomènes intellectuels par l'ensemble d'un certain nombre de conditions. Or, si on enlève une de ces conditions, le sang, par exemple, il est bien certain qu'on ne saurait concevoir que le mécanisme puisse continuer de fonctionner. Mais si l'on restitue la circulation sanguine avec les précautions exigées, telles qu'une température et une pression convenables et avant que les éléments cérébraux soient altérés, il n'est pas moins nécessaire que le mécanisme cérébral reprenne ses fonctions normales. Les mécanismes vitaux, en tant que mécanismes, ne diffèrent pas au fond des mécanismes non vitaux. Si dans une montre on enlevait un rouage, on ne concevrait pas que son mécanisme continuât de marcher; mais si l'on restituait ensuite convenablement la pièce supprimée, on ne comprendrait pas non plus que le mécanisme ne reprît pas son mouvement. Cependant on ne se croirait pas obligé pour cela de conclure que la cause de la division du temps en heures, en minutes et en secondes, manifestée par la montre, réside dans les propriétés du cuivre ou de la matière qui constitue ses aiguilles ou les rouages de son mécanisme. De même, si l'on voit l'intelligence revenir dans un cerveau et dans une physionomie auxquels on rend le sang qui leur manquait pour fonctionner, on aurait tort d'y voir la preuve que l'intelligence est dans le sang ou dans la matière cérébrale. Il ne faudrait donc pas tirer de ces expériences des conclusions qu'elles ne comportent pas. Je le répète, la physiologie ne doit voir là que des mécanismes vitaux, disloqués et rétablis dans leurs *conditions d'action*. Sous ce rapport, le rétablissement des fonctions d'un muscle, d'un nerf ou du cerveau tout entier appartient à un même ordre d'explications. La restitution de tous les phénomènes vitaux

musculaires et nerveux qui se passent dans une tête, de quelque
nature admirable qu'ils nous paraissent, se rattache ici directement
à l'histoire des propriétés du globule sanguin. Il y a même plus,
car on peut dire que c'est l'oxygène seul du globule sanguin qui
constitue la *condition* capable d'opérer cette résurrection fonctionnelle, en excitant les propriétés engourdies des éléments organiques.
Nous savons en effet que les globules du sang privés d'oxygène ou
chargés d'acide carbonique sont impropres à révivifier les facultés
vitales. Je répéterai enfin que Lavoisier a démontré que l'oxygène
est le gaz vital ou excitateur des propriétés de la matière organisée
des corps vivants, comme il est aussi le gaz vital ou excitateur des
propriétés inorganiques des corps minéraux. Nous n'avons donc à
constater dans tout cela que les *conditions d'un déterminisme* nécessaire pour les manifestations des phénomènes soit vitaux soit minéraux, mais non à chercher des explications qui aboutiraient à un
matérialisme absurde ou vide de sens [89].

Dans les végétaux comme dans les animaux, on donne le nom de
respiration à l'échange gazeux qui s'opère entre l'organisme vivant
et l'atmosphère ambiante. Mais la respiration ne saurait être considérée comme une fonction localisée dans un organe respiratoire.
La physiologie générale nous apprend que tous les tissus et tous les
éléments respirent parce que tous reçoivent du sang artériel oxygéné, et rendent du sang plus ou moins veineux, c'est-à-dire plus
ou moins désoxygéné selon les phases de leur état nutritif et fonctionnel.

Dans les animaux, le mot *respiration* est synonyme de *combustion*,
c'est-à-dire de transformation de l'oxygène en acide carbonique
et en eau par la fixation de ce gaz sur les éléments hydrogénés et
carbonés du sang ou des tissus. C'est Lavoisier qui a donné cette
interprétation de la respiration animale; toutefois on a mal exprimé
sa pensée en admettant que le poumon était exclusivement le siége
de cette combustion. Cette opinion semblait d'accord, il est vrai,
avec une expérience mal interprétée, savoir : que la chaleur était

plus grande dans le sang artériel que dans le sang veineux ; mais
Lavoisier ne s'était pas prononcé aussi affirmativement qu'on avait
paru le croire [90]. Plus tard on reconnut en effet que le poumon ne
pouvait être le seul théâtre d'une combustion aussi active, et un
physiologiste français, W. Edwards [91], montra qu'une grenouille
bien purgée d'air, respirant dans de l'hydrogène, exhalait de l'acide
carbonique ; ce qui prouvait bien que ce gaz, dans ce cas, ne s'était
pas formé par une combustion directe dans le poumon à l'aide de
l'oxygène de l'air.

Le poumon, comme tous les tissus du corps, présente sans doute
des phénomènes de combustion respiratoire qui lui sont propres ;
mais, en tant qu'organe de la respiration, il n'est que l'organe spécial de l'absorption et de l'exhalation gazeuse de l'organisme vivant.
C'est par la surface considérable des vésicules pulmonaires que le
milieu intérieur du sang échange ses gaz avec le milieu extérieur,
d'après les lois ordinaires de la diffusion gazeuse. S'il arrive des
difficultés à cet échange gazeux, cela amène l'asphyxie, c'est-à-dire
l'accumulation de l'acide carbonique dans le milieu intérieur et par
suite l'engourdissement anesthésique des éléments histologiques [92].

La combustion respiratoire a été regardée comme la source principale de la chaleur animale que le sang est chargé de répandre et
de distribuer dans les diverses parties du corps. Si cette idée est
juste, il doit en résulter que c'est le sang brûlé, c'est-à-dire le sang
veineux, qui sera le plus chaud. C'est ce que l'expérience vient démontrer quand elle est instituée de manière à rendre les conditions
exactement comparables pour le sang artériel et pour le sang veineux. On conçoit, en effet, que le ralentissement de la circulation
dans les veines superficielles puisse amener une déperdition de ca-
lorique telle que le rapport se trouve alors renversé et que le sang
veineux se montre plus froid que le sang artériel. C'est ce qui a donné
lieu pendant longtemps à des contradictions expérimentales apparentes entre les faits et la théorie, qui aujourd'hui sont bien expliquées.

D'un côté, on avait admis avec raison que la combustion était la

source de la chaleur animale, mais on avait regardé à tort, d'autre
part, le poumon comme l'organe exclusif de cette combustion. D'après
cette dernière opinion, il était logique de conclure que le sang artériel devait être plus chaud que le sang veineux; mais, dès qu'on eut
reconnu que la combustion respiratoire se passait surtout dans les
capillaires généraux du corps, le fait du sang artériel plus chaud
que le sang veineux était paradoxal. Il restait sans doute toujours
d'accord avec l'observation empirique, mais il devenait en désaccord avec les idées que l'on s'était faites de la combustion respiratoire comme cause de la chaleur animale. Il fallait donc expliquer
la contradiction en conciliant l'observation avec la théorie, ou bien
en renversant la théorie si elle n'était pas d'accord avec les faits.
Or j'ai montré que les résultats différents, et en apparence opposés, de l'observation s'interprètent tout à fait en faveur de la
théorie de Lavoisier, et que les faits contradictoires s'expliquent
facilement par les conditions mêmes des expériences[93]. Dans les
profondeurs de l'organisme, quand il n'y a pas de cause de refroidissement, le sang veineux est toujours plus chaud que le sang
artériel. J'ai trouvé que *le sang veineux le plus chaud du corps est
celui qui sort du foie par les veines sus-hépatiques.* C'est, en effet, un
sang en quelque sorte deux fois veineux. Dans les veines superficielles du corps, le sang est, au contraire, toujours plus froid
que dans les artères; cela s'explique par le refroidissement que le
sang veineux éprouve dans ces vaisseaux, où il circule généralement avec lenteur. Il arrive donc, ainsi qu'on le voit, dans le
cœur droit du sang veineux des organes profonds plus chaud que
le sang artériel, et du sang veineux de la peau et des organes superficiels plus froid que le sang artériel. Le mélange qui en résulte
traverse le poumon et peut encore se rafraîchir au contact de l'air
froid; ce qui fait que le sang artériel du ventricule gauche est ordinairement d'une température un peu inférieure à celle du sang
veineux dans le ventricule droit[94]. Mais, dans tous les cas, les
éléments histologiques ne se ressentent pas de ces différences, car

le sang oxygéné sortant des poumons est nécessairement lancé à toutes les parties du corps avec la même température.

Tous les phénomènes chimiques dans les organismes vivants élevés doivent être rattachés plus ou moins directement à la physiologie des globules rouges du sang. Ce sont en effet ces globules qui, par leur activité, règlent tous les phénomènes de respiration et de combustion, en ce sens qu'ils absorbent l'oxygène dans le milieu extérieur et le portent dans le milieu intérieur, qui est le théâtre de toutes les mutations chimiques de l'organisme[95].

Le globule rouge sanguin est un élément histologique vivant. Comme tous les autres éléments qui possèdent une spécialisation vitale bien marquée, il ne peut exister et remplir ses fonctions que dans certains milieux plasmatiques[96].

Outre les globules rouges, le plasma tient encore en suspension un autre corps qui doit être rangé parmi les éléments histologiques normaux du sang : ce sont les globules blancs ou leucocythes. La vitalité de ces corps n'est pas douteuse. C'est un savant français, M. le docteur Davaine[97], qui a le premier attiré l'attention des physiologistes sur ce point, et beaucoup d'autres observateurs après lui ont constaté que ces globules sont doués de mouvements amiboïdes caractéristiques.

Nous avons vu que les globules rouges, qui sont des éléments sanguins respiratoires de perfectionnement, ne se rencontrent que chez les animaux vertébrés. Les globules blancs existent au contraire chez les animaux vertébrés et invertébrés, et ils paraissent jouer dans l'organisme un rôle beaucoup plus général d'élément sanguin nutritif, plastique ou évolutif. Mes premières observations sur ces corps remontent à 1854. Dès cette époque, j'avais été amené à considérer la nutrition comme une évolution continuée, et à regarder les globules blancs comme des éléments organiques destinés à représenter chez l'adulte la suite du *processus* plastique embryonnaire. J'ai alors dirigé particulièrement mes études sur les conditions de la production des globules blancs. J'ai prouvé qu'ils avaient les conditions de leur formation dans les tissus et spécialement dans certains organes, tels que l'organe hépatique, et j'ai montré expérimentalement pour la première fois que ces éléments pouvaient se développer dans un liquide organique sous les yeux de l'observateur[98]. Les recherches ultérieures n'ont point contredit les premières indications que j'avais données sur la nature du rôle des globules blancs; au contraire, des observations nouvelles sont venues les appuyer. De même que le globule rouge constitue l'élément *respiratoire* du sang, je pense toujours que le globule blanc constitue son élément *plastique*. On sait avec quelle rapidité les globules blancs apparaissent dans certains cas de néo-formations normales ou pathologiques; ils interviennent dans les procédés de régénération ou de cicatrisation des tissus, soit comme éléments de la lymphe dite *plastique*, quand il y a réunion par première intention, soit comme éléments en quelque sorte sacrifiés et éliminés sous forme de globules de pus, quand il y a cicatrisation après inflammation et suppuration, etc.

En résumé, s'il faut reconnaître que l'histoire physiologique des globules blancs du sang ou leucocythes est encore entourée de grandes obscurités, nous n'en devons pas moins regarder ces corps comme constituant avec les globules rouges les deux éléments histologiques normaux et constants du sang [99].

Les matériaux azotés du plasma sanguin, tels que l'albumine et la fibrine, ne sont pas des éléments histologiques, mais des *principes immédiats*. Il faut les considérer comme des produits de sécrétion interne, quoiqu'on ignore encore le lieu précis de ces sécrétions. On sait seulement que du sang défibriné se charge de nouveau de fibrine quand on le fait circuler pendant un certain temps dans les vaisseaux d'un membre, tandis qu'il y a au contraire des organes, tels que le rein, le foie, dans lesquels la fibrine du sang disparaît[100].

Les éléments histologiques qui composent l'organisme vivant ne sont pas entassés pêle-mêle et sans ordre à côté les uns des autres. Les éléments de même nature s'assemblent pour former les tissus.

comme les tissus de nature différente s'associent pour constituer les organes. Le fluide sanguin parvient à ces éléments et à ces tissus ainsi groupés, à l'aide des vaisseaux artériels. Les artères sont des tuyaux composés par des éléments épithéliaux élastiques et contractiles, réunis en proportions diverses, suivant qu'on examine l'artère dans les différents points de son trajet, en dehors ou au dedans des organes. A mesure que les artères se divisent et s'éloignent du cœur, le tissu contractile prédomine sur le tissu élastique[101]; mais, parvenu au contact des éléments histologiques, le tube vasculaire, qui prend le nom de *vaisseau capillaire,* se réduit à sa membrane épithéliale interne, dont l'épaisseur varie en général entre 0^{mm},001 et 0^{mm},002 [102]. Cette membrane constitue donc une paroi très-ténue, qui, se trouvant seule interposée entre le fluide sanguin et le parenchyme organique, permet aux échanges nutritifs de s'opérer facilement entre les éléments histologiques et le milieu sanguin intérieur. C'est après son contact avec les éléments, que le liquide nourricier est emporté par le système des veines et des vaisseaux lymphatiques [103].

Un même système moteur pousse le sang dans les capillaires et le distribue à tous les éléments histologiques : c'est le cœur, organe central de la circulation. Son impulsion puissante est secondée par l'élasticité vasculaire, dont la tension s'égalise dans la périphérie du système artériel. D'où il suit que tous les éléments histologiques, quelle que soit leur distance du moteur cardiaque central, reçoivent le sang avec des conditions de mécanique circulatoire à peu près semblables.

Mais si cette identité des phénomènes circulatoires du milieu intérieur paraît en rapport avec la nécessité d'une identité fonctionnelle dans toutes les parties du corps, cela ne permet pas de comprendre comment la circulation peut varier localement, s'accélérer au moment de la plus grande activité vitale et fonctionnelle des éléments, ou bien diminuer lors du repos de la fonction. Magendie avait regardé les artères comme tout à fait passives dans les

phénomènes de la circulation, et ne jouant que le rôle de tubes
élastiques. M. Poiseuille, d'après les mêmes idées, avait été conduit
à considérer semblablement les vaisseaux capillaires. Dans un mémoire couronné par l'Académie des sciences [104], cet auteur compare, en effet, le mouvement du sang dans les vaisseaux capillaires
à l'écoulement des liquides dans des tubes inertes de très-petits
diamètres. Il a trouvé à ce sujet des résultats importants, savoir :
que la nature seule du liquide peut avoir de l'influence sur la vi-
tesse de l'écoulement dans ces petits tubes.

D'autres physiologistes avaient bien admis que les artères étaient
contractiles et qu'elles pouvaient apporter dans la circulation artérielle des modifications indépendantes du cœur. Mais cette idée,
émise depuis bien longtemps, n'avait pas pris racine dans la science,
puisqu'elle n'avait pas empêché l'opinion contraire de prédominer ;
elle n'avait, en effet, en sa faveur que des faits vagues ou à peine
entrevus. J'ai eu le bonheur de faire les premières expériences décisives pour résoudre cette question importante [105]. J'ai trouvé que
la section du nerf grand sympathique au cou amène immédiatement
une suractivité considérable dans toute la circulation céphalique
et faciale, avec dilatation des petites artères et augmentation de
la température du côté de la tête où a été pratiquée la section
des nerfs. J'ai montré ensuite que, quand on galvanise le bout
supérieur du nerf sympathique divisé, les petites artères se contractent, la circulation s'arrête, les parties se refroidissent momentanément pour redevenir vasculaires et chaudes dès qu'on cesse
la galvanisation des nerfs [106].

Ces expériences prouvaient bien clairement qu'en agissant sur
le système nerveux, on pouvait resserrer ou élargir les vaisseaux
et modifier la circulation capillaire. Elles apprenaient que c'est le
grand sympathique qui joue le rôle de nerf constricteur des petites artères et opère le ralentissement de la circulation capillaire.
En effet, en coupant ce nerf on paralysait en quelque sorte les
petites artères, qui se relâchaient considérablement ; tandis qu'en ex-

citant l'action nerveuse par le galvanisme, les petites artères se res-
serraient au contraire au point d'effacer leur calibre. Mais, en 1858,
je montrai, dans une autre expérience, qu'il y avait aussi des nerfs
dilatateurs des artères ou *accélérateurs* de la circulation capillaire [101].
Je fis voir qu'en excitant le nerf de la corde du tympan qui se rend
à la glande sous-maxillaire, on provoquait dans cet organe une
suractivité dans la circulation capillaire et une dilatation des petites
artères telle que le sang sortait alors par la veine de la glande
avec toutes les apparences du sang artériel, c'est-à-dire avec une
couleur rutilante et une impulsion saccadée faisant parfois jaillir le
sang au loin. En outre, je rattachai pour la première fois ce phénomène à une sorte d'interférence nerveuse, c'est-à-dire à l'action
paralysante de la corde du tympan sur le nerf sympathique [108].

Toutes les expériences qui précèdent, quoique de nature différente, arrivaient à cette même conclusion, nouvelle et importante,
savoir: qu'on pouvait, à l'aide du système nerveux, modifier profondément et *localement* la circulation capillaire, et atteindre par suite la
vitalité des éléments histologiques autour desquels ces modifications
circulatoires se passent. En effet, quand on accélérait la circulation capillaire, on voyait la chaleur des parties augmenter, la sensibilité s'exalter et les sécrétions apparaître avec plus de force.
Quand, au contraire, sous l'influence du système nerveux, la circulation diminuait ou s'arrêtait, la sensibilité s'éteignait et les
éléments organiques cessaient de fonctionner. D'après tout cela,
on arrivait à se convaincre que, bien que le cœur soit l'organe
moteur unique de la circulation générale, le système nerveux
sympathique, en agissant sur la contractilité des petites artères,
devient le *régulateur* de la circulation capillaire. Enfin ces mêmes
expériences établissaient encore que l'on peut, par l'intermédiaire
du système nerveux, modifier les phénomènes chimiques qui s'accomplissent autour des éléments organiques au sein du milieu
intérieur sanguin. Le sang qui sortait des veines quand on déter-
minait la contraction vasculaire était noir et complétement privé

d'oxygène, tandis que celui qui s'écoulait des mêmes veines quand
on opérait l'élargissement vasculaire était rutilant et possédait encore la presque totalité de son oxygène.

En même temps que je poursuivais ces observations, j'avais
appelé l'attention des physiologistes sur d'autres faits, qui démon-
traient la nécessité d'admettre des *circulations locales* fonctionnant
parallèlement à la circulation générale. J'avais trouvé, en effet,
qu'il existe dans certains organes, et particulièrement dans les
glandes, deux ordres de communications entre les artères et les
veines, savoir : 1° des petites artères se résolvant en vrais capillaires ; 2° d'autres petites artères qui s'inosculent directement avec
les veines. Or ce sont ces dernières artérioles qui, restant éminemment contractiles sous l'influence nerveuse, servent à régler la circulation locale de l'organe sans troubler la circulation générale
dans les autres parties. Dans le foie, j'ai constaté des anastomoses
avec une disposition analogue entre la veine porte et les veines
sus-hépatiques [109]. Un anatomiste français, M. Sucquet [110], a montré
que chez l'homme il existe des anastomoses semblables entre les
artères et les veines du système circulatoire périphérique.

Dans des expériences ultérieures, j'étendis beaucoup mes recherches relatives à l'influence des nerfs sur le système circulatoire. Je fis voir que les nerfs vaso-moteurs ont une origine distincte des nerfs moteurs ordinaires, et que dans un muscle, par
exemple, il y a des nerfs moteurs de la fibre musculaire et d'autres
fibres nerveuses vaso-motrices ayant une origine distincte et étant
spécialement motrices des vaisseaux. Enfin, je vis encore qu'à
l'aide du système nerveux on peut aussi agir sur la circulation
générale en arrêtant le cœur. En galvanisant le pneumogastrique
au cou sur un chien, en même temps qu'on auscultait son cœur,
je trouvai que les battements du cœur s'arrêtaient [111] au moment
de la galvanisation des nerfs. Antérieurement j'avais fait l'observation avec Magendie que l'irritation de tous les nerfs sensitifs du
corps retentit sur le cœur pour modifier ses battements, et j'avais

prouvé que cet effet se produit par une réaction nerveuse directe de la moelle épinière sur le cœur, sans passer par l'intermédiaire des pneumogastriques [112].

En résumé, bien que les phénomènes de la circulation générale et locale ne soient au fond que des phénomènes purement mécaniques, nous comprenons maintenant comment le système nerveux peut les modifier et leur donner une mobilité et une variabilité qui est en rapport avec la nature même des phénomènes de la vie. La seule circulation générale telle qu'elle était connue depuis Harvey ne donnait point l'explication des variations circulatoires si nombreuses qui surviennent dans les organes, suivant l'état de fonction ou de repos, et suivant l'état normal ou pathologique. La découverte des *circulations locales* et du rôle des nerfs vaso-moteurs vient nous expliquer comment chaque organe, chaque élément peut avoir, pour ainsi dire, sa circulation indépendante, sa nutrition spéciale, et, par suite, son fonctionnement distinct de celui de son voisin.

Les influences des nerfs sur les circulations locales et capillaires s'exercent par des actions nerveuses réflexes vaso-motrices, qui ont leur point de départ tantôt à la surface interne du cœur et des vaisseaux [113], tantôt à la surface de la peau et des membranes muqueuses. Les actions réflexes vaso-motrices peuvent être mises en activité par des excitants très-divers, le froid, le chaud, les excitants mécaniques et chimiques, etc.; mais ici, comme pour tous les autres phénomènes nerveux, les réactions sont d'autant plus intenses que les excitations ont été appliquées d'une manière plus rapide. Ces actions vaso-motrices nous expliquent comment peuvent s'exercer à distance, par influence nerveuse, des modifications circulatoires nombreuses. C'est ainsi que les circulations d'organes profondément situés peuvent être modifiées par des exci tantsportés sur certaines parties de la peau, et que des causes d'excitation venant de la profondeur des tissus peuvent à leur tour réagir sur la circulation capillaire superficielle.

La physiologie des circulations locales et des fonctions nerveuses vaso-motrices est à ses débuts, et déjà des travaux en grand nombre ont été publiés sur cette question dans tous les pays. Les physiologistes et les médecins comprennent tous l'importance immense que ces études sont destinées à exercer sur l'avenir des sciences physiologiques et médicales. Depuis longtemps l'existence de ces circulations locales était pressentie et exprimée par des hypothèses plus ou moins vagues, mais c'est à notre époque qu'il appartient d'avoir découvert et démontré leur mécanisme; et ce sera là sans aucun doute un des progrès physiologiques les plus considérables de notre siècle. Il est juste de reconnaître que c'est à la physiologie française que revient l'honneur d'avoir ouvert la voie en donnant à cet ordre de recherches une impulsion expérimentale décisive.

III

PHÉNOMÈNES D'ABSORPTION, DE SÉCRÉTION ET D'EXCRÉTION.

Systèmes cutané, muqueux, séreux. Éléments épithéliaux, glandulaires, etc.

L'atmosphère intérieure dans laquelle fonctionnent les éléments histologiques doit, comme l'atmosphère extérieure dans laquelle vit l'organisme, se maintenir dans une constitution physico-chimique à peu près constante. Cet équilibre de composition du milieu intérieur, qui est nécessaire à l'entretien des phénomènes élémentaires de la vie ne peut être obtenu qu'à la condition d'une rénovation et d'une épuration incessantes du fluide sanguin. C'est pourquoi il existe à cet effet, autour de l'organisme vivant, un véritable tourbillon ou *circulus* de la matière qui établit un échange perpétuel entre le milieu cosmique extérieur et le milieu organique intérieur.

L'absorption, la sécrétion et l'excrétion sont les trois fonctions hémo-poïétiques, c'est-à-dire génératrices du milieu intérieur et

conservatrices de sa composition constante. L'absorption fait pénétrer les substances réparatrices du milieu extérieur dans le milieu
intérieur; la sécrétion élabore ces substances et crée à leur aide les
principes immédiats qui entrent dans la composition spéciale du
milieu organique intérieur; l'excrétion enfin élimine et fait passer
du milieu intérieur dans le milieu extérieur les matières inutiles
ou nuisibles qui représentent les résidus de la nutrition des éléments histologiques.

L'élément organique spécial qui intervient par ses propriétés
dans l'accomplissement de l'absorption, de la sécrétion et de l'excrétion est toujours le même, c'est l'élément *épithélial*, qui se montre
sous forme de cellules, tantôt libres ou réunies et étalées en forme
de membranes, tantôt groupées et disposées en forme de glandes.
Malgré leur ressemblance histologico-anatomique, nous verrons
que la physiologie générale arrive à distinguer, d'après leurs propriétés vitales, un grand nombre de variétés de cellules épithéliales. En effet, l'élément épithélial peut agir *physiquement*, à la
manière d'un filtre, ou bien *chimiquement* en créant des principes
immédiats et des ferments particuliers. Mais dans ces actions physiques ou chimiques de la cellule épithéliale, il y a une diversité
infinie, qui se manifeste par une différenciation de plus en plus
grande, à mesure que les organismes se perfectionnent et que la
composition du milieu liquide intérieur devient plus spéciale et
plus différente de celle du milieu cosmique extérieur.

L'absorption s'exerce tantôt sur des gaz, tantôt sur des liquides,
tantôt sur des corps réduits à un état de ténuité et de division
extrêmes.

L'absorption gazeuse peut se faire, à la rigueur, chez les animaux, sur toute la surface du corps, mais son lieu d'élection est la
surface pulmonaire[114].

Les cavités séreuses, ainsi que le tissu cellulaire sous-cutané,
sont très-favorables à l'absorption des gaz. La peau constitue une
surface respiratoire active chez certains animaux, tels que les ba-

traciens; mais, chez les mammifères eux-mêmes, elle peut être aussi le siége de phénomènes d'absorption gazeuse.

L'épithélium, qui revêt les surfaces où s'accomplit l'absorption gazeuse, ne paraît remplir qu'un usage purement mécanique; il sert à former une membrane limitante, une sorte d'épiderme permettant le passage des gaz, mais n'exerçant sur eux aucune action chimique. En effet, on voit qu'en dehors de l'animal vivant, au travers de membranes inertes ou même en l'absence de toute espèce de membranes et d'épithélium, l'absorption des gaz s'opère toujours par le sang de la même manière, c'est-à-dire suivant les lois ordinaires des échanges gazeux.

L'absorption des liquides aqueux s'exerce en général avec facilité sur toutes les surfaces où l'absorption gazeuse peut avoir lieu. La peau chez certains animaux fait exception. L'absorption aqueuse y paraît très-faible ou même douteuse; ce qui tient aux propriétés de l'épiderme cutané, qui se trouve imprégné de sécrétions huileuses[115].

L'absorption des liquides, comme celle des gaz, s'accomplit en vertu d'un échange entre le liquide intra-vasculaire, ou milieu intérieur, et le milieu extérieur ou extra-vasculaire, de manière à constituer toujours un double courant osmotique. Les phénomènes d'endosmose ou d'osmose, découverts dans ce siècle par un physiologiste français, Dutrochet, ont une très-grande importance pour l'explication des mécanismes de l'absorption, de la sécrétion ou de l'excrétion. Toutefois, cette découverte féconde est loin d'être épuisée. Elle a été et est encore le point de départ d'une foule de travaux très-importants pour la physiologie générale, parmi lesquels il faut citer en première ligne les belles recherches de Graham sur la dialyse.

La condition essentielle pour qu'il y ait diffusion ou échange entre deux milieux gazeux ou liquides, contigus ou séparés par une membrane, est qu'ils soient de constitutions différentes. S'ils étaient de composition exactement semblable, il n'y aurait pas d'échange, de même que l'échange cesse d'avoir lieu dès que les deux milieux

sont devenus identiques. Les circonstances qui favorisent le phénomène d'échange ainsi que la rapidité des deux courants osmotiques peuvent être très-nombreuses et très-variées [116]. Mais ce que
nous ne devons pas oublier pour l'application des lois de l'osmose
aux phénomènes physiologiques, c'est que l'absorption exige nécessairement un plus fort courant osmotique de dehors en dedans,
tandis que l'exhalation ou la sécrétion supposent un plus fort courant osmotique de dedans en dehors. Il y a même plus; car, dans
l'absorption étudiée sur l'animal vivant, les choses se passent comme
s'il n'y avait qu'un seul courant de dehors en dedans. Il semble en
effet que l'équivalent endosmotique considérable du sang, joint à
son renouvellement rapide et incessant, ne permette pas au courant
de dedans en dehors de s'établir d'une manière sensible. Il n'en
serait pas de même si les liquides étaient en repos des deux côtés
de la paroi vasculaire; alors on verrait deux courants s'établir bien
nettement.

Dans l'absorption vasculaire simple, le liquide a toujours au
moins une couche épithéliale à franchir, celle du vaisseau sanguin,
qu'il soit capillaire ou non. Cette couche d'épithélium ne modifie
que peu les liquides qui la traversent; elle laisse passer l'eau facilement, ainsi que certaines substances salines et albuminoïdes [117].

Dans l'absorption à la surface des membranes muqueuses, il y
a à traverser, outre la couche d'épithélium vasculaire, la couche
épithéliale qui revêt la membrane muqueuse et qui peut avoir des
propriétés particulières. Alors les absorptions se différencient et
deviennent plus spécialisées [118].

Un fait qu'il est intéressant de noter ici, c'est que, pendant la
digestion, les ferments solubles que renferment les sécrétions digestives, telles que la ptyaline, la pepsine, la pancréatine, ne paraissent pas être absorbés. Il en résulte que ces liquides peuvent agir
dans le canal intestinal comme en un vase imperméable pour y
digérer les aliments. Les autres matières albuminoïdes ne semblent
pas non plus être directement absorbées dans le canal intestinal [119].

L'absorption des substances à l'état d'émulsion ou des corps très-finement divisés peut se faire dans l'intestin au moyen des vaisseaux chylifères et par une disposition particulière de l'épithélium déjà signalée par MM. Gruby et Delafond [120].

Il existe encore beaucoup d'obscurités et beaucoup de lacunes dans l'histoire des absorptions digestives, et il est difficile d'expliquer, dans l'état actuel de nos connaissances physiologiques, comment l'absorption alimentaire peut s'effectuer. Autrefois j'avais pensé que l'injection directe dans le sang des substances alimentaires dissoutes par le suc gastrique et par les autres liquides digestifs pouvait entretenir la nutrition, c'est-à-dire suppléer à l'absorption digestive [121]; mais l'expérience m'a bientôt appris qu'il n'en était rien, de sorte qu'aujourd'hui je suis loin de croire que la digestion se réduise à l'absorption pure et simple des matières alimentaires dissoutes dans les sucs intestinaux [122].

Par mes études sur les poisons [123] j'ai été conduit à admettre deux phases dans l'absorption toxique : une phase d'*absorption externe*, une phase d'*absorption interne*. Pour que l'effet toxique se produise, il faut d'abord que le poison, absorbé sur une surface quelconque, traverse la couche épithéliale du vaisseau capillaire ; mais, une fois dans le milieu intérieur, la substance toxique ne peut agir sur l'élément qu'en traversant une nouvelle couche épithéliale qui le recouvre. En effet, l'élément histologique ne se trouve jamais à nu dans le sang, il est toujours situé en dehors du vaisseau capillaire. Il y a donc là deux temps à distinguer : l'un qui fait pénétrer la substance de l'extérieur dans le sang, l'autre qui fait pénétrer la substance du sang dans l'élément. On supprime l'absorption extérieure en injectant directement une substance toxique dans le sang. Alors ses effets se manifestent bien plus promptement, parce qu'il n'y a qu'une seule absorption au lieu de deux. Mais si l'on porte localement le poison sur l'élément sur lequel il doit agir, son effet est encore plus rapide. En injectant sur un animal du curare, par exemple, dans le tissu d'un muscle, et d'un autre côté une forte dose du même poison dans le sang, le nerf moteur du muscle dans le tissu duquel on a fait l'injection directe est plus vite empoisonné que le nerf homologue auquel le poison doit arriver par le sang. Enfin la rapidité de l'absorption peut encore varier suivant la nature des substances. L'acide prussique, mis sur la conjonctive ou sur la langue, produit un empoisonnement si rapide que des physiologistes ont admis qu'il allait directement agir sur les centres nerveux sans passer par le torrent de la circulation [124].

Le système nerveux n'exerce pas une influence directe sur l'absorption : il n'agit qu'indirectement en modifiant les phénomènes de la circulation. C'est ainsi que la paralysie des nerfs vaso-moteurs augmente la rapidité de l'absorption en activant la circulation [125].

Les *sécrétions* ont beaucoup de points de contact avec les *excrétions;* c'est pourquoi beaucoup de physiologistes ont confondu et confondent encore ces deux ordres de phénomènes. Je pense qu'il y a lieu de les distinguer nettement au point de vue de la physiologie générale, bien que la sécrétion et l'excrétion soient pour ainsi dire nécessairement associées dans certains mécanismes fonctionnels. Dans le phénomène d'excrétion, l'élément histologique épithélial n'a rien de spécial; il n'engendre rien, il ne fait que permettre le passage au dehors à des substances qui sont répandues dans le sang. La cellule sécrétoire, au contraire, attire, crée et élabore en elle-même le produit de sécrétion, qu'elle verse soit au dehors sur les surfaces muqueuses, soit directement dans la masse du sang [126]. J'ai appelé *sécrétions externes* celles qui s'écoulent en dehors, et *sécrétions internes* celles qui sont versées dans le milieu organique intérieur.

Il existe un très-grand nombre de sécrétions distinctes par la nature variée de leurs produits. Parmi les sécrétions externes, il en est qui, se montrant à la surface cutanée, sont purement protectrices, par exemple, poils, plumes, sécrétions sébacées de la peau et de divers venins, etc.; d'autres sécrétions, telles que celles qui se déversent dans le canal intestinal, donnent naissance à des produits qui agissent chimiquement ou à la manière de ferments solubles

(salive, sucs gastrique, pancréatique, etc.); enfin il y a d'autres sécrétions externes plus spéciales encore, comme les sécrétions génératrices par exemple, dont les unes sont nutritives (lait) et dont les
autres sont caractérisées par des productions organisées d'un ordre
sui generis (œufs, zoosperme, etc.). Les sécrétions *internes* sont généralement toutes des sécrétions nutritives qui préparent des *principes
immédiats* destinés aux phénomènes de nutrition des éléments histologiques (glycogène, albumine, fibrine, etc.) [127].

L'organe sécréteur le plus simple est celui qui est constitué par
des cellules épithéliales sécrétoires étalées à la surface d'une membrane. J'ai montré qu'il se forme à la surface de l'amnios, chez
certains mammifères, des cellules épithéliales sécrétoires de glycogène [128]. On voit ces cellules apparaître, se développer, se réunir
sous forme de papilles et accumuler dans leur intérieur de la matière amylacée animale. Cette matière sécrétée se change ensuite en
sucre (glycose), après quoi les cellules cessent de fonctionner, perdent leurs noyaux et disparaissent. Ici l'organe sécrétoire est donc
réduit à son seul élément, la cellule. Cette cellule se nourrit à la
surface d'une membrane, s'y développe et crée son produit de
sécrétion; puis ce produit, une fois sécrété, se transforme en se
délayant dans le liquide ambiant. Chaque élément meurt après
avoir rempli sa fonction, et la sécrétion ne continue que parce qu'il
naît des éléments sécrétoires nouveaux pour remplacer les anciens.

Il doit se rencontrer beaucoup d'organismes inférieurs dans lesquels les sécrétions se trouvent à cet état de simplification. Dans
le jabot des pigeons, au moment de l'éclosion des petits, il s'im-
provise en quelque sorte une sécrétion épithéliale nutritive [129].
En suivant l'apparition et le développement de ces cellules sécrétoires, on voit s'y former de la caséine, de la graisse et tous les
éléments du lait, moins le sucre de lait. C'est là une sécrétion lactée
rudimentaire. Ici encore la cellule épithéliale sécrétoire, fixée à la
membrane muqueuse, s'y nourrit, c'est-à-dire y puise ses matériaux
pour créer les produits spéciaux de la sécrétion; puis les produits,

une fois sécrétés, se ramollissent ou se dissolvent dans les liquides ambiants. La cellule meurt et la sécrétion ne s'entretient que par la rénovation dans les couches profondes de cellules jeunes qui repoussent et chassent les anciennes, etc. Dans la glande lactée conglomérée, le mécanisme sécréteur est au fond le même, seulement les cellules sont groupées à l'extrémité des conduits excréteurs et elles sont en rapport avec les vaisseaux, de telle manière qu'il y a une excrétion de liquides qui viennent constamment dissoudre les produits que la cellule a sécrétés et constituer ainsi la sécrétion liquide du lait. C'est pourquoi dans le lait il peut se rencontrer, outre les produits spéciaux de la sécrétion de la cellule lactée, des substances appartenant au sang qui les a excrétées, telles que l'urée, ou des substances médicamenteuses absorbées.

D'après ce qui précède il faut donc considérer la sécrétion complète comme comprenant deux ordres de phénomènes élémentaires réunis, savoir : 1° la sécrétion d'un produit caractéristique créé par la cellule sécrétoire; 2° l'excrétion d'un liquide emprunté au sang, qui vient dissoudre et entraîner au dehors le produit de sécrétion. Chacun de ces deux ordres de phénomènes a ses conditions distinctes et nécessaires.

Il y a des sécrétions *transitoires*, dans lesquelles la cellule sécrétoire caduque meurt et se renouvelle; des sécrétions *constantes*, qui durent toute la vie et dans lesquelles l'élément sécrétoire paraît fixe. On pourrait encore distinguer des sécrétions *continues*, dans lesquelles le phénomène d'excrétion concomitante a lieu en apparence sans interruption, et des sécrétions *intermittentes*, dans lesquelles le phénomène d'excrétion, régi par le système nerveux, se fait à des moments déterminés et sous des influences nerveuses réflexes spéciales.

L'analyse physiologique rapide des sécrétions intestinales, dans laquelle nous allons entrer, nous fournira des arguments en faveur des distinctions et des propositions que nous avons précédemment indiquées.

La sécrétion *salivaire* n'est pas une sécrétion identique, comme on l'avait cru. J'ai montré qu'il y a des salives de diverses espèces, suivant les glandes qui les fournissent [130]. Le principe caractéristique de certaines salives est la *ptyaline*. La ptyaline n'existe pas toute formée dans le sang; elle est sécrétée, c'est-à-dire créée par la cellule salivaire. C'est pourquoi, en faisant une infusion du tissu glandulaire, on obtient une *salive artificielle*, c'est-à-dire une dissolution de ptyaline, qui est le principe physiologique caractéristique de la salive. La sécrétion de la ptyaline et des autres produits salivaires spéciaux se fait par un véritable travail de nutrition pendant le repos de la glande, et c'est le système nerveux qui règle l'excrétion salivaire dans ses rapports avec les phénomènes de mastication et d'insalivation [131]. L'écoulement salivaire se fait au moment où les produits sécrétés dans les cellules sont dissous et entraînés par un liquide d'excrétion constamment alcalin, emprunté au sang. Ce qui prouve bien que c'est un liquide d'excrétion emprunté directement au sang, c'est, ainsi que nous l'avons déjà dit précédemment, que l'on retrouve alors dans la salive, avec ses produits caractéristiques, les matériaux des excrétions, tels que l'urée, l'acide carbonique, ou bien des substances absorbées par l'intestin ou injectées dans le sang [132]. J'ai montré à ce propos que c'est l'iode qui du sang passe le plus facilement dans la salive.

J'ai fait sur les organes salivaires des expériences nombreuses qui, non-seulement se rapportent à l'histoire particulière des sécrétions salivaires, mais qui peuvent aussi éclairer la théorie des sécrétions en général. J'ai vu que, pendant l'absence d'écoulement de la salive, la circulation de la glande est peu active; le sang sort des veines glandulaires tout à fait noir et désoxygéné. Mais, dès que la sécrétion s'écoule, soit naturellement, soit artificiellement par l'excitation du nerf sécréteur de la glande, tout change d'aspect : la circulation s'accélère au point que le sang sort par les veines glandulaires, non-seulement en beaucoup plus grande quantité, mais avec des caractères très-différents. Le sang veineux offre alors les caractères apparents du sang artériel : il est rouge, contient beaucoup d'oxygène, et il offre en moins l'eau et les matériaux salins qu'il a cédés à la sécrétion salivaire [133]. J'ai prouvé expérimentalement sur la glande sous-maxillaire que le nerf sécréteur est un véritable nerf dilatateur des vaisseaux. J'ai déterminé que le nerf sécréteur de la glande parotide est un rameau de la branche maxillaire inférieure de la cinquième paire, qui jouit probablement aussi de propriétés vaso-motrices spéciales [134]. Enfin j'ai été amené à considérer les nerfs de sécrétion salivaire comme jouant le rôle de freins [135], de manière que l'expulsion de la sécrétion serait une sorte de dénutrition. En effet, j'ai vu que, quand on coupe la corde du tympan, la glande sous-maxillaire sécrète d'une manière continue et s'atrophie bientôt parce qu'elle ne peut plus se nourrir; mais quand le nerf se régénère, la glande se rétablit peu à peu et la sécrétion reprend son type intermittent normal.

Les salives ont des usages qui sont surtout physiques ou mécaniques [136]. Cependant il y a dans la salive mixte de la diastase animale qui peut jouer un certain rôle chimique dans la digestion [137].

La sécrétion du suc gastrique est toujours soumise aux mêmes lois. Son produit de sécrétion spécial et caractéristique est un ferment digestif, la *pepsine*, qui se crée dans les cellules glanduleuses de la membrane muqueuse stomacale, ce qui permet aussi de fabriquer à volonté avec cette membrane un *suc gastrique artificiel*. Au moment de la digestion et sous l'influence nerveuse, un liquide d'excrétion, émané du sang et constamment acide, vient dissoudre et entraîner la pepsine dans le suc gastrique.

Les propriétés digestives du suc gastrique ont été très-bien étudiées chez les animaux, à l'aide d'un procédé ingénieux de fistules gastriques imaginé par un physiologiste français, M. Blondlot (de Nancy) [138].

Après la sécrétion du suc gastrique vient la sécrétion de la bile, qui est fournie par le foie. Pour cette sécrétion, il y a doute de savoir si elle doit être rangée dans les sécrétions ou dans les excrétions [139]. Je montrerai plus loin, à propos des sécrétions internes, que le foie est un organe sécréteur double, qu'il donne une sécrétion ou une excrétion extérieure, la *bile*, et une sécrétion interne, le *glycogène*. On a discuté pour savoir si c'était le sang de la veine porte ou de l'artère hépatique qui donnait les éléments de la sécrétion biliaire [140].

La sécrétion pancréatique est bien une véritable sécrétion. Son produit caractéristique, la *pancréatine*, est un ferment digestif des plus importants. Il agit sur les matières amylacées, sur les matières grasses et aussi sur les matières azotées. Ce principe se trouve formé dans les cellules glandulaires qui le sécrètent, d'où il résulte que l'on peut, en faisant infuser le tissu du pancréas, en préparer un *suc pancréatique artificiel* [141]. Le mécanisme sécrétoire du suc pancréatique ressemble beaucoup à celui des glandes salivaires, ainsi que le liquide d'excrétion alcalin qui dissout et entraîne le principe pancréatique. L'iode passe très-facilement dans le suc pancréatique comme dans la salive. Chez les animaux à sang chaud, la sécrétion pancréatique est continue; mais chez les animaux à sang froid, elle s'arrête pendant l'hibernation. J'ai vu qu'alors le tissu de la glande ne renferme plus de pancréatine. Il en est sans doute de même pour les autres ferments digestifs.

Il existe probablement encore des sécrétions intestinales qui peuvent avoir une influence sur la décomposition et sur la dissolution des aliments; mais je considère qu'il y a dans l'intestin, outre les sécrétions externes dont j'ai parlé précédemment, une autre sécrétion, que j'appellerai *sécrétion digestive*. D'après les recherches que j'ai commencées à ce sujet, cette sécrétion aurait pour siége les cellules épithéliales de la surface intestinale. Les matières alimentaires dissoutes, au lieu d'être directement absorbées, formeraient une sorte de blastème alimentaire dans lequel les cellules épithéliales trouveraient les matériaux de leur développement et de leur sécrétion; mais ce seraient les matières élaborées et sécrétées par ces cellules intestinales qui seraient en réalité déversées dans le sang.

Cette sécrétion digestive formerait en quelque sorte le passage entre les sécrétions externes et les sécrétions internes.

Les *sécrétions internes*, dont je vais parler actuellement, sont beaucoup moins connues que les sécrétions externes. Elles ont été plus ou moins vaguement soupçonnées, mais elles ne sont point encore généralement admises. Cependant, selon moi, elles ne sauraient être douteuses, et je pense que le sang, ou autrement dit le milieu intérieur organique, doit être regardé comme un produit de sécrétion des glandes vasculaires internes. Comment pourrait-il en être autrement? Si le sang était le résultat direct de l'absorption alimentaire, il devrait avoir une constitution différente chez l'herbivore et chez le carnivore, et il devrait changer de composition selon le genre de nourriture. Il conserve, au contraire, sensiblement la même constitution dans toutes les alimentations et chez les différents animaux. En outre, les principes immédiats du sang, tels que l'albumine, la fibrine, etc. ne se rencontrent point dans le canal intestinal à l'état de fibrine et d'albumine. Il faut donc que ces substances soient des produits de sécrétions d'organes ou d'éléments encore indéterminés. De plus, quand on enlève la fibrine du sang chez un animal vivant, elle se reproduit sans qu'on en donne immédiatement à l'animal, ainsi que l'a montré Magendie dans des expériences de défibrination.

Mais, outre les matières albuminoïdes, le sang renferme des matières grasses et des matières sucrées. Les matières grasses peuvent certainement se former chez les animaux, quoiqu'on ignore encore exactement le mécanisme de cette formation [142]. On trouve la graisse renfermée dans des cellules adipeuses. Mais cette graisse est souvent simplement déposée dans une cellule, au centre de laquelle on voit un noyau environné de protoplasma. La question qui se présente alors est celle de savoir si la graisse a été formée dans cette cellule ou si elle y a été infiltrée du dehors. Ce qu'il y a de positif, c'est que dans l'amaigrissement il y a disparition de la graisse, qui sans doute passe dans le sang. On pourrait donc admettre que,

dans certains cas, la graisse, au lieu d'être sécrétée, est simplement déposée et accumulée dans des cellules qui la gardent en
réserve pour les besoins de la nutrition.

Quant aux matières sucrées et à leurs dérivées, qui font également partie de la composition normale du sang, j'ai montré qu'elles
sont le produit d'une sécrétion appartenant au foie et restée jusqu'alors inconnue. J'ai fait connaître le mécanisme de cette nouvelle
fonction, à laquelle j'ai donné le nom de *glycogénie*. Ici la physiologie française peut revendiquer complétement une découverte qui
a ouvert une voie neuve et féconde, et qu'on est loin d'avoir encore
épuisée, malgré le nombre considérable des travaux qui depuis dix-
huit ans ont paru sur ce sujet [143]. Cette découverte a exercé son
influence dans diverses directions. Mais en physiologie générale elle
a résolu deux questions d'une grande importance. D'abord elle a
montré que les animaux, aussi bien que les végétaux, ont la faculté
de créer des *principes immédiats* nécessaires à leur existence. J'ai
prouvé surabondamment que la matière sucrée qui se produit
chez les animaux est complétement indépendante d'une alimentation végétale saccharifère. On ne saurait donc plus considérer les
végétaux comme des appareils exclusifs de *réduction*, et les animaux
comme des appareils exclusifs de *combustion*. Il y a chez les uns
comme chez les autres les deux ordres de phénomènes, mais seulement dans une disproportion évidente. Chaque organisme animal ou végétal doit être considéré en lui-même comme un tout
achevé et comme se suffisant pour élaborer et préparer ses propres
matériaux nutritifs; ce qui n'empêche pas la loi générale de
balancement entre les deux règnes des êtres vivants de rester
vraie [144]. Un autre grand fait physiologique que la découverte de
la fonction glycogénique a mis en évidence, c'est que chez les animaux le sucre se forme par un mécanisme tout à fait identique à
celui qu'on observe chez les végétaux [145]. J'ai montré que chez les
animaux le sucre ne se produit pas directement par le dédoublement d'une substance albuminoïde ou grasse, mais qu'il dérive d'une

matière *amylacée animale* qui est sécrétée par la cellule glyco-génique [146]. J'ai appelé ce produit de sécrétion la *matière glycogène* ou le *principe glycogène*, parce que c'est lui qui est l'origine du sucre (glycose) dans l'organisme animal.

Chaque principe immédiat, une fois formé dans les êtres vivants, peut engendrer une foule de produits nouveaux, qui alors en dé-rivent comme étant une conséquence nécessaire d'une évolution purement chimique. La physiologie générale doit chercher à ratta-cher ces changements de matière secondaires au phénomène géné-rateur, vital ou primitif, de la *sécrétion*. Car c'est seulement en agissant sur ce phénomène initial, la création du principe immé-diat, qu'on pourra arriver à gouverner ces mutations chimiques dans l'organisme vivant [147].

L'étude du mécanisme de la formation du sucre dans le foie per-met de distinguer clairement les deux espèces de phénomènes dont je viens de parler, savoir : 1º le phénomène *vital*, qui est la sécrétion, c'est-à-dire la *création* de la matière amylacée dans la cellule glycogé-nique hépatique; 2º le phénomène *chimique*, qui est la destruction du principe immédiat, formé par ses transformations successives en dextrine, glycose, acide lactique, acide carbonique, etc. Pen-dant la vie, les deux ordres de phénomènes se produisent, parce que les conditions vitales de la sécrétion du glycogène existent en même temps que les propriétés physico-chimiques du sang favorisent émi-nemment sa destruction, c'est-à-dire les formations de tous ses dé-rivés. Quand la vie vient à cesser, la formation vitale du glycogène s'arrête, mais sa décomposition en produits secondaires continue, si les conditions physico-chimiques restent convenables. Je citerai ici une des principales expériences à l'aide desquelles j'ai mis ces faits en lumière. On sacrifie un animal mammifère bien portant (chien ou lapin), et, après avoir constaté que son tissu hépatique contient du sucre en plus ou moins forte proportion, on lave le foie intérieurement en faisant pénétrer un courant énergique et continu d'eau froide par le tronc de la veine porte. L'eau de lavage qui sort par les veines sus-hépatiques contient d'abord du sang et du sucre; mais, par la continuité du lavage, cette eau devient à peu près exsangue et ne renferme plus de matière sucrée. Le tissu du foie lui-même, examiné en ce moment, n'en contient pas. Mais si l'on cesse le lavage et si l'on abandonne le foie humide à une douce température, on observe bientôt que son tissu s'est chargé d'une forte proportion de sucre. Par un second lavage semblable au premier, on peut encore faire disparaître le sucre et le voir réapparaître plusieurs fois de suite. Cette expérience démontre bien nettement que le sucre peut se produire dans le foie sans l'intervention des conditions vitales. Dans le foie lavé il se développe sous l'influence de conditions purement chimiques. Le tissu hépatique contient de l'amidon animal (glycogène) qui s'était formé pendant la vie, et qui continue après la mort à se transformer en dextrine et en glycose, sous l'influence de l'humidité, de la température et de l'action des matières diastasiques environnantes. Si l'on détruit par la cuisson la diastase hépatique, la transformation du glycogène s'arrête. De même, quand on abaisse la température en faisant congeler le tissu du foie, la formation du sucre cesse momentanément pour reprendre ensuite quand on rétablit une chaleur convenable[148]. La formation sucrée ne disparaît finalement qu'après l'épuisement total de la matière glycogène que contenait le foie au moment de la mort de l'animal. En résumé, la matière glycogène, une fois formée ou sécrétée, peut subir dans l'organisme vivant des transformations qui sont des phénomènes purement chimiques et auxquels l'influence vitale n'a plus rien à voir. C'est ce qui explique pourquoi ces phénomènes, qui sont d'ailleurs compatibles avec la vie, peuvent continuer seuls après la mort. Pour les conditions de la formation ou de la création de la matière glycogène, il n'en est plus de même; elles ne peuvent se trouver réalisées que sur un individu vivant et bien portant : c'est pour cela que nous les appelons *vitales*.

Tout ce que nous avons dit de la glycogénie animale s'applique exactement à la glycogénie végétale. Chez les végétaux, comme chez les animaux, il y a sécrétion vitale d'une matière amylacée, puis transformation chimique de cette substance en produits secondaires qui sont de même nature que ceux qu'on rencontre chez les animaux. Cet exemple est donc de nature à montrer que la physiologie végétale et la physiologie animale ne sauraient être deux sciences différentes ; car il prouve que les phénomènes fondamentaux de la nutrition restent les mêmes dans tous les êtres vivants.

Chez les animaux, la sécrétion glycogénique est une sécrétion interne, parce qu'elle se déverse directement dans le sang. J'ai considéré le foie, tel qu'il se présente chez les animaux vertébrés élevés, comme un organe sécréteur double. Il réunit, en effet, deux éléments sécrétoires distincts, et il représente deux sécrétions : l'une externe, qui coule dans l'intestin, la sécrétion biliaire ; l'autre interne, qui se verse dans le sang, la sécrétion glycogénique. Plusieurs histologistes, Henle, à l'étranger, et, en France, M. Ch. Robin et M. Morel (de Strasbourg) [149], ont confirmé par l'anatomie cette duplicité organique, que j'avais annoncée d'après la physiologie. J'ai d'ailleurs moi-même trouvé dans l'anatomie comparée des arguments nombreux pour établir la séparation physiologique très-nette entre le foie biliaire et le foie glycogénique.

L'élément histologique de la sécrétion glycogénique du foie est la cellule hépatique ; elle est placée dans le réseau capillaire du lobule hépatique qui est intermédiaire à la terminaison de la veine porte et à l'origine de la veine sus-hépatique. Plongée ainsi directement au milieu du sang, cette cellule lui emprunte les matériaux pour la sécrétion de la matière glycogène. Toutefois le sang veineux abdominal n'est pas spécial à la formation du principe glycogène ; car M. Oré (de Bordeaux) (voyez note 140) a montré qu'après l'oblitération de la veine porte chez des mammifères, la fonction glycogénique n'est nullement interrompue. Dans l'état ordinaire le sucre n'imprègne pas le tissu hépatique. A mesure que la matière glycogène est formée, elle se trouve dissoute, soit

à l'état de glycose, soit à l'état de dextrine ou d'amidon soluble,
et entraînée dans le sang par les veines sus-hépatiques.

Dans le foie chez l'animal vivant, la fonction de la cellule glycogénique peut être influencée par le système nerveux, par l'intermédiaire des actions vaso-motrices. Mais la cellule glycogénique
peut exister dans d'autres conditions et se montrer à la surface des
membranes sous forme de simple cellule épithéliale, sans qu'au fond
ses fonctions soient changées pour cela [150] : la matière glycogène
conserve toujours la même spécialité physiologique.

Le foie glycogénique forme une grosse glande sanguine, c'est-à-
dire une glande qui n'a pas de conduit excréteur extérieur. Il donne
naissance aux produits sucrés du sang [151], peut-être aussi à d'autres
produits albuminoïdes. Mais il existe beaucoup d'autres glandes
sanguines, telles que la rate, le corps thyroïde, les capsules sur-
rénales, les glandes lymphatiques, dont les fonctions sont encore
aujourd'hui indéterminées. Cependant on regarde généralement
ces organes comme concourant à la régénération du plasma du sang,
ainsi qu'à la formation des globules blancs et des globules rouges
qui nagent dans ce liquide. D'où il résulte finalement qu'il faut
considérer le sang comme un véritable milieu organique intérieur
sécrété, c'est-à-dire créé par l'organisme lui-même.

Mais si le fluide sanguin est constamment renouvelé par les formations organiques, il est aussi constamment altéré par la nutrition
des éléments. C'est pourquoi il faut qu'à mesure qu'il se régénère,
il soit incessamment purifié par des émonctoires que lui fournissent
les appareils excréteurs.

L'*excrétion* est le phénomène inverse de l'absorption. Il y a des
excrétions liquides et gazeuses. L'élément histologique qui intervient dans l'accomplissement des phénomènes excréteurs est toujours l'élément épithélial; il joue le rôle d'une sorte de filtre qui
laisse passer certaines substances et en retient d'autres. L'organe
excréteur expulse des produits qu'il n'a point créés lui-même, il les
sépare du sang, c'est-à-dire du milieu intra-organique, pour les

rejeter au dehors, dans le milieu extérieur. Les principaux produits
d'excrétions sont des résidus de combustion ou de fermentation
organique, tels que l'acide carbonique, l'urée, l'acide urique, la
créatine, la créatinine, etc. Mais il peut y avoir une foule d'autres
substances accidentellement introduites dans l'organisme, qui en
sont ensuite éliminées à titre en quelque sorte de corps étrangers.
Les substances nutritives albuminoïdes grasses et sucrées du sang
ne sont pas éliminées normalement [152].

L'acide carbonique et les autres substances gazeuses et volatiles
s'échappent particulièrement par la surface pulmonaire ; cependant
elles peuvent être expulsées par d'autres surfaces, telles que celle
de la peau et celle des membranes muqueuses intestinales. Les
gaz peuvent encore être éliminés en très-grande quantité à l'état
de dissolution dans les liquides d'excrétion et de sécrétion. Ainsi
tous les liquides organiques alcalins renferment beaucoup d'acide
carbonique en dissolution ou en combinaison.

Les substances gazeuses ou volatiles accidentellement introduites dans le sang par voie d'absorption ou par injection directe
dans les veines sont généralement expulsées par le poumon [153].
C'est ce qui explique comment certaines substances toxiques sont
mortelles quand elles sont absorbées par le poumon, tandis qu'elles
ne le sont pas quand elles sont absorbées par une autre surface.
J'ai donné une démonstration de cette proposition à propos de
l'hydrogène sulfuré [154]. Quand il est respiré, ce gaz empoisonne
l'homme et les animaux, parce qu'alors, étant absorbé par la surface pulmonaire, il est emporté dans le sang artériel, où il agit
d'une manière délétère sur les éléments histologiques. Quand
l'hydrogène sulfuré est au contraire absorbé par l'intestin ou par le
tissu cellulaire sous-cutané, il ne détermine aucun effet toxique,
parce qu'étant éliminé en traversant le poumon il ne pénètre pas
dans le sang artériel et ne parvient pas au contact des éléments
histologiques. Voici l'expérience bien simple et bien nette à l'aide
de laquelle on peut rendre d'une évidence saisissante l'élimination

de l'hydrogène sulfuré par le poumon. On place devant le nez
d'un chien un morceau de papier buvard imbibé d'acétate de
plomb. Dans l'état normal l'air expiré par les narines de l'animal
n'y détermine aucun changement de couleur; mais si l'on injecte
de l'hydrogène sulfuré dans le rectum, dans le tissu cellulaire sous-
cutané ou dans la veine jugulaire, on voit le papier devenir noir
par le sulfure de plomb qui se forme au contact de l'air expiré dès
que l'hydrogène sulfuré commence à s'éliminer. On peut donc ainsi
se servir de ce moyen pour mesurer facilement la rapidité de l'absorption et de la circulation de cette substance dans le sang.

Les excrétions varient jusqu'à un certain point dans leur composition suivant l'état de l'organisme. Cela se conçoit, puisque les
résidus du milieu intérieur doivent augmenter ou diminuer suivant
l'état de nutrition plus ou moins actif des éléments organiques, etc.
J'ai fait remarquer à ce sujet que les liquides *excrétés* ont, en général, des réactions variables et mobiles, tandis que les liquides
sécrétés ont des réactions fixes[155]. L'urine, qui est la principale excrétion liquide, est tantôt alcaline, tantôt acide, selon la nature des
résidus alimentaires de l'organisme, mais non d'après les espèces
animales, comme on l'avait cru. J'ai fait voir qu'à jeun l'urine est
acide chez tous les animaux, parce qu'alors ils sont tous réduits à
une alimentation identique; ils vivent tous comme des carnivores,
c'est-à-dire au dépens de leur propre sang.

L'urine est une excrétion qui a été considérée pendant longtemps
comme une sécrétion. On pensait que l'urée était sécrétée, c'est-
à-dire formée par le rein. MM. Prevost et Dumas ont les premiers
détruit cette opinion erronée, en prouvant qu'après l'extirpation
des reins l'urée s'accumule dans le sang. Plus tard, j'ai montré que
toute l'urée ne s'accumule pas dans le sang, mais qu'il s'en élimine
une grande partie par les sécrétions intestinales[156]. Enfin on a démontré aujourd'hui que, même à l'état normal, le rein n'est que
le principal organe éliminateur de l'urée. Ce principe peut se rencontrer dans toutes les sécrétions et excrétions[157]; ce qui établit

bien que l'urée ne saurait être considérée comme le produit d'aucune sécrétion spéciale. C'est un résidu de la combustion qui a lieu dans l'intimité des tissus, et, à ce titre, l'urée se trouve répandue dans toute la masse du sang, mais plus spécialement pourtant dans le système lymphatique, comme l'a montré M. Wurtz.

Les anciens physiologistes admettaient une sorte de vicariat entre les organes sécréteurs, et ils disaient que les sécrétions pouvaient se suppléer les unes les autres. Ceci n'est exact que pour les excrétions, mais non pour les sécrétions. En effet, le produit de sécrétion est caractéristique pour un organe déterminé. La ptyaline caractérise la glande salivaire; la pepsine distingue les glandes stomacales; la pancréatine est spéciale à la glande pancréatique; aucune autre glande ne peut donner ces produits spéciaux dans sa sécrétion. Il en est tout autrement de l'excrétion urinaire. Dans les animaux invertébrés, on voit l'organe urinaire disparaître et être confondu avec l'organe biliaire. Dans les animaux supérieurs, l'urée ne saurait caractériser le rein d'une manière absolue, et on voit la fonction urinaire véritablement suppléée par les sécrétions cutanées et intestinales. Mais il ne saurait y avoir un remplacement complet; car il résulte de l'élimination d'une trop grande quantité d'urée dans le canal intestinal des décompositions avec produits ammoniacaux. Ce sont ces réactions secondaires qui amènent la mort d'un animal néphrotomisé et produisent chez l'homme atteint de maladies rénales des accidents qu'a bien signalés M. Rayer [158]. La sueur contient également beaucoup d'urée; mais elle renferme en outre un acide spécial qui a été découvert par M. Favre.

Ainsi que nous l'avons déjà dit, il y a beaucoup de points de contact entre les sécrétions et les excrétions. En réalité, toutes les glandes qui versent des liquides au dehors sont, à des degrés divers, des organes excréteurs ou d'épuration du milieu intérieur, puisqu'ils peuvent entraîner de l'eau et des résidus des combustions organiques; seulement l'organe sécréteur ajoute au liquide exhalé du sang un principe qui lui appartient, tandis que l'organe purement

excréteur n'ajoute rien; c'est un simple filtre. C'est même là toute
la différence; car, à part cette création d'un produit spécial dans la
cellule de l'organe sécréteur, la sécrétion et l'excrétion se font par
le même mécanisme. J'ai constaté, en effet, que dans le rein comme
dans les glandes salivaires la circulation s'accélère et le sang veineux
devient rouge au moment de l'exhalation des liquides urinaires et
salivaires [159].

Les substances solubles introduites accidentellement dans le sang
s'éliminent en suivant la même loi que les substances qui le vicient
normalement. Elles n'ont pas en général de voies absolues et spéciales d'élimination, elles peuvent sortir du sang non-seulement
par l'excrétion urinaire, mais aussi par les autres organes d'excrétion et de sécrétion. Toutefois, comme pour les produits normaux
d'excrétion, les diverses glandes éliminent les matières introduites
dans le sang avec des degrés de sensibilité bien différents [160].

L'absorption, la sécrétion et l'excrétion sont trois genres de
phénomènes qui sont unis par des relations étroites. Ils sont tous
trois annexés, en quelque sorte, au système circulatoire, pour la
rénovation et la conservation du milieu organique intérieur. Il doit
exister une équilibration nécessaire entre toutes les mutations
chimiques qui s'accomplissent dans le milieu intra-organique et
l'activité vitale variable des divers appareils sécréteurs et excréteurs. C'est le système nerveux qui, ici comme dans toutes les
autres fonctions, est chargé de présider à cette harmonie fonctionnelle générale.

Le système nerveux peut-il déterminer, par son influence, des
sécrétions ou des excrétions gazeuses? Cela est possible, mais non
encore démontré. J'ai vu qu'en agissant sur la moelle épinière, il
se développe souvent dans l'intestin de grandes quantités de gaz.
M. A. Moreau a observé le fait intéressant, mais encore inexpliqué,
que, par l'intermédiaire des nerfs de la vessie natatoire des poissons.
on modifie la composition des gaz qu'elle renferme en y faisant apparaître dans certaines conditions l'oxygène à très-forte proportion.

Pendant longtemps on n'avait pas admis, ou du moins on avait pas prouvé que l'on pût agir sur les phénomènes chimiques de l'organisme vivant à l'aide du système nerveux. Aujourd'hui cette influence n'est plus contestée, et des travaux récents de la physiologie française l'ont mise hors de doute par plusieurs expériences décisives. Je suis arrivé, en blessant un point déterminé de la moelle allongée, à exagérer la formation glycosique dans le sang au point de faire apparaître le sucre dans l'urine et de rendre un animal diabétique artificiellement [161]. J'ai montré qu'on peut, en agissant sur les nerfs d'une glande ou d'un muscle, modifier d'une manière tout à fait locale la composition du sang veineux de ces organes. On fait à volonté varier la couleur du sang, disparaître sa fibrine, augmenter ou diminuer la proportion de l'acide carbonique qui s'y forme, etc. En coupant certains rameaux du nerf sympathique, on peut rendre la peau ruisselante de sueur pendant le repos le plus complet et augmenter la température des parties de façon à décupler leur résistance au refroidissement extérieur [162]. Enfin il est possible, en agissant sur le système nerveux, d'amener des désorganisations locales qui engendrent dans certains cas des substances septiques capables de vicier le sang et de produire des symptômes toxiques mortels [163].

Mais l'influence du système nerveux sur les phénomènes chimiques de l'organisme ne constitue pas seulement un résultat pathologique ou artificiellement obtenu par l'expérimentation physiologique. C'est une influence qui se passe dans l'exercice normal et régulier des fonctions. La vue seule des aliments ou leur présence dans la bouche provoque la sécrétion salivaire, parce qu'une influence cérébrale ou un corps sapide viennent impressionner le nerf de la langue. L'action réflexe de ce nerf sensitif, en provoquant la sécrétion, détermine constamment dans les cellules glandulaires et dans la circulation les modifications physico-chimiques nécessaires à l'accomplissement du phénomène sécréteur. Quand une influence morale vient retentir sur une fonction, c'est parce qu'au moyen

d'une impression réfléchie sur les nerfs de l'organe, il s'est opéré
des changements physico-chimiques qui ont fait réagir les éléments
histologiques. L'action normale du système nerveux sur les phénomènes chimiques qui s'accomplissent dans le milieu intérieur est
donc bien positive. Toutefois, on ne saurait le plus souvent concevoir cette influence que comme une action indirecte, s'exerçant par
l'intermédiaire des nerfs vaso-moteurs; mais ces effets n'en sont
pas moins réels pour cela. Lorsqu'on augmente ou que l'on diminue, par une excitation nerveuse, la quantité de l'acide carbonique dans le sang veineux d'une glande ou d'un muscle, il est
très-évident que le nerf ne modifie pas directement le globule
du sang avec lequel il ne saurait se mettre immédiatement en
rapport, mais le nerf est là un simple régulateur des phènomènes;
il agit sur les vaisseaux de l'organe, les resserre ou les dilate, active ou ralentit le cours du sang, restreint ou prolonge la durée
des contacts entre le sang et les éléments histologiques du tissu,
et augmente ou diminue par cela l'énergie des échanges et des
mutations physico-chimiques. La modification chimique apportée
au sang n'est donc finalement que la résultante de toutes les conditions précédentes réunies.

La physiologie générale, en nous faisant pénétrer par l'analyse
expérimentale jusqu'aux conditions élémentaires organiques, nous
montre que, dans les actions en apparence les plus complexes, même
dans les influences psychiques qui agissent sur l'organisme, il faut
toujours en arriver à donner l'explication de la manifestation vitale
extérieure par l'activité de certains éléments histologiques spéciaux qui réagissent sous l'influence de conditions physico-chimiques bien déterminées. Il est facile de modifier les propriétés du
milieu intra-organique en y introduisant par voie d'absorption des
substances actives venues du dehors; mais nous avons vu que l'on
peut arriver aussi à ce résultat par l'influence du système nerveux
seul. Il est facile de produire la mort par intoxication en faisant
pénétrer un poison dans le sang, mais j'ai montré que l'on peut

tuer également un animal, en faisant naître un poison dans son
sang par influence du système nerveux. A mesure que la physiologie générale avancera, elle éclairera et précisera la nature de
ces influences nerveuses sur les phénomènes chimiques dont nous
commençons à peine à entrevoir les mécanismes. En nous appre-
nant à manier ces organes nerveux qui servent de régulateurs aux
fonctions, elle nous donnera des moyens d'action sur les manifestations vitales les plus élevées des êtres vivants.

Alors seulement l'influence réciproque, reconnue dans tous les
temps, mais restée mystérieuse, du moral sur le physique et du
physique sur le moral sera dévoilée, c'est-à-dire pourra être
expliquée scientifiquement.

IV

PHÉNOMÈNES DE NUTRITION, DE GÉNÉRATION ET D'ÉVOLUTION.

Éléments de cellules, ovule, germe, etc.

Les êtres vivants ont pour caractère essentiel d'être périssables
ou mortels. Ils doivent se renouveler et se succéder; car ils ne
sont que des représentants passagers de la vie, qui est éternelle.
L'évolution d'un être nouveau ainsi que sa nutrition sont de véritables *créations organiques* qui s'accomplissent sous nos yeux. L'organisme, une fois développé, constitue une machine vivante, qui, en
même temps qu'elle se détruit et s'use sans cesse par l'exercice
de ses fonctions, se répare et se maintient, au moyen des phénomènes de nutrition, pendant un temps variable, mais dans des
limites que la nature lui a tracées d'avance. Les diverses périodes
de l'existence d'un individu se caractérisent par des manifestations
vitales qui leur sont propres, sans pouvoir toutefois être séparées
physiologiquement, au point de vue des phénomènes d'évolution
et de nutrition. La force vitale ne change pas de nature, et les
procédés qui nourrissent l'être qui se développe dans l'œuf sont

les mêmes que ceux qui nourrissent et maintiennent son corps à
l'état adulte. J'ai dès longtemps résumé mon opinion à ce sujet
dans cette formule : *la nutrition n'est que la génération continuée.*

La faculté de nutrition appartient à toutes les parties vivantes
sans exception : *vivre* et *se nourrir* sont deux expressions synonymes.
La nutrition exige deux ordres de conditions distinctes. Il faut un
milieu préparé convenablement et de telle manière qu'il renferme
toutes les matières alimentaires et toutes les conditions indispensables à la réparation ou à la régénération des éléments histologiques.
Nous avons vu que ce milieu intérieur est formé par l'organisme
lui-même. Mais il faut de plus que l'élément organique possède la
viabilité, c'est-à-dire l'aptitude à se nourrir, qui n'est autre chose
que l'aptitude à la reproduction. Nous montrerons plus loin que
les phénomènes de nutrition se confondent, en effet, avec les phénomènes de génération. D'où il résulte qu'on ne saurait regarder
la nutrition comme une simple assimilation alimentaire chimique
et directe, mais au contraire comme une création continuée de la
matière organisée au moyen des procédés histogéniques propres à
l'être vivant.

Les chimistes ont établi avec soin le bilan de la nutrition chez
les êtres vivants. Ils ont évalué la quantité des différents matériaux
nutritifs qui sont nécessaires à l'entretien de l'organisme, et ils
ont posé l'équation générale des fonctions nutritives. En France,
MM. Dumas et Boussingault ont tracé la statique chimique des
êtres vivants, avec une clarté admirable et une simplicité gran-
diose. En Allemagne, Liebig a été le promoteur de cette direction
physico-chimique de la physiologie moderne.

La première conséquence qui se déduit de ces études générales,
c'est que les organismes vivants sont incapables de rien produire
ni de rien créer dans leurs phénomènes de nutrition et de développement. L'analyse démontre que tous les éléments chimiques
qu'ils contiennent, qu'ils rejettent ou qu'ils s'assimilent sont empruntés poids pour poids aux substances alimentaires. En un mot,

il faut admettre que, dans le *circulus* ou dans l'échange perpétuel de matière qui se fait dans la nature entre le règne minéral et le règne organique, *rien ne se crée, rien ne se perd*. C'est là une proposition inébranlable, qui est d'une vérité absolue au point de vue chimique. Mais elle ne saurait avoir le même sens physiologique. La nutrition et le développement ne sont rien autre chose, ainsi que nous l'avons dit, qu'une *création* organique, et, sous ce rapport, tout se crée dans l'organisme vivant et rien ne lui vient du dehors tout formé. Les éléments ou les corps simples chimiques qui entrent dans la constitution de la matière vivante ne sont certainement pas créés par la force vitale, mais la matière vivante elle-même, c'est-à-dire les éléments histologiques sont bien réellement créés. Ils ne sauraient être transfusés par l'alimentation d'un être vivant dans l'autre, et, à plus forte raison, du règne minéral, où ils n'existent pas, dans le règne organique, dont ils constituent le caractère essentiel. Ces éléments organiques naissent, se développent par des procédés morphologiques spéciaux, se nourrissent et meurent dans l'organisme auquel ils ont appartenu. Tout cela montre clairement la différence qu'il faut faire entre l'élément chimique et l'élément physiologique. Les chimistes ont raison d'admettre que l'élément chimique est impérissable et immuable dans la nature; mais le physiologiste n'en doit pas moins reconnaître, de son côté, que l'élément histologique de même que les organismes vivants sont éminemment destructibles et périssables.

Une autre conséquence générale des études chimiques de la nutrition est que cette grande fonction, considérée chez les animaux et chez les végétaux, présenterait dans les deux règnes de notables différences et même une opposition véritable. Dans cette théorie chimique les végétaux sont regardés comme des appareils réducteurs qui engendrent les principes immédiats organiques avec les éléments chimiques empruntés au monde minéral; tandis que les animaux, simples appareils de combustion, brûlent et détruisent ces principes immédiats, qu'ils sont incapables de former. Les produits de la combustion animale sont ensuite rejetés dans l'air pour être repris par les végétaux; et ainsi s'établit entre les deux règnes le *circulus* sans fin qui entretient la vie de chacun d'eux. Ces vues générales, que la chimie de nos jours a précisées, sont d'une grande vérité, quand on envisage les phénomènes de la vie et de la nutrition dans leurs rapports naturels réciproques et dans l'ensemble des êtres. Mais la physiologie générale ne doit pas établir pour cela de différence entre la vie et la nutrition d'un élément histologique végétal et celle d'un élément histologique animal. La nutrition n'est *directe* ni dans l'organisme végétal, ni dans l'organisme animal; tous deux préparent le milieu intérieur dans lequel leurs éléments histologiques constituants doivent trouver leurs conditions d'existence. Chez le végétal comme chez l'animal il y a dans les vaisseaux un réservoir d'air et de sucs nutritifs accumulés d'avance. Lorsqu'un bourgeon pousse, c'est au dépens de ces substances préalablement élaborées qu'il se nourrit; l'élément végétal brûle ces matériaux alimentaires en donnant de l'acide carbonique pour résidu, absolument comme le ferait un élément animal [164]. Nous avons vu que l'organisme animal peut, comme l'organisme végétal, créer dans son milieu intérieur des principes immédiats nécessaires à la nutrition de ses éléments : albumine, fibrine, sucre, etc. Les phénomènes nutritifs de combustion et de réduction existent également dans les êtres vivants des deux règnes; mais il est incontestable qu'ils s'y montrent avec une intensité bien différente. La puissance réductive est à son *minimum* chez les animaux, car les transformations qu'ils peuvent opérer n'ont lieu qu'à l'aide de matières déjà très-élaborées. Chez les végétaux, au contraire, la puissance réductive est à son *maximum*, car les plantes peuvent agir sur des éléments minéraux eux-mêmes et fixer l'azote et le carbone de l'air. Les animaux ne prennent à l'air que leur excitant vital ou respiratoire, l'oxygène; tandis que, pour les végétaux, l'atmosphère est le principal milieu où ils puisent les éléments qu'ils convertissent en principes immédiats complexes. Les éléments épithéliaux de sécrétion, ou de réduction, chez les végétaux, sont d'une puissance bien plus grande que chez les animaux. La cellule de matière verte, qui entre comme un élément constituant actif dans le tissu de la feuille est un des instruments les plus énergiques de réduction végétale. La cellule de matière verte ne saurait donc être comparable au globule sanguin, et le mot *respiration* est employé, chez le végétal et chez l'animal, pour désigner des phénomènes essentiellement distincts [165]. Le globule du sang et la cellule de matière verte agissent, il est vrai, l'un et l'autre sur l'air qui entoure l'être vivant, animal ou végétal, mais en vertu de propriétés bien différentes et d'une manière en quelque sorte inverse. Chez les végétaux, les phénomènes de combustion sont plus faibles et n'existent que dans la mesure où ils sont nécessaires. Les phénomènes de réduction, au contraire, à raison de leur intensité, deviennent les caractères dominants de la manifestation de la vie végétale, tandis que c'est le contraire pour les animaux.

Les végétaux produisent en excès des principes immédiats qui n'en sont pas moins physiologiquement créés pour eux, bien qu'ils soient finalement consommés par les animaux. Le sucre que fait la betterave est pour accomplir sa floraison ; l'amidon qui s'accumule dans les graines ou dans certains tubercules est destiné à nourrir l'embryon végétal ou des bourgeons lors de leur développement ; etc. Il ne faudrait donc pas voir dans les rapports généraux des êtres vivants des finalités physiologiques individuelles. Car, s'il est dans l'ordre de l'équilibre général de la vie à la surface de la terre que l'animal carnassier dévore le ruminant, on ne peut pas dire physiologiquement que celui-ci soit fait et organisé pour lui servir de pâture.

La disproportion des phénomènes de réduction et de combustion dans les animaux et dans les végétaux a donc pour conséquence que ces êtres vivants altèrent l'air d'une manière inverse. Pour opérer leurs synthèses variées et leurs réductions si nombreuses et si complexes, les végétaux pourvus de matière verte altèrent l'azote, le carbone de l'air, et dégagent de l'oxygène dans l'atmosphère. Les animaux, pour opérer les combustions ou les fermentations qui dominent chez eux, et particulièrement dans les systèmes musculaires, sont pourvus de globules sanguins, qui attirent l'oxygène de l'air et lui restituent l'acide carbonique [160].

Mais si, au lieu de regarder l'atmosphère extérieure cosmique, que l'animal corrompt par l'acide carbonique qu'il y jette et que le végétal purifie par les éléments qu'il lui prend, nous considérons le milieu intérieur ou intra-organique de l'être vivant, nous verrons que le végétal et l'animal vicient leur atmosphère intérieure de la même manière. Les gaz de l'atmosphère végétale intérieure sont l'oxygène, l'azote et l'acide carbonique, comme ceux de l'atmosphère animale. Quand les phénomènes de nutrition et de bourgeonnement se produisent au printemps, l'acide carbonique augmente et l'oxygène disparaît dans cette atmosphère intérieure du végétal; tandis que, pendant l'hiver, elle est très-pauvre en acide carbonique. C'est ce qui arrive aussi chez les animaux à sang froid engourdis par l'hiver, parce que le système musculaire et le globule sanguin, qui sont les principaux éléments de combustion, étant en repos et engourdis, le sang prend moins d'oxygène et renferme très-peu d'acide carbonique. On voit donc par ce qui précède que, si les manifestations de la vie végétale et de la vie animale se montrent différentes dans le *milieu extérieur*, il arrive cependant que, dans le *milieu intérieur organique*, où s'accomplissent les phénomènes de nutrition de l'élément végétal et de l'élément animal, ces phénomènes de nutrition sont les mêmes.

La chimie moderne a encore voulu établir la théorie générale de la nutrition animale, non plus par la statique comparée des animaux et des végétaux, mais par la statique de l'organisme animal lui-même. Elle a pour cela comparé les matériaux qui entrent dans le corps d'un animal avec ceux qui en sortent; et, d'après la considération des produits de combustion, elle a calculé l'équation générale qui devait lui apprendre la nature des mutations chimico-nutritives accomplies dans l'organisme, ainsi que la quantité de chaleur et de mouvement qu'elles avaient pu engendrer, etc. Il est certain que, dans les corps vivants comme dans les corps bruts, tous les phénomènes de chaleur et de mouvement doivent correspondre d'une manière équivalente à des phénomènes chimiques de combustion ou de fermentation. Mais l'équation nutritive, ainsi envisagée dans son ensemble et appliquée à l'organisme en masse, offre une complexité telle, qu'on doit renoncer à l'obtenir dans son exactitude absolue, au moins pour le moment, sinon pour toujours. MM. Regnault et Reiset, dans leur beau travail sur la respiration, ont traité cette question, et sont arrivés à la conclusion que je viens d'exprimer. Ils ont fait voir que, s'il y a eu parfois correspondance exacte entre les termes du calcul appliqué à l'équation respiratoire et calorifique animale par exemple, ç'a été le fait d'une coïncidence purement accidentelle.

Quand on considère le problème au point de vue physiologique, on voit qu'il ne peut en être autrement. En effet, la nutrition n'est point directe, comme on avait pu le croire, c'est-à-dire que les aliments digérés et absorbés ne vont pas immédiatement se fixer sur les tissus ou au sein des organes. J'ai déjà dit qu'il n'était pas possible de nourrir un animal en injectant directement dans ses veines des produits alimentaires dissous ou même modifiés par les sucs intestinaux. L'intermédiaire physiologique indispensable pour la nutrition est la formation du sang, qui représente le milieu intérieur au dépens duquel se nourrissent et vivent les éléments histologiques. Les aliments dissous par les sucs digestifs ne sauraient entrer d'emblée dans la constitution du sang; ce liquide se forme par génération organique. Il constitue un véritable produit de sécrétion, un réservoir préparé par l'organisme, dont la composition ne varie pas avec l'alimentation, et dans lequel il doit par conséquent se produire des principes immédiats que les aliments ne recèlent pas tout formés. De plus, il s'accumule dans le sang des matières qui ne serviront à la nutrition que plus tard, et qui ne

Physiologie.   7

sont conséquemment représentées dans les produits d'élimination que longtemps après avoir été introduites dans l'organisme. De là il résulte que les matériaux alimentaires et les produits excrétés qui entrent et sortent simultanément de l'organisme vivant ne sauraient se correspondre et former les deux termes d'une équation nécessaire. L'alimentation est intermittente, mais la nutrition est continue. Pendant le temps où l'être vivant ne reçoit pas d'aliments, il ne s'en nourrit pas moins aux dépens de son réservoir sanguin, et il ne meurt d'abstinence que lorsqu'il l'a épuisé. Quand l'alimentation est insuffisante ou quand on donne un seul aliment, comme l'a fait Magendie, le sang ne peut se régénérer complétement et une mort par inanition à plus longue portée en est également la conséquence. C'est ce qui a été bien établi dans l'excellent travail de Chossat sur l'inanition.

En résumé, l'étude des phénomènes de nutrition considérés dans l'organisme en masse ne peut donner que des approximations, c'est-à-dire des résultats statistiques. Ce s résultats ont une valeur empirique incontestable. Mais la statistique, comme son nom l'indique, ne nous donne que l'*état* des choses ; elle peut nous instruire sur la quantité de nourriture qu'il faut à un être vivant, mais elle ne saurait nous apprendre la *raison* des choses, c'est-à-dire la science qui explique les phénomènes de nutrition dans leur intimité [167]. Pour connaître cette raison du phénomène nutritif, il faut descendre dans le sang, c'est-à-dire dans le milieu intérieur ; car c'est entre les éléments de ce milieu intra-organique et les éléments histologiques que le phénomène nutritif se passe. En un mot, la physiologie générale veut arriver à faire la statique chimique élémentaire, afin de connaître les rapports de nutrition qui existent entre les différents éléments histologiques de l'organisme total.

Le milieu sanguin préparé par l'organisme [168] doit posséder certaines qualités et remplir certaines conditions nécessaires à la nutrition des éléments. Nous avons déjà dit qu'il doit contenir de l'eau, de l'air et des matériaux nutritifs. Mais, indépendamment des substances plastiques qui entrent dans la régénération intégrante des éléments, il y a d'autres principes qui n'en sont pas moins indispensables, bien qu'ils n'aient l'air de jouer dans la nutrition que le rôle d'*excitants nutritifs*. La matière sucrée, par exemple, semble être un excitant nutritif important pour les éléments histologiques animaux et végétaux [169]. L'oxygène est aussi un excitant nutritif nécessaire à l'accomplissement des fonctions du développement. Il ne paraît cependant pas être toujours un excitant nutritif direct, car le développement de certains éléments du tissu peut parfois avoir lieu sans oxygène, et certains phénomènes de bourgeonnement organique paraissent continuer au sein de l'acide carbonique [170]. Le fœtus d'oiseau respire sans doute, mais il est plus difficile de dire comment le fœtus de mammifère respire, c'est-à-dire comment il reçoit directement de l'oxygène dans son sang. Néanmoins il est positif que l'oxygène est indispensable pour provoquer les fermentations et entretenir les combustions organiques, qui elles-mêmes sont nécessaires aux phénomènes de développement. Pour que la nutrition et la régénération s'accomplissent, les liquides organiques doivent être dans un mouvement incessant de mutations et de décompositions chimiques. Sous ce rapport, il est à remarquer que les fonctions du développement et de la nutrition, qui sont une *création* d'éléments, ne peuvent se manifester, comme tous les autres phénomènes vitaux, que parallèlement à la *destruction* organique elle-même; ce qui a fait dire que *la mort engendre la vie* [171].

La nutrition paraît, au premier abord, impossible à localiser, puisqu'elle est un attribut commun à tous les éléments histologiques sans exception. Cependant il est permis de la rattacher à la propriété spéciale d'une partie organique élémentaire, qui lui sert en quelque sorte de centre ou d'élément directeur: c'est le *noyau* de la cellule organique primitive. L'histogenèse, dont de Mirbel a été en France un des premiers représentants, et qui a été fondée en Allemagne par les travaux de Schleiden, Schwann, etc., apprend

que tous les éléments histologiques végétaux ou animaux dérivent
d'une même forme organique primitive, qui est la cellule. On distingue dans la cellule son enveloppe, son contenu, plus un noyau
qui renferme lui-même un nucléole. Le contenu de la cellule peut
subir des transformations ou plutôt des métamorphoses diverses
suivant que l'élément est destiné à atteindre une évolution histologique définitive, ou bien seulement à parcourir une évolution
chimico-nutritive transitoire. Mais dans tous les cas le noyau paraît
être le centre des actions nutritives et organiques qui s'accomplissent dans la cellule. Il est probable que dans la sécrétion, que
l'on doit rapprocher aussi des phénomènes de nutrition ou de création organique, le noyau de la cellule joue un rôle très-important.
J'ai observé, en étudiant l'évolution des cellules glycogéniques sur
l'amnios des fœtus de ruminants, que la matière glycogène se forme
et s'accumule dans la cellule tant que le noyau persiste; puis, à
un certain moment, le noyau disparaît, et dès lors la cellule cesse
de fonctionner et se désorganise, en laissant à sa place des cristaux
d'oxalate de chaux. Quand la cellule est permanente, le noyau est
lui-même permanent et maintient la nutrition de la cellule; quand
la cellule est caduque, le noyau de la cellule est également transitoire. Lorsqu'il y a une rénovation de cellules, c'est toujours avec
prolifération de noyaux qu'elle a lieu. C'est ainsi que, sous l'épithélium de certaines membranes muqueuses, on voit, dans la
couche la plus profonde, des noyaux qui seront les générateurs des
cellules nouvelles.

Quand l'élément histologique a revêtu la forme de fibre, comme
cela se voit dans la fibre musculaire, par exemple, le noyau de
cellule persiste en dedans de la paroi du tube musculaire et maintient la nutrition de la fibre. Il se forme autour de ce noyau un
protoplasma qui régénère la substance musculaire contractile comme
par une sorte de création ou de sécrétion de matière organisée.
Nous avons vu ailleurs que la fibre nerveuse s'altère, dégénère dès
qu'elle est séparée de la cellule qui est son centre de nutrition.

En résumé, on pourrait donc dire que chaque élément histologique possède en lui un centre morphologique et nutritif qui le maintient dans sa forme et dans sa constitution organique. Une fois ce centre détruit ou altéré, la dégénérescence et la mort de l'élément en sont la conséquence. M. Ch. Robin [172] est arrivé aux mêmes conclusions par ses études sur l'histogenèse ; il admet que, dans les transformations histogéniques que subissent les cellules dans leur évolution, le noyau persiste toujours et reste comme un centre de genèse permanent.

De ce qui précède il résulte évidemment que, dans les phénomènes de nutrition et de développement, il n'y aura pas à considérer seulement les conditions du milieu nutritif, il faut aussi voir les conditions organiques ou vitales de l'élément ; ce qui veut dire, en d'autres termes, que la bonne nourriture ne suffit pas, mais qu'il est besoin aussi d'une aptitude spéciale à la nutrition et au développement, qui réside dans le tissu et dans l'élément lui-même. Ce n'est donc qu'autant que le centre morphologique se conservera intact que la nutrition et la rédintégration, c'est-à-dire la régénération de l'élément peuvent se faire.

Dans les organismes élevés, la rédintégration paraît bornée, et elle semble se limiter à l'élément. Mais chez certains animaux la reproduction organique s'étend aux organes et même à des parties du corps très-complexes. Parmi les vertébrés, la reproduction des membres a été observée chez la salamandre et chez l'axolotl. Il a été démontré que pour les membres antérieurs cette rédintégration a son centre morphologique à la base du membre, dans l'omoplate ; car si on enlève l'épaule, le membre ne se reproduit plus [173]. Chez les animaux cellulaires et très-bas placés dans l'échelle de l'organisation, on peut voir que le centre morphologique du corps entier existe en quelque sorte dans toutes les cellules de l'animal. C'est ainsi que chaque fragment d'un polype hydraire ou d'une planaire rédintègre un animal entier, avec ses organes et sa forme complète. Chaque cellule du corps constitue donc, pour ainsi dire, un œuf ou un bourgeon qui est capable de développer l'organisme total. Enfin il est remarquable de voir certains organes d'animaux supérieurs se comporter de même. C'est ainsi que, quand on coupe sur un jeune mammifère une rate en plusieurs morceaux, chaque morceau de rate peut rédintégrer toute la rate. Mais comme tous les organes des mammifères ne jouissent pas de ce même privilége, cela semblerait indiquer que la rate est une sorte d'organe qui a conservé dans son tissu des propriétés embryonnaires ou les attributs d'une organisation inférieure. Chez les végétaux, les centres morphologiques qui existent dans les bourgeons peuvent aussi, par bouture ou par greffe, reproduire le végétal en entier; etc.

En un mot, on voit qu'il existe chez les êtres vivants des centres morphologiques et nutritifs, qui sont d'autant plus énergiques et en même temps plus diffus qu'on les examine chez des êtres plus inférieurs. Dans les organismes supérieurs, ces centres morphologiques sont restreints et limités dans des éléments spéciaux. La cellule ovarique seule constitue le centre morphologique de l'organisme entier, et le centre nutritif de chaque élément se localise à son tour dans le noyau de sa cellule.

Le rôle nutritif du noyau de la cellule est d'ailleurs un véritable rôle d'organe générateur. Un jeune et savant naturaliste français, M. Balbiani [174], a publié, il y a quelques années, des travaux très-importants, qui ont résolu la question difficile de la génération sexuelle des infusoires, et qui ont mis en pleine lumière, ainsi que nous le verrons, l'analogie du noyau de cellule avec un corps générateur. Les infusoires, tels que les kolpodes, et les paramécies, par exemple, ont été comparés à des organismes élémentaires représentant en quelque sorte une simple cellule. Or il existe dans ces infusoires un corps qui est tout à fait analogue, par son rôle et par sa forme, à un noyau de cellule. Le développement par scission chez les infusoires se fait par un fractionnement auquel prend part le noyau central de leur corps, absolument comme cela se voit pour le noyau des cellules blastodermiques ou autres, quand celles-ci prolifèrent et se multiplient. Un développement par fractionnement et par reviviscence s'observe chez les paramécies quand l'infusoire s'enkyste par dessiccation. Mais MM. Coste et Gerbe [175] ont fait voir qu'il existe aussi un enkystement spontané chez les kolpodes, une sorte d'enkystement sexuel, en ce sens qu'il y a d'abord accouplement de deux individus qu'on peut supposer de sexes différents. Puis ces deux êtres s'entourent d'un kyste et disparaissent dans une masse commune. C'est par le fractionnement de leurs substances confondues que sont ensuite formés les petits. Ainsi, de même que chaque fragment de cellule donne naissance à une cellule nouvelle, nous voyons chaque fragment de kolpode ou de paramécie constituer par reviviscence un infusoire nouveau. Mais chez les paramécies il n'y a pas seulement reproduction par *scission*, il y a aussi accouplement et reproduction par un véritable mode de génération sexuelle, qu'a découvert M. Balbiani. Ce qu'il y a de remarquable et d'important à considérer ici, c'est que, pendant l'accouplement des paramécies, on voit chez chaque infusoire le noyau central du corps se transformer en ovaire, et le nucléole en testicule. Des œufs et des spermatozoïdes, qui sont les produits caractéristiques de ces organes, apparaissent; une double fécondation s'opère et il en résulte des embryons qui se développent dans le corps de l'infusoire mère et s'échappent plus tard au dehors. Ces études sont donc très-intéressantes en elles-mêmes et d'une importance capitale pour la physiologie générale, en ce qu'elles montrent un rapport direct entre des organismes élémentaires distincts et bien définis, tels que des infusoires, et des éléments histologiques d'un organisme complexe, qui ne sont aussi eux-mêmes que des organismes élémentaires. Ces faits justifient la dénomination d'*organisme élémentaire* qu'on a donnée aux éléments histologiques, et motivent le rapprochement sur lequel j'ai si souvent insisté entre les phénomènes de nutrition et les phénomènes de génération, qui nous restent à examiner.

La génération, qui préside à la création organique des êtres

vivants, a été regardée, à juste titre, comme la fonction la plus
mystérieuse de la physiologie. On a observé de tout temps qu'il y
avait une filiation entre les êtres vivants, et que, pour le plus grand
nombre, ils procédaient visiblement de parents. Cependant il était
des cas où cette filiation n'était pas apparente, et alors on a admis
des *générations spontanées*, c'est-à-dire sans parents. Cette question,
très-ancienne, a été reprise dans ces derniers temps et soumise à de
nouvelles études. En France, les générations spontanées ont été
repoussées par différents savants, mais surtout par M. Pasteur.
Elles ont été au contraire admises par divers naturalistes, et particulièrement par Pouchet[176], qui a soutenu à leur sujet l'hypothèse de
l'ovulation spontanée. M. Pouchet a voulu établir qu'il n'y avait pas
génération spontanée de l'être adulte, mais génération de son œuf
ou de son germe. Cette vue me paraît tout à fait inadmissible même
comme hypothèse. Je considère en effet que l'œuf représente une
sorte de formule organique qui résume les conditions évolutives d'un
être déterminé par cela même qu'il en procède. L'œuf n'est œuf que
parce qu'il possède une virtualité qui lui a été donnée par une ou
plusieurs évolutions antérieures dont il garde en quelque sorte le
souvenir. C'est cette direction originelle, qui n'est qu'un atavisme
plus ou moins prononcé, que je regarde comme ne pouvant jamais
se manifester spontanément et d'emblée. Il faut nécessairement une
influence héréditaire. Je ne concevrais pas qu'une cellule formée
spontanément et sans parents pût avoir une évolution puisqu'elle
n'aurait pas eu un état antérieur. Quoi qu'il en soit de l'hypothèse,
les expériences sur lesquelles étaient fondées les preuves des générations spontanées étaient, pour la plupart, fautives. M. Pasteur a
eu le mérite d'éclairer le problème des générations spontanées,
en réduisant les expériences à leur juste valeur et en introduisant
dans ce sujet une précision scientifique plus grande. Il a fait voir
que l'air était le véhicule d'une foule de germes d'êtres vivants, et
il a montré qu'il fallait avant tout ramener les arguments à des
expériences précises et bien instituées.

Pour exprimer ma pensée au sujet de la génération spontanée, je n'ai qu'à répéter ici ce que j'ai déjà dit dans un rapport que j'ai eu à faire sur cette question [177], savoir, qu'à mesure que nos moyens d'investigation se perfectionneront, on trouvera que les cas de générations qu'on regardait comme spontanées rentrent dans des cas de génération physiologique ordinaire. C'est ce qu'ont d'ailleurs démontré récemment les travaux de M. Balbiani et ceux de MM. Coste et Gerbe sur la génération des infusoires.

Dans sa forme la plus simple la génération se confond véritablement, ainsi que nous l'avons vu, avec la nutrition. Il existe alors une fécondation ou une puissance génératrice qui est à la fois nutritive et évolutive. Nous savons que, chez les hydres et les planaires, toutes les cellules nutritives peuvent, en quelque sorte, être des œufs ou des bourgeons. Nous voyons aussi des bourgeons animaux ou végétaux n'être que des parties du corps ou des germes détachés spontanément pour engendrer des êtres nouveaux. Dans ces cas il y a développement et nutrition simultanés; il n'y a pas encore de sexualité. Mais plus tard la sexualité apparaît et son influence s'exerce par une fonction spéciale qu'on appelle la *fécondation*. La fécondation n'est, en réalité, elle-même qu'une impulsion nutritive qui vient déterminer, à un moment donné, la nutrition évolutive. C'est donc un perfectionnement, puisque alors la nutrition évolutive de l'être nouveau se trouve distincte et rattachée à une condition physiologique spéciale [178].

La fécondation imprime originellement à tout l'organisme son impulsion nutritive, qui trace d'avance la durée de la vie, en ce sens qu'elle donne, en même temps que l'empreinte du type, une puissance nutritive qui conserve l'organisme pour un temps déterminé, c'est-à-dire pour un certain nombre de renouvellements [179].

Quand un animal est malade, la nutrition et la génération s'arrêtent, pour se rétablir quand les conditions de la santé reparaissent.

Les formes de la génération par parents sont extrêmement

variées et entraînent des fonctions sexuelles plus ou moins complexes dans leur mécanisme, que l'on peut cependant ramener
toutes à un même type. Depuis longtemps il a été dit que tous
les êtres vivants procèdent d'un œuf. Toutefois la connaissance
de la vraie constitution de l'œuf est une conquête de la science
moderne. C'est de nos jours que la physiologie est arrivée, par une
analyse exacte des phénomènes générateurs, à les réduire à leurs
conditions élémentaires. En France, les travaux de MM. Prevost et
Dumas sur la génération ont marqué le début des progrès rapides
qui ont amené dans cette partie du domaine de la physiologie une
révolution complète. A l'étranger, il faut citer en tête des promoteurs de cette science nouvelle les grands noms de Baër, Purkinje,
Bischoff, etc.

Aujourd'hui la physiologie générale en est arrivée à déterminer l'élément histologique spécial de la fonction génératrice : cet
élément est l'*œuf* ou le *germe*. L'*œuf* primitif ou ovule est identique
chez tous les animaux; il se présente sous la forme d'une simple
cellule, et c'est de cette cellule unique que va sortir un organisme
entier, quelle que soit sa complication. Toutefois on pourrait dire
que, dans les êtres élevés, il y a deux éléments générateurs : l'élément femelle (*œuf*) et l'élément mâle (*zoosperme*). L'élément femelle ou l'œuf est toujours identique et consiste en une cellule;
l'élément mâle est variable dans ses apparences. Il paraît y avoir
des animaux chez lesquels il n'est pas encore connu dans sa forme
précise, ce qui a parfois fait croire à des générations non sexuelles,
comme M. Balbiani l'a montré pour les pucerons. Il faut le concours des deux éléments sexuels pour donner naissance à l'organisme nouveau. L'ovaire et le testicule constituent deux organes
glandulaires qui produisent des éléments générateurs, de sorte que
l'œuf et le zoosperme doivent être considérés comme deux produits
de sécrétion. C'est bien dans ce cas qu'on peut dire que la sécrétion
est une création organique; au lieu de former dans son intérieur
un principe immédiat, comme le font les cellules à sécrétions chi-

miques, la cellule ovarique élabore et accumule en elle les matériaux du germe, et la cellule spermatique forme dans son intérieur
les animalcules spermatiques. C'est à ces deux cellules sécrétoires
primitives ovarique et spermatique que M. Robin [180] a donné le nom
d'*œuf mâle* et d'*œuf femelle*. Il vaudrait peut-être mieux dire *cellule
mâle* ou *spermatique, cellule femelle* ou *ovarique*, puisque ce sont en
réalité deux cellules épithéliales, qui sécrètent, l'une le produit
organique mâle, l'autre le produit organique femelle [181].

La cellule ovarique se rencontre chez le fœtus; elle existe, par
conséquent, bien longtemps avant d'être mûre. Quand elle est arrivée à maturité, cette cellule ovarique est constituée, comme une
cellule ordinaire : 1° d'une enveloppe (*membrane vitelline*), 2° d'un
contenu (*vitellus*), 3° d'un noyau (*vésicule germinative*). 4° d'un
nucléole (*tache germinative*). M. Balbiani [182] a découvert dans l'ovule
un corps particulier ou une vésicule spéciale qui mériterait le
nom de *vésicule germinative proprement dite;* car elle est destinée à
former la matière plastique qui servira au développement de l'être
nouveau. Cette vésicule serait commune à l'œuf animal et à l'œuf
végétal. On peut donc dire qu'il y a dans la cellule ovarique animale deux noyaux présidant à deux ordres de nutrition distincts.
Le noyau représenté par la vésicule germinative ancienne ou vésicule de Purkinje sert à la nutrition et au développement de l'élément ovarique lui-même; le noyau découvert par M. Balbiani
prépare le germe, c'est-à-dire les matériaux plastiques, nutritifs
et évolutifs du nouvel être. Aussi, à la maturité de l'œuf, c'est-à-
dire après son complet développement, la vésicule de Purkinje
disparaît-elle, tandis que l'autre reste seule et persiste en accom-
pagnant l'être nouveau dans son évolution.

Une fois fécondée, la cellule ovarique se nourrit et se développe soit par bourgeonnement, soit par segmentation; elle se comporte comme toutes les cellules et obéit à la loi qui est commune
à tous les autres éléments histologiques, savoir, qu'elle ne peut
se développer qu'en se nourrissant. Or la nutrition, pour l'ovule

comme pour les autres éléments, n'est jamais directe. Il lui faut un milieu alimentaire complexe préparé d'avance pour fournir tous les matériaux nécessaires à la formation de l'organisme vivant qui doit résulter de son évolution. Quand l'œuf se développe dans le corps maternel, il trouve dans l'utérus ses conditions de nutrition; quand il doit se développer au dehors, il emporte avec lui son milieu alimentaire, comme cela a lieu pour les œufs complexes d'oiseaux, de poissons, etc.

Les conditions de vitalité ou de développement de l'ovule sont donc celles de tous les éléments histologiques, savoir : un milieu et certaines conditions physico-chimiques convenables de chaleur, d'humidité, etc. La résistance vitale de l'œuf, comme celle des autres éléments histologiques, est bien plus grande chez les animaux à sang froid que chez les animaux à sang chaud. Aussi, dans les animaux à sang froid comme dans les végétaux, on peut opérer des fécondations artificielles en dehors de l'organisme. Les influences des substances toxiques sur l'élément ovarique ou spermatique sont encore assez peu connues. Les œufs des animaux invertébrés, tels que ceux de certains helminthes, ont une vitalité si puissante qu'ils résistent à l'action prolongée de certains agents délétères [183]. Les œufs de ces mêmes animaux peuvent aussi tomber à l'état de vie latente et résister pendant très-longtemps aux conditions ambiantes de destruction, ce qui explique les circonstances particulières de propagation chez ces êtres, etc.

Chez les mammifères, l'œuf est plus délicat, et il est protégé dans son évolution. Le développement est intérieur, et le fœtus accomplit dans le corps maternel toutes ses métamorphoses avant d'arriver à l'état de viabilité extérieure. Chez certains animaux, tels que les marsupiaux, le développement est à moitié intérieur et à moitié extérieur; il y a un avortement normal pour ainsi dire. Chez d'autres animaux, le développement se fait en dehors et par de véritables métamorphoses extérieures. Ainsi, chez les insectes, il naît d'abord de l'œuf une larve qui accomplit successivement à l'extérieur ses divers changements organiques. Mais ce qu'il y a de remarquable et ce qui montre bien toujours les rapports étroits qui existent entre la génération et la nutrition, c'est qu'il est souvent besoin d'une nutrition spéciale pour amener ces métamorphoses évolutives. C'est pourquoi l'animal à l'état de larve est souvent obligé de changer de milieu et de transmigrer : la larve de la trichine, celle de l'anguillule du blé niellé, etc. sont dans ce cas.

Le mode de nutrition de l'œuf peut d'ailleurs exercer beaucoup d'autres influences remarquables sur l'embryon, et en particulier sur sa sexualité, ainsi que cela est bien connu pour les abeilles.

Certaines larves animales sont comme les graines (qui ne sont elles-mêmes qu'un embryon ou une sorte de larve végétale); elles montrent des propriétés de reviviscence que ne possèdent pas plus tard les êtres métamorphosés, ce qui prouve que les tissus peuvent présenter des propriétés physiologiques différentes, suivant les diverses périodes de leur développement [184].

Pour rester fidèle aux idées de la physiologie générale, nous devons maintenant chercher à déduire les phénomènes de la génération des propriétés de l'élément histologique essentiel à cette fonction. Or cet élément, qui est l'œuf, est sans contredit l'élément le plus merveilleux de tous, car nous le voyons produire un organisme entier. On ne s'étonne plus des phénomènes qu'on a sans cesse sous les yeux. Comme dit Montaigne, « l'habitude en ôte l'étrangeté. » Cependant, qu'y a-t-il de plus extraordinaire que cette création organique, à laquelle nous assistons, et comment pouvons-nous la rattacher à des propriétés inhérentes à la matière qui constitue l'œuf? C'est là que nous sentons l'insuffisance de la physiologie purement anatomique. Haller avait défini la physiologie *anatomia animata*. Cette définition peut paraître exacte et suffisante quand il s'agit d'expliquer le jeu des appareils physicomécaniques, de la locomotion, par exemple. Ce sont des mécanismes dans lesquels les os représentent des leviers, et les muscles des forces simplement appliquées à ces leviers. Quand la physiologie générale veut se rendre compte de la force musculaire, elle comprend encore qu'une substance contractile puisse agir directement en vertu des propriétés inhérentes à sa constitution physique ou chimique. Mais quand il s'agit d'une évolution organique qui est dans le futur, nous ne comprenons plus cette propriété de la matière à longue portée. L'œuf est un *devenir;* or comment concevoir qu'une matière ait pour propriété de renfermer des propriétés et des jeux de mécanismes qui n'existent point encore ?

Les phénomènes de cet ordre me semblent bien de nature à démontrer une idée que j'ai déjà souvent indiquée, et sur laquelle je reviendrai encore plus loin, savoir, que la matière n'engendre pas les phénomènes qu'elle manifeste. Elle n'est que le *substratum,* et elle ne fait absolument que donner aux phénomènes leurs conditions de manifestation. C'est pourquoi ces conditions doivent être soumises à un *déterminisme* absolu et rigoureux qui constitue le principe fondamental de toutes les sciences expérimentales [185].

L'œuf est un centre puissant d'action nutritive, et c'est à ce titre qu'il fournit les conditions pour la réalisation d'une idée créatrice qui se transmet par hérédité ou par tradition organique. L'œuf en présidant à la création de l'organisme opère le renouvellement des êtres et devient la condition primordiale de tous les phénomènes ultérieurs de la vie.

Dans les phénomènes de rénovation organique, pas plus que dans les autres, le physiologiste ne saurait se borner à contempler la nature vivante; il doit rechercher les lois de la nutrition et de l'évolution, afin d'arriver à modifier et à régler les phénomènes de ces fonctions. Or ce sera encore par l'intermédiaire des influences physico-chimiques ambiantes, que l'on pourra agir sur ces phénomènes évolutifs spéciaux à l'organisme vivant [186].

Dans l'état actuel des choses, nous voyons que l'hérédité ou la tradition organique paraît fixer les espèces, c'est-à-dire qu'elle semble donner aux organismes vivants un type de construction fixe et déterminé d'avance. Cependant il y a beaucoup de variétés dans ces types qui viennent chaque jour se produire sous nos yeux par l'influence de diverses conditions physico-chimiques ambiantes que nous pouvons étudier. L'observation nous apprend en effet que, par les actions cosmiques et particulièrement par les modificateurs de la nutrition, on agit sur les organismes de diverses façons, et l'on crée des variétés individuelles qui possèdent des propriétés spéciales et constituent en quelque sorte des êtres nouveaux. On peut aussi profiter des croisements, utiliser certaines dispositions héréditaires ou natives pour modifier par sélection la nature des êtres vivants et fixer des variétés animales, ou même créer de nouvelles espèces végétales. On peut enfin favoriser les conditions de développement des êtres et ensemencer dans les eaux des œufs d'animaux comme on ensemence dans le sol des graines de végétaux, etc. Mais jusqu'à présent tout cela n'est que de l'empirisme. Il faut que la science physiologique y pénètre, trouve les lois et donne les conditions de fixité et de variabilité des espèces. Ce n'est qu'alors qu'on pourra à volonté modifier réellement la nutrition et régler la production et l'évolution des êtres vivants.

Peut-on opérer des changements dans les organismes en agissant directement sur les œufs? Sans doute on doit croire qu'il serait possible de changer la direction des phénomènes évolutifs dans certaines limites, sans briser la tradition organique, en modifiant les organismes pendant la sécrétion ovarique; ou bien en faisant développer les œufs dans certains milieux, et en agissant sur eux au moyen de fécondations artificielles dans des conditions nouvelles. Rien ne s'oppose en effet à ce que les modificateurs, agissant sur l'organisme vivant dans certaines conditions ne puissent provoquer des changements capables de constituer des espèces nouvelles. Car nous devons concevoir les espèces comme résultant elles-mêmes d'une persistance indéfinie dans leurs conditions d'existence et de nutrition, par suite d'une direction organique antérieure évolutive, qui leur a été communiquée par leurs ancêtres.

M. Dareste[187], reprenant les expériences de Geoffroy Saint-Hilaire, a expérimenté sur les œufs de poule en les vernissant, et il a déterminé diverses anomalies ou monstruosités. Mais ces monstruosités ne semblent point constituer toujours des modifications dans la direction de l'évolution du type; ce sont souvent des maladies de l'embryon ou du fœtus qui sont généralement incompatibles avec la viabilité, et qui ne sauraient, par conséquent, avoir aucun rapport avec les questions qui nous occupent. Jusqu'à présent on n'a pas le moyen d'agir sur la direction évolutive des œufs d'une manière scientifique, mais cependant il est bien certain, ainsi que nous l'avons déjà dit, qu'il doit y avoir des conditions qui agissent ainsi; car comment comprendre sans cela les monstruosités, les anomalies et les variétés natives qui peuvent se transmettre ensuite par hérédité?

Les anomalies natives, qu'on avait regardées comme ne pouvant être fixées qu'à la suite d'un temps très-long, pourraient même apparaître tout à coup et se transmettre immédiatement, par génération héréditaire, d'une manière indéfinie, et constituer de vraies espèces. C'est ce qui résulte de faits intéressants, rapportés tout récemment par M. Naudin[188]. Les anomalies de naissance qui se produisent sont donc nécessairement liées à des modifications de nutrition embryonnaire que le physiologiste doit chercher à déterminer, parce que, dès qu'il les connaîtra, il pourra s'en servir pour modifier la direction des phénomènes de développement de l'être nouveau[189].

Mais l'individu vivant est encore capable d'acquérir pendant sa vie, sous l'influence de conditions cosmiques et de modificateurs divers, des aptitudes variées normales ou morbides, qui peuvent ensuite se transmettre par la tradition organique, c'est-à-dire par l'hérédité[190]. C'est donc d'abord sur ces cas, qui sont les plus faciles à observer, que le physiologiste expérimentateur devra porter son attention et diriger ses études, afin de déterminer le mécanisme physiologique à l'aide duquel les modifications nutritives imprimées aux parents arrivent à se transmettre aux descendants sous certaines formes déterminées.

En résumé, il faut bien savoir que, quelle que soit la nature de nos influences modificatrices, et que nous agissions sur l'œuf, l'embryon ou l'individu adulte, ce sera toujours aux phénomènes nutritifs qu'il faudra nous adresser. On produit empiriquement par la nutrition ou par la culture des modifications considérables et bien connues dans les organismes végétaux. On crée ainsi des variétés dans l'espèce et même des espèces nouvelles. Chez les animaux il en est de même, et nous savons, par exemple, que la production de la sexualité et beaucoup d'autres modifications organiques importantes se réduisent à des questions d'alimentation ou de nutrition embryonnaire. Mais, je le répète, nous n'aurons l'explication scientifique des phénomènes que lorsque nous pourrons déterminer, dans le milieu organique intérieur, les conditions générales de nutrition de tous les éléments histologiques, ainsi que la nature des excitants nutritifs spéciaux pour chacun d'eux. Les éléments histologiques ne suivent la tradition organique des êtres dont ils procèdent qu'autant qu'ils se trouvent placés dans des conditions convenables de nutrition [191]. Une simple cellule animale ou végétale, qui dans certaines circonstances peut rester indifférente, prend un développement nouveau si l'on vient à changer ses conditions nutritives. En modifiant les milieux intérieurs nutritifs et évolutifs, et en prenant la matière organisée en quelque sorte à l'état naissant, on peut espérer changer sa direction évolutive, et par conséquent son expression organique finale [192]. Je pense en un mot que nous pourrons produire scientifiquement de nouvelles espèces organisées, de même que nous créons de nouvelles espèces minérales, c'est-à-dire que nous ferons apparaître des formes organisées qui existent virtuellement dans les lois organogéniques, mais que la nature n'avait point encore réalisées.

Les théories géologiques nous enseignent que les corps bruts ont précédé les corps vivants, et nous savons que chimiquement la

matière organisée n'est constituée que par de la matière minérale. Toutefois, dans l'état actuel de nos connaissances, nous ne
pouvons pas plus créer la matière vivante que nous ne pouvons
créer la matière brute. Nous ne comprendrions même pas aujourd'hui, ainsi que je l'ai dit ailleurs, la création d'emblée et spontanée d'un œuf ou d'un élément organisé, qui aurait une évolution ou une hérédité sans ancêtres [103]. La formation directe d'un
être vivant au moyen de la matière inorganique, si elle pouvait
être réalisée, constituerait la vraie génération spontanée [104]; mais
elle supposerait la connaissance du principe ou de la cause première de l'évolution vitale. Sans doute on ne doit jamais poser de
limites à la science humaine; seulement nous pouvons dire que,
pour le moment, la recherche de semblables problèmes est contraire à la méthode et aux procédés de la science expérimentale. Au
lieu de faire sur l'origine des choses des hypothèses irréalisables,
sur lesquelles on ne peut discuter ou expérimenter que d'une
manière stérile et aveugle, l'expérimentateur procède autrement.
Il part des phénomènes qui sont le plus immédiatement autour de
lui et qui sont accessibles à son observation et à son expérimentation; puis il remonte successivement de faits en faits aussi haut
qu'il peut à la source des phénomènes. Il n'y a donc pas à vouloir comprendre du premier coup la création des corps vivants
pas plus que la création des corps bruts. Il n'y a qu'une chose
à faire, c'est de suivre, en physiologie, la même marche que
dans les autres sciences expérimentales, en respectant le voile
qui nous couvre l'origine des choses. Ce voile, qui s'éloigne toujours, sera-t-il jamais déchiré? Cela ne semble pas probable.
Qu'importe d'ailleurs au savant? Sa tâche est bien suffisante; car
en étudiant les phénomènes qui l'entourent, il avance sans cesse
et il n'en conquiert pas moins la nature pied à pied au profit de
l'humanité.

V

Systèmes cellulaire, fibreux, cartilagineux, osseux, etc. — Éléments
cellulaire, connectif, plasmatique, etc.

Au point de vue de l'organisation, on pourrait séparer les produits organisés ou les éléments histologiques constitutifs des diverses
parties du corps vivant en deux groupes : les uns étant essentiellement *actifs* dans les manifestations vitales; les autres ayant, au
contraire, à remplir des rôles *passifs* dans la construction organique et dans le jeu des divers mécanismes vitaux. Les éléments
histologiques actifs, tels que les éléments musculaires, nerveux,
glandulaires, etc. ne sauraient fonctionner isolément et sans l'intervention de certaines connexions organiques nécessaires. Ces
éléments, pour constituer les organes ou les appareils locomoteurs
et sécréteurs, ont besoin d'être reliés par une sorte de gangue
commune, le tissu cellulaire, et d'être combinés avec des tissus
passifs, tels que les tissus fibreux, élastiques, cartilagineux, osseux, etc. D'où il résulte que l'expression fonctionnelle d'un organe
ou d'un appareil quelconque sera toujours la résultante des propriétés manifestées par des éléments actifs et passifs réunis et
associés.

Le *tissu cellulaire*, tel que le comprenait Bichat, est un tissu généralement répandu entre toutes les parties élémentaires du corps,
servant à la fois de tissu connectif qui les réunit, et de substance
intermédiaire qui les sépare. Outre son rôle protecteur, ce tissu
sert de réservoir à des liquides intersticiels et à de la graisse[195], il
comble les vides interorganiques et concourt ainsi à la beauté des
formes du corps. Le tissu cellulaire est donc, pour ainsi dire, un
système neutre; il devient un auxiliaire fonctionnel pour tous les

8.

autres tissus et il est parcouru par les vaisseaux et les nerfs qui
établissent les relations vitales et organiques entre toutes les parties du corps. Très-extensible sous la peau dans certains points,
le tissu cellulaire permet le glissement des organes et engendre les
bourses muqueuses et les membranes séreuses; plus resserré en
d'autres endroits, il maintient les parties et les protége contre des
déplacements nuisibles. Ce tissu se laisse facilement pénétrer, dis-
tendre et infiltrer par de l'air ou par de l'eau. Les bouchers utilisent
le premier moyen pour enlever la peau des animaux; les anatomistes
ont fait usage du second pour séparer les éléments anatomiques
par des procédés hydrotomiques. Lorsque le tissu cellulaire est
ainsi distendu par de l'air ou de l'eau, il semble formé d'une substance lamellaire et cloisonnée, mais c'est une simple apparence;
l'histologie a montré que ce tissu est constitué essentiellement par
une substance fibrillaire.

Le tissu cellulaire ou muqueux avait déjà été considéré par les
anciens anatomistes comme un tissu primitif pouvant donner naissance à tous les autres. Nous verrons plus loin que l'histologie moderne a confirmé ces vues en montrant que le système cellulaire
est un véritable vestige de tissu plastique embryonnaire, persistant
chez l'adulte et étant le siége des principales néoformations organiques.

Le *tissu fibreux* est anatomiquement constitué, comme le tissu
cellulaire, par des fibrilles, mais plus résistantes et plus serrées. Le
tissu fibreux entre dans la contexture de presque tous les organes
du corps; c'est lui qui forme la charpente résistante de la peau et
du canal intestinal, des divers réservoirs ou vessies, des conduits
excréteurs, des artères et des veines, etc.; il unit les muscles avec
les os, soutient l'élément musculaire et relie entre elles les différentes parties du squelette par le moyen des tendons, des aponé-
vroses, du périoste, des capsules articulaires, des ligaments, etc.
Le tissu fibreux remplit des usages importants, grâce à deux propriétés essentielles qu'il possède, la *résistance* et l'*élasticité*. Ces deux

propriétés n'existent pas au même degré dans toutes les variétés de tissu fibreux, et, quoiqu'elles aient été reconnues depuis long-temps par les anatomistes, elles n'ont encore été, au point de vue de la physiologie générale, que l'objet de peu de recherches. En France, M. Wertheim[196] a publié, sur l'élasticité et la cohésion des tissus des diverses parties du corps, des études intéressantes, mais encore bien incomplètes.

L'élasticité du tissu fibreux, comme celle du caoutchouc, est une force lente et constante; elle protége les organes et les éléments organiques en s'opposant naturellement à l'action brusque et rapide de toutes les forces vives, de quelque source extérieure ou intérieure qu'elles proviennent. Dans l'organisme vivant, l'élasticité fibreuse est une propriété passive qui a pour rôle principal de faire équi-libre à la contractilité musculaire, qui est une propriété active et instantanée. Tantôt le tissu fibreux, faisant antagonisme à des groupes de muscles, assouplit les divers mouvements du squelette, comme cela s'observe pour les ligaments jaunes des vertébrés et pour le ligament cervical postérieur; tantôt le tissu élastique amortit et absorbe en quelque sorte le choc de la contraction d'un seul organe musculaire. Dans les grosses artères, la tunique moyenne, qui est formée par du tissu fibreux jaune élastique, est destinée à amortir, à absorber l'impulsion cardiaque résultant de la contraction brusque des ventricules. Cette force vive muscu-laire, au lieu de se transformer, par les résistances contre des parois vasculaires inextensibles, en chaleur ou autrement et de se perdre ainsi pour l'impulsion du sang, vient au contraire s'emma-gasiner en quelque sorte dans l'artère, qui la restitue sous forme d'élasticité, en donnant au cours du sang de l'uniformité et de la con-tinuité. Le rôle de l'élasticité artérielle, déjà indiqué et bien compris par Magendie et M. Poiseuille, a été, dans ces derniers temps, l'objet de recherches nouvelles[197]. Dans les petites artères, l'élasti-cité fait encore antagonisme à la contractilité dont sont plus spé-cialement doués les vaisseaux de cet ordre. Lorsque les fibres des

muscles circulaires de l'artère se contractent, elles la rétrécissent
et compriment sa tunique élastique; quand elles se relâchent,
l'élasticité artérielle restitue au vaisseau son calibre normal, etc.

Enfin nous voyons le tissu élastique conserver encore le même
caractère fonctionnel ou physiologique quand, au lieu d'être annexé à des appareils ou à des organes musculaires complexes,
il se trouve combiné à l'élément musculaire lui-même. En effet,
il faut reconnaître dans l'élément musculaire deux propriétés distinctes : l'une, active, est la contractilité, qui réside dans la substance
musculaire; l'autre, passive, est l'élasticité, qui réside dans la matière
fibreuse qui constitue la paroi du tube musculaire. Il faut nécessairement tenir compte de ces deux ordres de propriétés pour établir la théorie de la contraction musculaire [108]. Quand la substance
contractile intra-tubulaire vient à se resserrer suivant sa longueur
ou à se contracter subitement, elle tend à raccourcir le tube fibreux du muscle et à rapprocher les parties auxquelles il est inséré;
mais ces parties offrent toujours une certaine résistance d'inertie,
qui, ne pouvant être immédiatement vaincue, met en jeu l'élasticité
du tube musculaire. Dès que la résistance est entraînée, la force
vive perdue dans la fraction de seconde qui précède la contraction est restituée sous forme d'élasticité, qui s'ajoute pour concourir au mouvement total de raccourcissement. L'élasticité de
l'élément ou du tissu fibreux, pour être une propriété passive,
n'en est pas moins une propriété de tissu appartenant à la matière
organisée. Cette propriété pourrait donc aussi être appelée *vitale;*
car elle s'altère assez rapidement dès que la vie a cessé et que la
matière ne se nourrit plus. M. Wertheim avait déjà observé que
la cohésion et le coefficient d'élasticité des muscles diminuent après
la mort. J'ai vu de mon côté que l'élasticité musculaire se comporte
comme toutes les propriétés vitales, c'est-à-dire qu'elle s'amoindrit
ou s'engourdit sous l'influence du froid, se réveille, augmente et
s'épuise plus vite sous l'influence de la chaleur.

Le tissu fibreux, en se combinant avec le tissu cartilagineux, élastique, diarthrodial et synovial, compose des tissus passifs mixtes, qui remplissent des rôles importants pour la formation des articulations destinées à unir entre elles les différentes parties du squelette.

Le *tissu cartilagineux* proprement dit constitue le squelette, définitivement chez les animaux cartilagineux, et transitoirement chez ceux dont le squelette arrive à l'état osseux. Les propriétés des tissus cartilagineux et osseux sont la résistance et l'élasticité; ce sont les tissus passifs destinés à former la charpente de la machine vivante et à servir d'insertion et de soutien à tous les organes actifs des manifestations vitales. Il est des animaux, tels que les arthropodes ou les articulés, chez lesquels le squelette est extérieur et renferme les parties molles du corps, au lieu que ce soient celles-ci qui entourent les os.

Le squelette extérieur des arthropodes, quoique doué de solidité et d'élasticité, n'est pas de même nature que le squelette intérieur des vertébrés; il est formé d'une substance analogue au ligneux, la *chitine*. C'est ainsi qu'on peut suivre le passage entre le squelette osseux des animaux et le squelette ligneux des végétaux. Bien que les systèmes osseux, chitineux et ligneux soient formés d'éléments histologiques passifs, ils constituent cependant des tissus vivants, en ce sens qu'ils sont le siège de phénomènes de nutrition et de rénovation organique [109]. Aussi, diverses conditions physiologiques, normales ou morbides, peuvent-elles amener de profondes modifications dans les propriétés de ces tissus. Toutefois, si tous les tissus passifs doivent être ramenés à des éléments histologiques vivants, il faut cependant, à raison de la grande quantité de substances terreuses qui entrent dans la constitution de quelques-uns d'entre eux, les regarder comme participant à la nature minérale. C'est pourquoi nous voyons les organes formés par les tissus, tels que les os, le ligneux, etc. résister aux causes de destruction et devenir les témoins fossiles d'organismes vivants qui souvent ont disparu depuis des siècles.

Si maintenant, envisageant notre sujet au point de vue plus spécial de la physiologie générale, nous voulons remonter aux éléments organiques constitutifs des divers tissus que nous avons précédemment cités, nous verrons que tous ces tissus *passifs* de l'économie forment bien réellement une famille. Ils peuvent en effet être considérés tous comme dérivant d'un élément de même genre, qui, par des différenciations ou des variétés d'évolution, peut donner naissance à chacune des espèces des tissus cellulaire, fibreux, cartilagineux, osseux, ligneux, etc.

L'élément histologique du tissu cellulaire est la cellule plasmatique. La paroi de cette cellule, au lieu d'être arrondie, présente une forme étoilée, donnant naissance par ses angles à des prolongements canaliculés très-ténus, communiquant avec d'autres cellules plasmatiques, de manière à constituer un véritable réseau de cellules de tissu cellulaire. Dans ce qu'on appelle plus spécialement le tissu cellulaire *muqueux,* ainsi qu'on le trouve chez le fœtus dans le cordon ombilical et chez l'adulte dans le corps vitré, les espaces intercellulaires sont remplis par une substance hyaline et muqueuse; tandis que, dans le tissu cellulaire proprement dit, les espaces qui séparent les cellules sont remplis par la substance fibrillaire qui donne au tissu cellulaire ses propriétés caractéristiques.

Que l'on considère la substance fibrillaire intercellulaire comme un produit ou comme une sorte de détritus du réseau cellulaire, toujours est-il que la cellule plasmatique est en état de régénération ou de prolifération incessante. Cette cellule de tissu cellulaire ou plasmatique offre de l'analogie et même de nombreuses ressemblances avec une cellule embryonnaire. Comme elle, elle ne possède pas de paroi réelle, car il faut regarder sa paroi ou son enveloppe étoilée comme une formation secondaire.

L'élément histologique du tissu fibreux ne diffère pas essentiellement de celui du tissu cellulaire. C'est toujours une cellule plasmatique, dont l'enveloppe secondaire, qui est également étoilée avec des prolongements multiples, forme un véritable produit de sécrétion fibrillaire, offrant plus ou moins de résistance et plus ou moins d'élasticité, suivant la nature spéciale du tissu fibreux. Les enveloppes cellulaires et leurs filaments constituent en réalité la substance *fondamentale* du tissu fibreux, dans lequel les cellules plasmatiques anciennes meurent en même temps que de nouvelles apparaissent. De même, dans l'épiderme, le tissu épidermique est produit par les enveloppes aplaties des cellules actives du corps muqueux qui se renouvellent incessamment, etc.

Dans le tissu cartilagineux, nous avons encore une cellule plasmatique qui forme autour d'elle une membrane secondaire, ronde ou étoilée, suivant les diverses formes de tissu cartilagineux; puis nous trouvons un produit de sécrétion intercellulaire qui constitue la substance *fondamentale* du cartilage. Dans le tissu osseux, il en est de même. Autour de la cellule osseuse naît le corpuscule osseux, c'est-à-dire l'enveloppe secondaire étoilée, qui, par ses prolongements canaliculés, forme les canalicules osseux. En dehors de cette paroi et dans les espaces intercellulaires est sécrétée la substance *fondamentale* calcifiée qui constitue la substance osseuse proprement dite. Les cellules cartilagineuses et osseuses sont en voie de reproduction constante. C'est au-dessous du périoste et dans le canal médullaire qu'on observe spécialement le travail de régénération osseuse. Le tissu osseux n'est point, comme on le croyait autrefois, du tissu cartilagineux qui s'incrusterait peu à peu de sels calcaires. Une molécule du tissu osseux est, dès son apparition, aussi riche en sels calcaires que plus tard [200]. D'ailleurs la production du tissu cartilagineux ne saurait être regardée comme une phase de la formation du tissu osseux; ce sont deux évolutions indépendantes et distinctes [201].

En résumé, tous les tissus passifs de l'organisme peuvent être regardés comme de véritables produits de sécrétion extra-cellulaires ou intersticiels, servant en quelque sorte de ciment ou de mortier pour relier les éléments de tissus. Tantôt ces produits sécrétés sont constitués par une substance fibrillaire souple, résistante ou élastique, ainsi que cela s'observe dans les tissus cellulaires, fibreux, élastiques et cartilagineux; tantôt les parois de cellules secondaires, animales ou végétales, qui constituent le tissu passif, s'incrustent de sels terreux, comme on le voit pour les tissus osseux, ligneux, chitineux.

Dans la plupart des animaux, tous les tissus passifs sont constitués par une substance fondamentale, qui, sous l'influence de l'ébullition ou de l'action des acides, se réduit en gélatine. J'ai montré que l'action digestive du suc gastrique attaque spécialement cette substance colloïde, tandis que le suc pancréatique agit plus particulièrement sur le parenchyme organique, c'est-à-dire sur l'élément histologique lui-même. Il résulte de là qu'on peut utiliser l'action de ces liquides digestifs pour des recherches d'histologie. Dans les végétaux et dans certains animaux, tels que les insectes et les crustacés, la substance fondamentale des tissus passifs, tels que la chitine ou le ligneux, se transforme en sucre (glycose) par l'action de l'ébullition ou des acides [202]. Quant aux sels terreux qui incrustent les tissus passifs, ils sont de natures différentes, suivant les tissus, et ils pourraient même, dans certaines circonstances, être substitués les uns aux autres. On a rapporté des cas dans lesquels on avait pu substituer la magnésie ou la silice à la chaux, dans la coque de l'œuf d'oiseau ou dans les coquilles des mollusques; ces produits rentrent aussi dans la classe des tissus passifs organiques.

Bien que la sécrétion des tissus passifs puisse se distinguer par beaucoup de caractères de la formation des tissus actifs, on voit, quand on examine l'essence du phénomène, que l'évolution organique n'en diffère réellement pas. On pourrait, à ce propos, regarder tous les tissus et tous les liquides de l'économie comme des *produits de sécrétion* de cellules vitales en voie de régénération constante; seulement ces produits de sécrétion histologique auraient des destinations variées. Tantôt le produit de sécrétion, demi-fluide, reste intra-cellulaire, comme cela a lieu pour les matières nerveuses et musculaires. Ces substances accomplissent leur rôle actif

et vital dans la cellule même qui les a formées, qu'elle soit restée
sous forme de cellule ou qu'elle se soit transformée en fibre.
Tantôt le produit de sécrétion se liquéfie, devient extra-cellulaire
et va remplir ces usages physico-chimiques sous forme de liquide
expulsé, soit au dehors, comme cela a lieu dans les *sécrétions ex-*
ternes, soit au dedans, comme cela a lieu dans les *sécrétions internes*.
Tantôt, enfin, le produit de sécrétion est une formation solide intercellulaire et qui remplit *eodem loco* les usages physico-mécaniques
passifs qui lui sont dévolus; tel est le cas de tous les tissus passifs
que nous avons précédemment énumérés.

Parmi les points les plus intéressants de l'histoire évolutive des
tissus passifs, nous devons citer la propriété commune qu'ils possèdent de pouvoir être greffés et la facilité avec laquelle ils se
régénèrent et se transforment en quelque sorte les uns dans les
autres. La greffe animale, malgré les analogies qu'on a voulu lui
trouver avec la greffe végétale, en diffère cependant par plusieurs
côtés essentiels. Dans la greffe animale, on se borne en général à
greffer un tissu ou un élément de tissu; tandis que, dans la greffe
végétale, on greffe toujours un élément spécifique de l'individu,
œuf ou bourgeon. Il résulte de là que, dans la greffe animale, on
ne peut espérer avoir que la continuation de la vie d'un tissu déterminé; tandis que, dans la greffe végétale, on obtient réellement
le développement d'un individu nouveau sur un autre. Tous les
tissus ne paraissent pas susceptibles de se développer et de vivre
après leur transplantation d'un individu sur l'autre. Je rappellerai
à ce sujet une expérience faite par M. Bert[205] qui consiste à greffer,
sous la peau, des parties de structure complexe, renfermant muscles,
nerfs, tendons, etc. Après avoir retranché la queue à un jeune rat,
M. Bert la dépouille de sa peau et la place dans le tissu cellulaire
sous-cutané du même animal. La queue ainsi greffée contracte
des connexions vasculaires et continue à se développer dans certains de ses tissus, tandis que, dans d'autres, elle dégénère et meurt,
en subissant, comme on le dit, des métamorphoses régressives.

Or l'observation apprend que les tissus qui meurent sont les tissus actifs, nerfs et muscles, tandis que les tissus qui se greffent et se développent sont les tissus passifs, os, cartilages, tendons, etc. Ces résultats d'expériences concordent d'ailleurs avec ceux obtenus par d'autres expérimentateurs. M. Ollier a montré, par des expériences qui ont eu beaucoup de retentissement, que le périoste, transplanté dans le tissu cellulaire sous-cutané, peut s'y greffer et y continuer son évolution osseuse. Mais dans tous ces cas de greffe animale bien positifs, les choses ne se passent pas comme dans la greffe végétale. Le développement de la partie animale greffée n'est pas indéfini, parce que sans doute elle n'a pas conservé ses rapports avec son centre morphologique et qu'elle a perdu sa connexité évolutive avec les autres éléments de l'organe auquel elle appartenait. En un mot, le lambeau du périoste d'un fémur, greffé sous la peau, n'y donne pas naissance à un fémur, comme on voit un bourgeon végétal donner naissance à un arbre. L'élément osseux du périoste ou l'élément de tout autre tissu passif continue son développement élémentaire; mais bientôt il meurt ou plutôt il perd la spécialité histologique qu'il avait ailleurs, et subit une métamorphose organique en vertu de laquelle il se transforme en tissu de la région dans laquelle il a été greffé.

Mais il importe de remarquer que cette propriété de changer en quelque sorte de direction évolutive est un privilége des tissus passifs, et ne se rencontre pas dans les tissus actifs. En effet, nous avons vu que les tissus actifs nerveux et musculaires, qui sont les tissus les plus élevés dans l'échelle histologique, ne semblent s'être perfectionnés qu'aux dépens de leur vitalité, puisqu'ils ne peuvent plus se greffer, et qu'une fois déplacés, ils meurent par une véritable décomposition organique[204]. Sous ce rapport, les tissus passifs représentent des tissus inférieurs, doués d'une vitalité plus énergique et capables de se régénérer diversement, parce qu'ils ne sont point encore montés au sommet de l'organisation. Il semble, en effet, qu'il y ait dans l'évolution histologique une sorte de perfectionnement ascensionnel, que les éléments organiques ont la puissance de monter, mais qu'ils n'ont plus le pouvoir de redescendre.

D'après tout ce que nous avons dit jusqu'à présent, il y aurait donc lieu de conclure que les choses se passent comme si tous les éléments passifs dérivaient d'un même élément, la cellule embryoplasmatique, dont les produits se modifieraient suivant le siége de leur développement. En effet, les tissus fibreux, cartilagineux, osseux, se forment du tissu cellulaire et peuvent retourner à cet état, selon l'endroit où ils se trouvent transplantés. Cette influence du lieu sur la spécificité du développement histologique est difficile à expliquer, mais elle ne saurait être révoquée en doute, soit qu'on l'examine dans les expériences de greffe animale, soit qu'on la constate dans les diverses phases évolutives de l'histogenèse embryonnaire [205].

Quand on considère l'évolution complète d'un être vivant, on voit clairement que son organisation est la conséquence d'une loi organogénique qui préexiste d'après une idée préconçue et qui se transmet par tradition organique d'un être à l'autre. On pourrait trouver, dans l'étude expérimentale des phénomènes d'histogenèse et d'organisation, la justification des paroles de Gœthe, qui compare la nature à un grand artiste. C'est qu'en effet la nature et l'artiste semblent procéder de même dans la manifestation de l'idée créatrice de leur œuvre. Nous voyons dans l'évolution apparaître une simple ébauche de l'être, avant toute organisation. Les contours du corps et des organes sont d'abord simplement arrêtés, en commençant, bien entendu, par les échafaudages organiques provisoires qui serviront d'appareils fonctionnels temporaires au fœtus. Aucun tissu n'est alors distinct; toute la masse n'est constituée que par des cellules plasmatiques ou embryonnaires. Mais dans ce canevas vital est tracé le dessin idéal d'une organisation encore invisible pour nous, qui a assigné d'avance à chaque partie et à chaque élément sa place, sa structure et ses propriétés. Là où doivent être des vaisseaux sanguins, des nerfs, des muscles et des os, etc. les cellules embryonnaires se changent en globules du sang, en tissus

artériels, veineux, musculaires, nerveux et osseux. L'organisation
ne se réalise point d'emblée; d'abord vague et seulement indiquée,
elle ne se perfectionne que par différenciation élémentaire, c'est-
à-dire par un fini dans le détail de plus en plus achevé. Mais cette
puissance organisatrice n'existe pas seulement au début de la vie
dans l'œuf, l'embryon ou le fœtus; elle poursuit son œuvre chez
l'adulte, en présidant aux manifestations des phénomènes vitaux.
Car c'est elle qui entretient par la nutrition et renouvelle d'une
manière incessante les propriétés des éléments actifs et passifs de
la machine vivante. L'organisation n'est donc rien autre chose que
cette puissance génératrice continuée et s'affaiblissant de plus en
plus. C'est pourquoi nous comprendrons sous la dénomination de
phénomènes *organotrophiques* tous les phénomènes d'organisation,
de nutrition ou de création organique chez l'embryon, le fœtus et
l'adulte, parce qu'ils sont toujours soumis à une seule et même loi.

L'élément plasmatique paraît donc destiné à opérer constamment
le rajeunissement et la réorganisation des tissus et des organes
d'après des lois organotrophiques dont la physiologie a le sentiment certain, mais qu'elle n'a point encore déterminées [206].

La vie ne s'éteint et la mort naturelle n'arrive que parce que la
production de l'élément plasmatique s'arrête, et parce qu'alors les
tissus passifs s'imprègnent et s'incrustent de matières minérales ou
autres qui gênent leurs fonctions et amoindrissent de plus en plus
la nutrition ou la formation génésique des éléments histologiques
actifs.

La puissance régénératrice des éléments plasmatiques est sans
doute limitée, mais son activité peut diminuer ou augmenter sous
l'influence de certaines conditions nutritives du milieu intérieur.
Rien ne prouve d'ailleurs qu'on ne puisse pas étendre dans une certaine mesure les limites de ce pouvoir organotrophique et lui communiquer même une nouvelle impulsion. Si, comme le dit Bacon,
un des offices de la médecine est de prolonger la vie humaine, elle
ne pourra y parvenir scientifiquement qu'en se fondant sur la phy-

siologie, et la physiologie elle-même ne pourra lui fournir les moyens d'atteindre ce but que lorsqu'elle possédera la connaissance expérimentale des lois organotrophiques du corps vivant et qu'elle aura déterminé les conditions physico-chimiques de leur manifestation.

Les lois morphologiques président donc non-seulement à la construction du type extérieur de l'être vivant, mais elles régissent encore toutes les particularités de son organisation intérieure. Ces lois n'ont été jusqu'ici envisagées par le naturaliste et par l'anatomiste qu'au point de vue contemplatif de l'évolution et de la classification des êtres vivants dans un ordre qui exprimerait lui-même les divers degrés d'une échelle organique. Mais, je ne cesserai de le répéter, le physiologiste est à un point de vue essentiellement différent : il ne contemple pas seulement les phénomènes de la nature vivante, il veut agir sur eux; il ne cherche pas seulement l'expression de la loi organogénique évolutive, mais il veut déterminer les conditions physico-chimiques de sa manifestation.

Les physiologistes n'ont pas même encore entrepris d'une manière sérieuse la recherche expérimentale et scientifique des phénomènes et des conditions organotrophiques. Ils ont négligé cette investigation, sans doute parce qu'elle est entourée de difficultés considérables, mais probablement aussi parce qu'ils n'en ont pas compris toute l'importance. C'est pourtant dans cette étude, selon moi, que doivent résider les caractères spéciaux de la physiologie, considérée comme science propre et autonome. On aura beau analyser les phénomènes vitaux et en scruter les manifestations mécaniques et physico-chimiques avec le plus grand soin; on aura beau leur appliquer les procédés chimiques les plus délicats, apporter dans leur observation l'exactitude la plus grande et l'emploi des méthodes graphiques et mathématiques les plus précises, on n'aboutira finalement qu'à faire rentrer les phénomènes des organismes vivants dans les lois de la physique et de la chimie générales, ce qui est juste; mais on ne trouvera jamais ainsi les lois propres de la physiologie. Les lois spéciales à la physiologie sont les lois mêmes

de l'organisation, et elles embrassent la connaissance exacte des
conditions sous l'influence desquelles l'évolution vitale s'accomplit
et la matière organisée se crée et se nourrit.

J'insisterai sur la nécessité de diriger l'investigation physiologique expérimentale sur les phénomènes organotrophiques des
êtres vivants, parce qu'on a peut-être aujourd'hui de la tendance
à exagérer l'importance de l'étude des phénomènes vitaux d'ordre
mécanique et physico-chimiques[207]. Personne ne m'accusera certainement de blâmer la direction physico-chimique des études physiologiques; mais je crois utile de dire que ce n'est pas là tout,
d'autant plus qu'on peut se faire facilement illusion à ce sujet. En
effet, s'il est très-important, comme nous l'avons montré ailleurs,
de suivre en physiologie la même méthode expérimentale que dans
les sciences physiques ou chimiques; cependant le résultat de l'investigation ne saurait être le même dans les deux cas. Il est indispensable pour les corps bruts de scruter aussi loin que possible
leurs propriétés élémentaires et d'en déterminer les expressions
quantitatives, parce que, quand nous voudrons les incorporer dans
des combinaisons ou des constructions de machines inertes, nous
pourrons en calculer d'avance le rôle et les effets. Mais pour les
corps organisés, nous ne devons avoir d'autre but que d'expliquer leurs fonctions par la détermination *qualitative* de leurs propriétés, car nous ne pouvons pas créer la matière organisée et fabriquer directement des organismes vivants comme nous fabriquons
des machines inertes. Il ne nous est donné de modifier l'organisation des êtres vivants qu'indirectement et par l'intermédiaire de
la force organotrophique qui lui est propre. C'est donc sur elle
que nous devons diriger nos recherches pour apprendre à connaître ses lois et à déterminer ses conditions d'activité, ce qui veut
dire, en d'autres termes, que le problème de la physiologie ne
consiste pas à rechercher dans les êtres vivants les lois physico-
chimiques qui leur sont communes avec les corps bruts, mais à

s'efforcer de trouver, au contraire, les lois organotrophiques ou vitales qui les caractérisent [208].

En résumé, ce qui importe au physiologiste c'est de pouvoir expérimentalement diriger les phénomènes évolutifs de façon à modifier la nutrition de la matière organisée, afin d'arriver par là à changer plus ou moins la durée, l'intensité ou même la nature de ses propriétés vitales.

Nous avons déjà vu ailleurs que, dans l'état actuel de nos connaissances, l'action modificatrice de l'homme sur l'organisation des êtres vivants est très-bornée et n'est encore que l'œuvre d'un grossier empirisme. Mais ici comme partout, c'est l'observation empirique qui doit nous tracer la route scientifique. Nous pouvons donc conclure que la science parviendra certainement plus tard à éclairer les obscurités qui couvrent maintenant ces questions, mais pour aujourd'hui je ne puis que me borner à indiquer la direction dans laquelle il me semble que la physiologie doit porter ses efforts pour arriver à son but. Quand on marche dans une voie encore ténébreuse, c'est déjà quelque chose que de savoir de quel côté diriger ses pas.

SECONDE PARTIE.

MARCHE DE LA PHYSIOLOGIE GÉNÉRALE, SON BUT, SES MOYENS DE DÉVELOPPEMENT EN FRANCE. — CONCLUSION.

L'empirisme peut servir à accumuler les faits, mais il ne saurait jamais édifier la science. L'expérimentateur qui ne sait point ce qu'il cherche ne comprend pas ce qu'il trouve [200]. La physiologie générale ne se constituera définitivement que lorsque sa direction sera déterminée d'une manière rationnelle par une conception claire du problème qu'elle se propose de résoudre. C'est pourquoi, après avoir examiné l'évolution des faits et résumé les découvertes et les travaux de la physiologie française pendant ce dernier quart de siècle, il importe d'indiquer aussi la marche de la science en signalant la tendance des idées et des théories dans l'investigation physiologique expérimentale.

Quelle est la place de la physiologie générale parmi les sciences biologiques? Quels sont son point de vue, son problème et son but? Telles sont les questions dont il faut demander la réponse aux progrès de la physiologie moderne. La science actuelle doit en effet nous donner des clartés qui conduiront les investigateurs futurs dans la meilleure voie, en perfectionnant et en augmentant les moyens de culture et de développement scientifiques. Faire comprendre les nécessités de l'avenir par les difficultés du passé me semble être le rôle naturel d'une revue rétrospective, surtout quand il s'agit d'une science nouvelle. Dans aucune branche des connaissances humaines, l'histoire ne doit être un objet de curiosité stérile; elle est partout un point d'appui pour marcher en avant et réaliser de nouveaux progrès.

Comme tous les êtres, les sciences ont leur évolution naturelle. D'abord réunies et indistinctes dans un même faisceau, elles s'écartent peu à peu et leurs problèmes se différencient à mesure que nos connaissances s'accroissent et se précisent. Aujourd'hui que la physiologie s'isole du tronc des sciences biologiques pour devenir indépendante, il faut, en la définissant, la séparer nettement des diverses sciences avec lesquelles elle a pu jusqu'alors être plus ou moins confondue.

Nous établirons tout d'abord que la physiologie n'est point une science naturelle, mais bien une science expérimentale [210]. Les sciences naturelles et les sciences expérimentales étudient les mêmes objets (corps bruts ou corps vivants); mais ces sciences se distinguent néanmoins radicalement, parce que leur point de vue et leur problème sont essentiellement différents. Toutes les sciences naturelles sont des sciences d'observation, c'est-à-dire des sciences *contemplatives* de la nature, qui ne peuvent aboutir qu'à la *prévision*. Toutes les sciences expérimentales sont des sciences explicatives, qui vont plus loin que les sciences d'observation qui leur servent de base, et arrivent à être des sciences d'action, c'est-à-dire des sciences *conquérantes* de la nature. Cette distinction fondamentale ressort de la définition même de l'*observation* et de l'*expérimentation*. L'observateur considère les phénomènes dans les conditions où la nature les lui offre; l'expérimentateur les fait apparaître dans des conditions dont il est le maître.

La physique et la chimie ont conquis la nature minérale, et chaque jour nous voyons cette brillante conquête s'étendre davantage. La physiologie doit conquérir la nature vivante; c'est là son rôle, ce sera là sa puissance.

Le point de vue de la physiologie générale est important à bien établir, si nous voulons tracer clairement sa marche scientifique et caractériser le but spécial qu'elle poursuit. Mais il nous faudrait encore, pour clore l'ère des controverses stériles, mettre notre opinion d'accord à la fois avec l'observation des faits et avec ce qu'il y a pu avoir de fondé dans les théories exclusives des animistes ou des vitalistes, des physico-chimistes ou des mécaniciens.

Les corps vivants sont des composés instables qui se désorganisent sans cesse sous les influences cosmiques qui les entourent; ils ne vivent qu'à cette condition, et la mort arrive par l'usure et la destruction de la substance organisée. Pour que la vie continue, il faut donc que la matière vivante qui forme les éléments histologiques se renouvelle constamment à mesure qu'elle se décompose. De sorte que l'on peut regarder la cause de la vie comme résidant véritablement dans la puissance d'organisation qui crée la machine vivante et répare ses pertes incessantes.

Les anciens physiologistes, animistes et vitalistes, avaient bien aperçu cette double face que présentent les phénomènes des êtres vivants [215]; c'est pourquoi ils admettaient que le principe intérieur de la vie (âme ou force vitale), qui était le principe créateur ou régénérateur, se trouvait toujours en lutte avec les forces physico-chimiques extérieures, qui constituaient les agents destructeurs de l'organisme. Bichat a résumé ces idées d'antagonisme vital dans sa définition de la vie : « La vie est l'ensemble des fonctions qui résistent à la mort. »

Mais si les influences physico-chimiques extérieures sont les causes de mort ou de désorganisation de la matière vivante, cela ne veut pas dire, comme l'ont cru les vitalistes, qu'il y ait incompatibilité entre les phénomènes de la vie et les phénomènes physico-chimiques; il y a au contraire harmonie parfaite et nécessaire, car les causes qui détruisent la matière organisée sont celles qui la font vivre, c'est-à-dire manifester ses propriétés. Cela ne prouve pas davantage qu'il y ait combat ou lutte entre deux principes opposés, l'un de vie, qui résiste, l'autre de mort, qui attaque et finit toujours par être victorieux. En un mot, il n'y a pas dans les corps vivants deux ordres de forces séparées et opposées par la nature de leurs phénomènes : les unes qui créent la matière organisée avec ses propriétés caractéristiques, les autres qui la détruisent en la faisant servir aux manifestations vitales. Il n'y a que des éléments histologiques qui fonctionnent évolutivement et tous suivant une même loi. En effet, les éléments ovariques et plasmatiques, qui créent les mécanismes vitaux, vivent comme les éléments musculaires et nerveux, qui les mettent en jeu. Les uns et les autres s'usent ou meurent en accomplissant leurs fonctions, qui donnent elles-mêmes les conditions d'une rénovation organique incessante.

De même, dans la physiologie d'une machine brute, les ouvriers se fatiguent et dépensent semblablement leurs forces, soit qu'ils travaillent à construire et à réparer les rouages de cette machine, soit qu'ils travaillent à les faire fonctionner et à les user.

La matière vivante des éléments organiques n'a par elle-même aucune spontanéité; elle ne réagit, comme la matière brute, que sous l'influence d'agents ou d'excitants qui lui sont extérieurs. Les excitants généraux, air, chaleur, lumière, électricité, etc. qui provoquent les manifestations des phénomènes physico-chimiques de la matière brute éveillent aussi d'une manière parallèle l'activité des phénomènes propres à la matière vivante. D'où il résulte que la physiologie doit, pour connaître la matière organisée, étudier les conditions physico-chimiques de son activité. J'ai beaucoup insisté sur ce point pour prouver que le physiologiste ne peut jamais agir sur les phénomènes vitaux que par l'intermédiaire de conditions physico-chimiques déterminées.

Nous savons d'après des considérations qui ont été développées précédemment que l'organisme vivant se construit et se développe suivant des lois organiques et organotrophiques qui lui sont propres; mais la question importante qu'il faut décider actuellement est celle de savoir si, une fois la machine vivante constituée, ses manifestations vitales, qui dérivent des propriétés de la matière organisée, ont des lois spéciales, ou si elles rentrent dans les mêmes lois que les manifestations des propriétés de la matière brute.

L'erreur des vitalistes a été de croire que les phénomènes des êtres vivants n'étaient point semblables et même étaient opposés, par leur nature et par les lois qui les régissent, à ceux qui se passent dans les corps bruts. Les physiologistes physico-chimistes ou méca-

niciens ont soutenu, au contraire, et ils ont, sous ce rapport, parfaitement raison, que les manifestations des organismes vivants n'ont
rien de spécial dans leur nature, et qu'elles rentrent toutes dans les
lois de la physico-chimie générale [211].

Lavoisier avait déjà établi par des faits très-positifs que des
phénomènes chimiques semblables se passent dans les corps vivants
et dans les corps minéraux; mais depuis on a considérablement
multiplié ces exemples, et chaque jour on en découvre de nouveaux.
On a prouvé aujourd'hui que des formations chimico-organiques
(celles de principes immédiats) qu'on aurait pu croire propres
aux êtres doués de la vie sont susceptibles d'êtres reproduites au
dehors d'eux dans les corps bruts ou inanimés. Il paraît même
évident que les progrès de la chimie organique devront amener
à imiter artificiellement tous les produits des organismes vivants.
D'où il faut conclure qu'il n'y a qu'une mécanique, qu'une physique,
qu'une chimie, qui comprennent dans leurs lois tous les phénomènes qui s'accomplissent autour de nous, soit dans les machines
vivantes, soit dans les machines brutes. Sous le rapport physico-mé-
canique, la vie n'est qu'une modalité des phénomènes généraux de
la nature; elle n'engendre rien, elle emprunte ses forces au monde
extérieur et ne fait qu'en varier les manifestations de mille et mille
manières. Ainsi serait justifiée cette idée ancienne que l'organisme
est un *microcosme* (petit monde) qui reflète en lui le *macrocosme*
(le grand monde, l'univers).

Mais il faut distinguer ici un point important. Car si les forces
que l'être vivant met en jeu dans ses manifestations vitales ne lui
appartiennent pas, et rentrent toutes dans les lois de la physico-
chimie générale, les instruments et les procédés à l'aide desquels
il les fait apparaître lui sont certainement spéciaux. En effet, l'organisme manifeste ses phénomènes physico-chimiques ou mécaniques
à l'aide des éléments histologiques cellulaires, épithéliaux, musculaires, nerveux, etc. Il emploie donc des procédés, c'est-à-dire des
outils organiques qui n'appartiennent qu'à lui. C'est pourquoi

le chimiste, qui peut refaire, dans son laboratoire, les produits de la nature vivante, ne saurait jamais imiter ses procédés, parce qu'il ne peut pas créer les instruments organiques élémentaires qui les exécutent. Cela revient à dire que tous les appareils des êtres organisés ont une morphologie qui leur est propre.

Je conclurai donc que, bien que les phénomènes organiques manifestés .par les éléments histologiques soient tous soumis aux *lois* de la physico-chimie générale, ils s'accomplissent cependant toujours à l'aide de *procédés vitaux* qui sont spéciaux à la matière organisée et diffèrent constamment sous ce rapport des procédés minéraux qui produisent les mêmes phénomènes dans les corps bruts. Je considère cette dernière proposition physiologique comme fondamentale [212]. L'erreur des physico-chimistes a été de ne pas faire cette distinction, et de croire qu'il fallait ramener les phénomènes des êtres vivants, non-seulement aux mêmes lois, mais encore aux mêmes procédés et aux mêmes formes que ceux qui appartiennent aux corps bruts.

Il est clair maintenant que l'objet spécial du physiologiste devra être d'étudier les procédés organiques qui sont inhérents à la matière organisée [213]. Or c'est la connaissance de la structure et des propriétés spéciales des appareils vitaux qui lui permettra d'en comprendre les mécanismes, puisque nous savons qu'au fond tout se réduit à des propriétés physiologiques d'éléments histologiques.

La physiologie générale est ainsi ramenée à être la science des éléments histologiques ou des radicaux de la vie [214]; ce qui veut dire, en d'autres termes, qu'elle constitue une science expérimentale qui étudie les propriétés de la matière organisée et explique les procédés ou les mécanismes des phénomènes vitaux, comme la physique et la chimie sont les sciences expérimentales qui étudient les propriétés de la matière brute et expliquent les procédés ou les mécanismes des phénomènes minéraux [215].

D'après ce qui précède, le point de vue particulier de la physiologie sera maintenant facile à dégager. La science physiologique ne doit en effet chercher ses bases spéciales ni dans l'hypothèse des vitalistes[216], ni dans les vues exclusives des physico-mécaniciens[217], mais seulement dans la structure organique des êtres vivants. C'est, ainsi que nous l'avons déjà dit, la connaissance seule des propriétés de la matière organisée et de la texture des organes et des appareils qui peut nous faire comprendre les mécanismes spéciaux aux fonctions des êtres vivants, comme la connaissance seule des propriétés de la matière inorganique nous rend compte des phénomènes propres aux corps bruts.

Mais l'anatomisme ou l'organicisme, pris dans ce sens restreint, serait tout à fait insuffisant à nous donner l'idée des phénomènes d'*organisation* qui sont propres aux êtres vivants. Nous ne devons pas oublier en effet que la destructibilité des propriétés de la matière organisée nécessitant son renouvellement incessant, il en résulte qu'il doit exister dans l'être organisé un mouvement organogénique ou organotrophique constant qui exprime lui-même la loi physiologique par excellence[218], c'est-à-dire la filiation et la succession évolutive des phénomènes vitaux.

En un mot c'est par les phénomènes de rénovation organique que les êtres vivants se distinguent essentiellement des corps bruts. C'est pourquoi on a admis que ces phénomènes s'accomplissent sous l'influence d'une force spéciale aux êtres vivants, qu'on a appelée *force vitale*. Nous devons à ce sujet donner quelques mots d'explication.

Sans doute on pourrait reconnaître dans les êtres vivants une faculté organogénique qu'on pourrait appeler la *vie*, en même temps qu'on observe en eux une dissolution ou une destruction qu'on pourrait appeler la *mort*[219]. Mais si nous donnions le nom de *force vitale* à la puissance d'organisation et de nutrition des corps vivants, ce serait seulement pour indiquer, par cette expression, qu'il existe chez eux des phénomènes d'organisation qui ne se rencontrent pas dans les corps bruts. Mais il ne faudrait pas, comme les vitalistes, croire qu'il s'agisse là d'une force dont l'essence merveilleuse et extraordinaire doive nous empêcher à jamais de saisir la nature des phénomènes de la vie. Car il n'y a en réalité pas plus de force vitale dans les êtres vivants qu'il n'y a de force minérale dans les corps bruts. Le mot *force* dans les sciences expérimentales n'est qu'une abstraction ou une forme de langage. On ne saisit pas les forces, on n'agit pas sur elles; il n'y a que des phénomènes que l'on puisse observer et que des conditions de phénomènes que l'on puisse atteindre.

Il faut donc être bien fixé d'avance sur la valeur purement idéale qu'il convient de donner aux mots *force vitale*, et rester convaincu qu'on doit seulement s'appliquer à étudier les phénomènes vitaux et à déterminer leurs conditions physico-chimiques d'existence et de développement. Mais encore conviendrait-il de substituer aux mots *force vitale*, qui ont un sens vague, les mots *phénomènes organotrophiques* ou *nutritifs*, qui ont un sens plus précis et désignent spécialement les phénomènes d'organisation, d'où dérivent toutes les manifestations vitales. Je veux dire, en un mot, qu'il ne faut jamais, en physiologie pas plus que dans les sciences des corps bruts, se payer avec des mots et chercher l'explication des choses dans les attributs hypothétiques des propriétés imaginaires d'une force occulte quelconque.

Les phénomènes d'organogenèse ou de création organique appartiennent en propre, il est vrai, aux êtres vivants; mais pour cela ils n'en sont ni plus ni moins mystérieux. Nous savons que ces phénomènes sont eux-mêmes saisissables comme tous les autres. Ils résident dans des éléments histologiques caractérisés; ils ont leurs conditions physico-chimiques d'existence bien déterminées. Seulement nous devons faire comprendre ici que ce sont ces phénomènes organogéniques et organotrophiques qu'il importe avant tout de connaître, parce qu'ils constituent le vrai principe de la vie. Ils deviennent les générateurs de tous les autres phénomènes organiques, et c'est de leur étude seule que nous pourrons déduire la connaissance des lois vitales proprement dites.

Quand le physiologiste connaîtra les conditions physico-chimiques

sous l'influence desquelles s'accomplit la loi vitale de création de
la matière organisée, il aura résolu le problème spécial de la physiologie, parce qu'il pourra prévoir, expliquer et modifier même
les phénomènes vitaux, qui ne sont eux-mêmes qu'un épanouissement ou un corollaire de cette loi organotrophique. La physiologie aura également atteint son but, qui est de conquérir la nature
vivante. Car nous avons vu que c'est uniquement par les phénomènes organotrophiques ou nutritifs que nous pouvons atteindre
l'organisation et la modifier [220].

En résumé, la physiologie doit arriver à expliquer et à régler
les phénomènes de la vie, en se fondant sur la connaissance des
propriétés des éléments histologiques; mais, à raison de la nature
périssable des êtres vivants, elle doit rattacher les modifications et
les manifestations de ces propriétés à la loi évolutive organotrophique ou créatrice de la matière organisée.

On voit donc que la physiologie a un problème qui lui est spécial, et qui n'appartient conséquemment à aucune autre science [221].

Maintenant, si la physiologie expérimentale se distingue des autres
sciences par son point de vue et par son but, comme nous croyons
l'avoir surabondamment démontré, elle doit constituer une science
autonome et indépendante [222], et nous sommes en droit de réclamer
pour elle des moyens propres de culture et de développement scientifiques. Par son importance la physiologie mérite encore qu'on lui
accorde intérêt et protection, car elle est certainement appelée à
devenir la science la plus utile à l'humanité, en servant de base
scientifique à l'agriculture, à l'hygiène et à la médecine, etc. [223]

La science physiologique est nécessairement une science très-
difficile et qui exige des moyens d'étude très-complexes. Elle se sert
non-seulement d'instruments semblables ou analogues à ceux du
physicien et du chimiste, mais elle a encore besoin d'appareils de
dissection et de vivisection, ainsi que de laboratoires appropriés
aux recherches sur les êtres vivants. La France a eu la gloire de
donner le jour aux hommes qui ont le plus puissamment contribué

à fonder la physiologie moderne et à la lancer dans la carrière brillante qu'elle parcourt aujourd'hui. Mais ce n'est pourtant pas chez nous que l'enseignement et la culture de la physiologie ont pris leur plus grand développement; les meilleures conditions de ses progrès se sont rencontrées ailleurs. Il existe à l'étranger, et depuis longtemps, de nombreux laboratoires spéciaux de physiologie, bien dotés et pourvus de tous les moyens d'étude qui leur sont nécessaires [224]. Les travaux s'y multiplient, et l'évolution scientifique y marche d'un pas rapide et sûr. Les idées ne suffisent pas, en effet, dans les sciences expérimentales, il leur faut encore, pour qu'elles avancent, des moyens de travail et de nombreux travailleurs. La culture physiologique a marché très-lentement chez nous, et ce n'est que depuis que les étrangers nous ont donné l'exemple qu'on commence à comprendre la nécessité de favoriser les études physiologiques. Mais, il ne faut pas s'y tromper, cette lenteur du développement de la physiologie en France a tenu à des obstacles accidentels; car nous avions pris l'initiative dans le mouvement scientifique de la physiologie moderne.

Le développement de la physiologie peut rencontrer deux genres d'obstacles, les uns scientifiques, les autres matériels. La science physiologique, à raison de sa complexité, a apparu longtemps comme un composé de faits et de notions empruntés aux naturalistes, aux anatomistes, aux physiciens et aux chimistes : c'est pourquoi on a pu croire que la physiologie n'avait pas d'existence scientifique propre, et qu'elle était à la fois une dépendance de l'anatomie humaine et comparée, et une branche de la physique et de la chimie générales [225]. D'après ces idées, qui ont régné et qui existent encore dans beaucoup d'esprits chez nous, on a démembré l'enseignement de la physiologie et l'on a nié son existence comme science indépendante. Aussi son nom n'est-il inscrit sur aucune des sections de l'Académie des sciences, et son enseignement a-t-il été amoindri et regardé comme une sorte de superfétation. Nous avons en effet de savants naturalistes qui sont convaincus que la physiologie n'est point une science distincte et qui pensent encore que les chaires spéciales de physiologie générale et comparée ne sont, dans l'enseignement de la biologie, que des accidents ou des exceptions destinés à disparaître. Cependant il est évident qu'aujourd'hui le temps est venu où il faudra considérer en France, ainsi que cela se fait ailleurs, la physiologie comme une science distincte, ayant son problème particulier, et devant avoir des moyens d'étude et d'enseignement spéciaux.

Les naturalistes ne doivent pas considérer la physiologie comme faisant partie de leur domaine[226]; ils ne sauraient la regarder comme constituant un démembrement ou une dépendance de la zoologie et de la phytologie, sous prétexte que la zoologie embrasse toute l'histoire des animaux, et que la phytologie ou botanique comprend toute l'histoire des végétaux. Car, sous ce rapport, on pourrait dire, avec autant de raison, que la chimie est un démembrement de la minéralogie, parce que la minéralogie comprend toute l'histoire des minéraux.

Les sciences ne se constituent point seulement suivant les circonscriptions plus ou moins naturelles des objets que l'on étudie, mais aussi selon les idées qui président à leur étude. Quand les sciences ne se séparent pas par leur objet, elles se distinguent par leur point de vue ou par leur problème[227].

Toutes les études que l'on fait sur les êtres vivants ont finalement pour but la connaissance des phénomènes vitaux. Les sciences naturelles biologiques servent de base à la physiologie, mais la physiologie est la science biologique la plus élevée, parce qu'elle est plus près du but. C'est elle qui marche en avant, à la recherche du grand problème que l'homme poursuit : l'explication des phénomènes de la vie. Par sa position même, la physiologie, la dernière venue, est la science la plus jeune et la plus difficile, qui réclame le plus de soins et demande le plus d'encouragements. C'est donc pour elle qu'il faut créer et multiplier les moyens d'enseignement et de développement, tandis que les sciences naturelles biologiques constituées n'en ont plus besoin au même degré. J'espère qu'on ne se méprendra pas sur ma pensée : je ne veux point dire que les sciences naturelles biologiques ne doivent pas être protégées; il faut, au contraire, qu'elles le soient toujours; car les sciences, quoique constituées, ne sont jamais finies. Tous les progrès que la zoologie et la botanique pourront encore faire, en étudiant la structure anatomique des êtres vivants et en découvrant d'autres formes de mécanismes vitaux dans des êtres d'espèces nouvelles, profiteront toujours directement à la physiologie. Ce que je veux défendre ici, ce sont donc seulement les intérêts scientifiques de la physiologie naissante. En biologie, cette science expérimentale a les mêmes droits à l'indépendance scientifique que la physique et la chimie dans l'ordre des sciences des corps bruts. Il importe donc de faire valoir ses droits, afin qu'elle ne soit pas opprimée ni involontairement méconnue.

Les sciences biologiques naturelles, les aînées nécessaires des sciences expérimentales, représentent un problème qui ne suffit pas à l'humanité et qui ne saurait être le terme ultime de la science des corps vivants. La contemplation des lois naturelles et l'admiration des manifestations vitales qui l'entourent ne sauraient suffire à l'homme; il sent que sa mission est l'action et la domination; il veut expliquer les phénomènes de la vie, agir sur eux et les soumettre à sa volonté. Les sciences naturelles ne lui fournissent pour cela que des données vagues ou purement empiriques; les sciences expérimentales seules peuvent le conduire à une puissance réelle, c'est-à-dire à une action vraiment scientifique.

C'est là toute l'idée moderne dans les sciences : conquérir la nature, lui arracher ses secrets, s'en servir au profit de l'humanité [228]. La physique et la chimie ont assuré à l'homme sa domination sur la nature brute. La physiologie la lui donnera sur la nature vivante. Aujourd'hui la biologie expérimentale marche partout très-activement dans cette voie [229]; il est de l'honneur de la France de ne pas rester en arrière dans un semblable mouvement.

Les obstacles matériels que la physiologie expérimentale a rencontrés en France sont une conséquence nécessaire de la faible importance scientifique qu'on lui avait accordée. Il était tout naturel de négliger une science que l'on méconnaissait ou que l'on contestait[230], et de ne lui donner que la plus petite place dans l'enseignement. Aussi la carrière de la physiologie expérimentale, déshéritée, n'était point suivie, ou bien ceux qui l'avaient embrassée, bientôt découragés par toutes sortes de difficultés, la désertaient. On pourrait fournir des preuves nombreuses à l'appui de ce que j'avance. Il me suffira d'en citer un grand exemple. Il y a quarante ans environ, un jeune physiologiste arrivait à Paris. Malgré sa grande jeunesse, il était déjà connu par des découvertes et des recherches de physiologie expérimentale de premier ordre. Tout lui présageait le plus brillant avenir dans cette direction nouvelle de la physiologie expérimentale, telle que l'avaient conçue Lavoisier et Laplace. Mais en considérant l'état de l'enseignement de la physiologie relativement à celui des autres sciences, et en voyant la carrière ingrate et sans issue dans laquelle il allait s'engager, M. Dumas se fit chimiste. Tel fut le seul motif de sa détermination. M. Dumas me l'a raconté lui-même bien souvent, quand, causant ensemble de la science physiologique, qu'il avait illustrée de si bonne heure et qu'il a toujours beaucoup aimée, je lui demandais pourquoi il lui avait préféré la chimie.

Les sciences expérimentales ne peuvent se développer dans un pays que proportionnellement aux encouragements qu'on leur donne et aux moyens de travail qu'elles possèdent. Chez nous, les sciences naturelles, géologie, zoologie, botanique etc., ont leurs musées et leurs collections. Ce sont les moyens d'étude et de démonstration qui leur sont nécessaires[231]. Les sciences expérimentales des corps bruts, la physique et la chimie, ont depuis longtemps leurs cabinets et leurs laboratoires; mais la science expérimentale des corps vivants, c'est-à-dire la physiologie, n'a point encore ses laboratoires nécessaires, et elle en est en France à attendre son installation définitive et régulière, tandis qu'à l'étranger elle est complétement organisée.

La physiologie expérimentale, n'ayant pas eu chez nous de refuges officiels, s'est développée, en quelque sorte, sur la voie publique, au milieu des difficultés, des plaintes et des antipathies bien naturelles au public contre les vivisections. On ne saurait imaginer les luttes que Magendie a dû soutenir pour installer un coin de laboratoire d'expérimentation au Collége de France [232]. Il y a vingt-cinq ans, lorsque j'entrai dans la carrière de la physiologie expérimentale, je me trouvai dans des circonstances où j'eus moi-même, comme d'autres, à subir toutes les entraves qui étaient réservées aux expérimentateurs. Il fallait être soutenu alors par une vraie passion pour la physiologie et avoir une patience et un courage souvent très-grands pour ne pas se laisser rebuter. Dès qu'un physiologiste expérimentateur était découvert, il était dénoncé, voué à l'abomination des voisins et livré aux poursuites des commissaires de police. Au début de mes études expérimentales, j'ai éprouvé bien des fois des ennuis de cette nature; mais je dois dire qu'il m'arriva cependant, par le fait du hasard, d'être protégé précisément par un commissaire de police. Cela m'advint par suite d'une circonstance assez singulière, que je vais raconter pour donner une idée des difficultés physiologiques du temps. C'était vers 1844 : j'étudiais les propriétés digestives du suc gastrique, à l'aide du procédé découvert par M. Blondlot (de Nancy), qui consiste à recueillir du suc gastrique au moyen d'une canule ou d'une sorte de robinet d'argent adapté à l'estomac des chiens vivants, sans que leur santé en souffre d'ailleurs le moins du monde. Alors un célèbre chirurgien de Berlin, Dieffenbach, vint à Paris; il entendit parler de mes expériences par mon ami, M. Pelouze, que la science vient de perdre, et il désira voir faire l'opération de l'application de la canule stomacale. Ayant été prévenu de ce désir, je m'empressai de le satisfaire, et je fis l'expérience sur un chien, dans le laboratoire de chimie que M. Pelouze avait alors rue Dauphine. Après l'opération, on renferma

l'animal dans la cour, afin de le revoir plus tard. Mais, le lendemain,
le chien s'était sauvé malgré la surveillance, emportant au ventre
la canule accusatrice d'un physiologiste. Quelques jours après, de
grand matin, étant encore au lit, je reçus la visite d'un homme qui
venait me dire que le commissaire de police du quartier de l'École-
de-Médecine avait à me parler, et que j'eusse à passer chez lui.
Je me rendis dans la journée chez le commissaire de police de la rue
du Jardinet. Je trouvai un petit vieillard d'un aspect très-respec-
table, qui me reçut d'abord assez froidement et sans me rien dire;
puis, me faisant passer dans une pièce à côté, il me montra, à mon
grand étonnement, le chien que j'avais opéré dans le laboratoire de
M. Pelouze, et me demanda si je le reconnaissais pour lui avoir mis
l'instrument qu'il avait dans le ventre. Je répondis affirmativement, en ajoutant que j'étais très-content de retrouver ma canule,
que je croyais perdue. Mon aveu, loin de satisfaire le commissaire,
provoqua probablement sa colère, car il m'adressa une admones-
tation d'une sévérité exagérée, accompagnée de menaces, pour avoir
eu l'audace de lui prendre son chien pour l'expérimenter. J'expliquai
au commissaire que ce n'était pas moi qui étais venu prendre son
chien, mais que je l'avais acheté à des individus qui les vendaient
aux physiologistes, et qui se disaient employés par la police pour
ramasser les chiens errants. J'ajoutai que je regrettais d'avoir été la
cause involontaire de la peine que produisait chez lui la mésaven-
ture de son chien; mais que l'animal n'en mourrait pas; qu'il n'y
avait qu'une chose à faire, c'était de me laisser reprendre ma
canule d'argent, et qu'il garderait son chien. Ces dernières paroles
firent changer le commissaire de langage; elles calmèrent surtout
complétement sa femme et sa fille. J'enlevai mon instrument, et je
promis en partant de revenir. Je retournai, en effet, plusieurs fois
rue du Jardinet. Le chien fut parfaitement guéri au bout de quelques
jours; j'étais devenu l'ami du commissaire, et je croyais pouvoir
compter désormais sur sa protection. C'est pourquoi je vins bientôt
installer mon laboratoire dans sa circonscription, et, pendant plu-

sieurs années, je pus continuer mes cours privés de physiologie expérimentale dans le quartier, ayant toujours l'avertissement et la protection du commissaire pour m'éviter de trop grands désagréments, jusqu'à l'époque où enfin je fus nommé suppléant de Magendie, au Collége de France.

Telle était alors la triste destinée des débutants en physiologie expérimentale, lorsque, par des circonstances spéciales, ils n'avaient pu trouver à être cachés ou tolérés dans quelques établissements publics. J'en ai connu qui, malgré leur goût pour les études physiologiques, ont reculé devant de tels obstacles, et d'autres qui, malgré leur passion pour la physiologie, ont été vaincus dans la lutte et ont été obligés de changer de direction ou de quitter la France [233]. Aujourd'hui les conditions sont meilleures sans doute; la physiologie n'est plus à l'index; on commence à comprendre son importance, on veut la protéger et lui donner les moyens de développement dont elle manque.

Mais on ne pourra arriver à protéger efficacement la physiologie qu'en facilitant l'accès de la carrière physiologique aux jeunes gens qui veulent l'embrasser. Ce n'est que par le rajeunissement incessant que la science, comme l'économie vivante, peut se nourrir et se développer. La jeunesse possède une force vive et une ardeur qu'il faut se garder de décourager par des difficultés trop grandes, et ne pas laisser s'user dans des travaux inutiles, ou s'égarer dans des luttes stériles. Il faut l'employer tout de suite au profit de la science, mais en la soutenant et la dirigeant dans la bonne voie.

La science expérimentale physiologique ne peut donc prospérer et grandir en France que si l'on augmente et si l'on étend son enseignement, en même temps que, par la création de laboratoires convenablement montés, on formera un grand nombre de physiologistes, qui multiplieront la production des travaux scientifiques. Déjà on a créé, dans ces dernières années, une chaire de physiologie expérimentale végétale (physique végétale) au Muséum d'histoire naturelle, et une chaire de physiologie générale à la faculté des sciences. Mais les moyens de travail et d'étude ont complétement fait défaut à cette dernière [234]. Ce qui importerait donc avant tout, ce serait la création de laboratoires où les maîtres auraient les ressources nécessaires pour faire avancer la science physiologique et où les élèves trouveraient les moyens de l'apprendre et de la cultiver [235]. Dans les cours, on peut divulguer la science et en donner le goût; mais s'il est indispensable qu'il y ait des cours pour initier les étudiants aux connaissances scientifiques acquises, ce n'est, pour les sciences expérimentales, que dans le laboratoire qu'on apprend à découvrir et à élaborer les vérités scientifiques. En un mot, si la chaire est le lieu où se dispense la science faite, le laboratoire est le champ où elle pousse et se développe.

L'expérimentation physiologique est nécessairement complexe comme les phénomènes qu'elle analyse. Elle expérimente sur des êtres vivants, étudie, au moyen de la vivisection, les fonctions des appareils organiques ainsi que les propriétés des tissus vivants, et poursuit, à l'aide de l'analyse chimique, les phénomènes qui se passent dans l'organisme; enfin elle traduit les manifestations de la vie en se servant d'instruments physiques qui doivent avoir souvent une grande précision pour mesurer l'intensité et décrire la forme de phénomènes physiologiques très-délicats. C'est pourquoi un laboratoire de physiologie générale exigera toujours un matériel compliqué et plusieurs sortes d'aides [236]. Il faut que les uns soient habitués à opérer sur les êtres vivants, et soient profondément versés dans les études anatomiques et histologiques, qui sont la base essentielle de la physiologie; tandis que les autres, plus habiles dans les manipulations chimiques délicates, seront capables de les appliquer avec sûreté comme des instruments indispensables aux recherches de la physiologie expérimentale.

Si je désire si ardemment que la physiologie soit pourvue en France des moyens de travail qu'elle possède ailleurs, c'est que je me suis trouvé à même de comprendre parfaitement que, sans ces moyens, les savants sont arrêtés dans leur évolution et ne produisent qu'une faible partie de ce qu'ils auraient pu donner à la science. Durant ma carrière scientifique expérimentale, j'ai moi-même, comme d'autres, éprouvé bien souvent des pertes de temps immenses ou ressenti les impossibilités qui résultent de l'isolement scientifique et du manque d'aides. J'ai connu la douleur du savant qui, faute de moyens matériels, ne peut entreprendre ou réaliser les expériences qu'il conçoit, et est obligé de renoncer à certaines recherches ou de livrer sa découverte à l'état d'ébauche [237]. Ce que je voudrais donc par-dessus tout, c'est que les efforts accomplis par les anciens physiologistes aient aplani les difficultés pour les nouvelles générations.

Nous avons vu que la physiologie française a marché en avant par l'initiation aux idées et aux découvertes. Elle a fait des travaux nombreux et importants, et il est étonnant même qu'elle ait pu faire autant avec si peu de moyens. Mais, ainsi que je l'ai déjà dit, ce n'est pas dans notre pays que le développement de la science physiologique est aujourd'hui le plus actif; d'autres pays l'ont de beaucoup dépassé.

La conclusion toute naturelle à laquelle nous arrivons est donc qu'il faut protéger la physiologie française et lui fournir les moyens de développement qui lui font défaut. J'ai la confiance que cela ne peut manquer d'arriver bientôt. En signalant les principaux besoins de l'enseignement qui m'est confié, j'ai cru répondre à la pensée du Ministre et remplir mon devoir envers la science.

Pour donner dans ce rapport une vue d'ensemble de la physiologie générale, j'ai nécessairement mis à contribution tous les travaux et toutes les découvertes modernes. Mais la nature de mon sujet, qui devait être restreint, m'a obligé à ne mettre en relief que des noms et des travaux de savants français; j'avais seulement à indiquer la part que la France a prise au progrès général. Il serait donc bien loin de mon esprit d'avoir voulu établir une rivalité scientifique mesquine et jalouse entre les divers pays. La science, en effet, ne connaît pas de frontières, et les savants de toutes les nations ne forment qu'une vaste famille qui travaille au profit de l'humanité. Cependant il est éminemment utile de comparer le développement scientifique chez les différents peuples. Dans une juste appréciation des progrès comparatifs des sciences, on peut puiser le sentiment d'une noble émulation et trouver les motifs d'un perfectionnement scientifique réciproque. On peut voir, par exemple, que si l'Allemagne tient la plus large place dans les publications de la science physiologique contemporaine, cela vient de ce que les moyens de culture de la physiologie expérimentale y sont considérables et bien institués [238]. Il en est résulté que nulle part ailleurs il ne s'est formé autant de physiologistes éminents, et que nulle part ailleurs les élèves ne trouvent autant de moyens d'étude en même temps qu'une bonne direction scientifique.

C'est donc là un enseignement dont les autres pays peuvent profiter.

En résumé, pour avancer dans la physiologie comme dans les autres sciences expérimentales, il faut deux choses : le génie, qui ne se donne pas ; les moyens de travail, dont on peut disposer. La physiologie française ne réclame que ce qu'il est facile de lui donner ; le génie physiologique ne lui a jamais manqué.

NOTES ET DOCUMENTS A CONSULTER.

N° 1.

AVANT-PROPOS.

J'ai pensé que, dans l'état actuel de la physiologie générale, un simple exposé chronologique, ou par ordre de matières, des travaux exécutés en France dans cette science depuis vingt-cinq ans serait nécessairement monotone et confus, à cause de l'impossibilité de fondre tous les matériaux et de les classer dans un ordre méthodique. J'ai adopté un autre plan qui m'a semblé plus utile aux intérêts de la physiologie générale et plus conforme au but que je devais me proposer dans ce rapport. J'ai essayé de donner une sorte de programme ou de *conspectus* de la science physiologique dans son ensemble, en indiquant sa marche et ses tendances telles que je les conçois. Pour ne pas trop entraver l'exposition du sujet, j'ai dû souvent me borner au simple énoncé de propositions qui auraient demandé de longs développements ou nécessité des démonstrations particulières. C'est pourquoi j'ai ajouté des notes explicatives. Je les ai accompagnées d'une foule de réflexions, souvent très-diverses, qui se sont présentées à mon esprit, afin de donner une idée de la multiplicité des questions qui se rattachent à l'étude des problèmes physiologiques.

Je n'ai pu naturellement introduire dans mon cadre que les travaux qui se rapportent aux questions que j'examine. Toutefois je n'ai pas la prétention, même à ce point de vue, d'être complet. Cela m'eût été impossible dans les conditions difficiles où j'ai fait ce rapport, et nul plus que moi ne ressentira les lacunes et les imperfections de mon travail. Mon seul but a été de signaler les idées directrices de la physiologie générale et d'indiquer les besoins matériels de cette science. Ce n'est point une œuvre d'érudition que j'ai voulu faire. Aussi n'ai-je recouru aux citations et aux renvois aux mémoires originaux que lorsque cela m'a été possible ou lorsqu'il y avait quelque question de priorité à fixer.

Pour ne pas encourir le reproche d'avoir été injuste, il est important de signaler encore une nécessité inhérente au sujet que j'ai traité. La physiologie générale dérive naturellement des physiologies spéciales. Elle est le terme, en quelque sorte, de l'analyse physiologique expérimentale poussée aussi loin que possible. Pour retracer complétement le développement de la physiologie générale, j'aurais donc dû faire l'histoire entière de la physiologie humaine et de la physiologie zoologique ou comparée; mais ç'aurait été me créer inutilement de grandes difficultés et sortir du cadre qui m'était imposé. N'ayant en vue que la marche et les progrès de la physiologie générale dans ces derniers temps, j'ai dû me borner à exposer les points de physiologie analytique expérimentale qui peuvent concourir directement ou indirectement à la solution des questions actuelles de physiologie générale. Je n'ai donc pas eu à rechercher l'influence qu'ont exercée sur son avancement les divers traités généraux ou spéciaux parus en France depuis vingt-cinq ans, et qui sont, par ordre de date, ceux de MM. Bérard, Longet, Béclard, Robin et Béraud, Colin, etc. La dernière et la plus complète de ces publications générales est celle des *Leçons de physiologie comparée,* par M. Milne-Edwards, qui constituent un répertoire précieux dans lequel on trouve le bilan de toutes nos connaissances physiologiques actuelles.

N° 2.

Lavoisier est né en 1743 et mort en 1794.
Laplace est né en 1749 et mort en 1827.
Bichat est né en 1771 et mort en 1802.

N° 3.

Lavoisier, *Expériences sur la respiration des animaux et sur le changement qui arrive à l'air en passant par les poumons;* Mémoire lu à l'Académie des sciences le 3 mai 1777. (*Mémoires de l'Académie des sciences,* année 1777, p. 185. — *OEuvres de Lavoisier,* Imprimerie impériale, t. II, p. 174: 1862.)

N° 4.

Lavoisier et de Laplace. *Mémoire sur la chaleur.* (*Mémoires de l'Académie des sciences,* année 1780, p. 355. — *OEuvres de Lavoisier,* Imprimerie impériale, t. II, p. 318; 1862.)

N° 5.

Bichat, *Anatomie générale*, t. I, p. 35, an x (1805).

N° 6.

Avant Magendie et au temps de Lavoisier, il existait des physiologistes français expérimentateurs : Petit de Namur, Housset, Le Gallois, Bichat lui-même, etc. Mais c'est réellement à Magendie qu'il faut attribuer l'influence décisive pour l'introduction de l'expérimentation dans la physiologie moderne.

Magendie est né en 1783 et mort en 1855.

N° 7.

Au point de vue physiologique, Bichat avait conservé beaucoup d'idées de l'animisme et du vitalisme. Il avait localisé les propriétés vitales dans les tissus, mais il ne s'explique pas clairement sur la nature de ces propriétés. Il est difficile de penser qu'il les considère comme des propriétés physico-chimiques spéciales aux tissus et à la matière organisée. Car il admet, avec Stahl et les vitalistes, qu'il y a opposition entre les phénomènes physico-chimiques et les propriétés vitales.

N° 8.

Voyez la note n° 16.

N° 9.

C'est dans ces conditions difficiles que Magendie fit la plus grande partie des travaux qui fondèrent sa réputation.

N° 10.

C'est seulement en 1830 que Magendie fut nommé professeur de médecine au Collège de France. Il y établit le laboratoire de physiologie expérimentale qui existe encore aujourd'hui.

N° 11.

On ne saurait toutefois établir de loi absolue à cet égard, car les classifications zoologiques sont loin de représenter toujours le degré d'organisation histologique des êtres. Parmi les invertébrés, il en est tels que les insectes par exemple, qui ont des éléments musculaires très-distincts et très-parfaits, et d'autres, tels que les mollusques, chez lesquels l'élément musculaire est relativement très-inférieur, etc.

N° 12.

Ch. Bell est né en 1774 et mort en 1842.

N° 13.

L'enseignement anatomique de Ch. Bell succéda à la fameuse école d'anatomie fondée à Londres par les *Hunters* et illustrée dans la suite par les travaux de Baillie et de Cruiskshanks.

N° 14.

Les idées de Ch. Bell ne sont pas douteuses quand on lit avec attention tout l'ensemble de son mémoire *An idea of a new anatomy of the brain*. Mais elles sont noyées dans des considérations philosophiques si obscures ou si diffuses qu'il est difficile de trouver des endroits où ses opinions soient résumées succinctement. Je citerai en les traduisant les deux passages suivants comme étant des plus explicites :

« Le cerveau, dit Ch. Bell, est le grand organe par lequel l'intelligence est unie au corps. C'est par là qu'entrent tous les nerfs des organes extérieurs des sens (Ch. Bell comprend dans ces nerfs les nerfs de sensibilité générale, ainsi qu'il l'explique ailleurs). Tous les nerfs qui sont des agents de la volonté en sortent.

« Quant aux nerfs postérieurs qui viennent du cervelet, ils n'ont plus de rapport avec l'intelligence; ils agissent sur les actions matérielles du corps et régissent l'opération des viscères nécessaire à la durée de la vie.

N° 15.

Magendie, *Expériences sur les fonctions des nerfs rachidiens*. (*Journal de physiologie* de Magendie, 1822, t. II, p. 276 et 366.)

N° 16.

Pendant sa vie, Magendie n'apporta aucun soin à défendre sa découverte contre les attaques auxquelles elle fut en butte; il les dédaignait ou les ignorait même le plus souvent. Les partisans de Ch. Bell, au contraire, ne négligeaient aucune occasion de faire valoir leurs prétentions; ils s'autorisaient même du silence de Magendie et s'en faisaient un argument. Néanmoins, dans deux circonstances particulières, Magendie fut amené à faire valoir ses droits à la découverte des fonctions des nerfs rachidiens.

En 1822, aussitôt après la publication de ses premières expériences, Magendie reçut une réclamation de Schaw, qui était l'élève et le parent de Ch. Bell. Schaw écrivit à Magendie que Ch. Bell avait fait la section des racines spinales treize ans auparavant, et qu'il avait vu que la section des racines postérieures n'empêche pas le mouvement de continuer. Schaw ajoutait que Ch. Bell avait consigné ce résultat dans une petite brochure imprimée seulement pour ses amis. mais non pour la publication. Magendie demanda au docteur Schaw de lui faire parvenir la brochure de Ch. Bell, afin qu'il lui rendît la justice qui lui serait due. Schaw envoya la brochure qui a pour titre : *Idea of a new anatomy of the brain submitted for the observations of his friends, by Ch. Bell. E. A. S. E.,* et il indiqua à la page 22 le passage sur lequel Ch. Bell fondait ses droits à la découverte des fonctions des racines des nerfs rachidiens. Magendie transcrivit dans son *Journal de physiologie* (t. II, p. 370) ce passage tout entier. Je le reproduis textuellement comme devant être naturellement le plus important en faveur de Ch. Bell, puisqu'il a été indiqué par Schaw, son élève et son parent.

Next, considering that the spinal nerves have a double root, and being of opinion that the properties of the nerves are derived from their connexions with the parts of the brain, I thought that I had an opportunity of putting my opinion to the test of experiment and of proving at the same time that nerves of different endowments were in the same cord and held together by the same sheath.

On laying bare the roots of the spinal nerves I found that I could cut across the posterior fasciculus of nerves, which took its origin from the posterior portion of the spinal marrow, without convulsing the muscles of the back; but that on touching the anterior fasciculus with the point of the knife, the muscles of the back were immediately convulsed.

Magendie fait remarquer d'abord que ni lui ni personne en France ne pouvait connaître la brochure de Ch. Bell, puisqu'elle n'avait point été publiée. Il s'empressa de reconnaître que Ch. Bell avait eu avant lui l'idée de couper les racines des nerfs spinaux. Il ajoute même que Ch. Bell a été très-près de découvrir les fonctions des racines spinales, qui cependant lui avaient échappé; c'est à les avoir établies expérimentalement et d'une manière positive que Magendie borne ses prétentions. (Voyez *Journal* de Magendie, t. II, 1822, p. 369.)

Mais il ne faut pas oublier que, si Ch. Bell a eu le premier l'idée d'employer un procédé expérimental qui pouvait lui permettre de découvrir les fonctions des racines spinales, son esprit était resté bien éloigné de la connaissance réelle de ces fonctions. Nous savons que, s'il a pu avoir la pensée que les racines antérieures étaient pour le mouvement, il était bien loin de croire que les racines postérieures pouvaient être destinées à la sensibilité.

La seconde circonstance dans laquelle Magendie fit valoir ses droits à la découverte des nerfs rachidiens se présenta vingt-cinq ans plus tard. En 1847, M. Flourens lut à l'Académie des sciences une note touchant les *effets de l'inhalation de l'éther sur la moelle allongée*. Dans ce travail M. Flourens attribue à Ch. Bell l'honneur d'avoir localisé le mouvement et le sentiment dans les faisceaux et les racines antérieures et postérieures de la moelle. Magendie réclama, et demanda à M. Flourens d'indiquer sur quelles raisons il se fondait pour attribuer cette découverte à Ch. Bell. M. Flourens s'appuya sur le passage tiré du mémoire de 1811, et c'est en effet le seul passage qu'on a toujours opposé à Magendie. Nous savons maintenant que penser de sa valeur.

Depuis la mort de Magendie, ayant eu l'intention de reprendre la question et d'examiner de près les pièces du débat, il me parut d'abord nécessaire de me procurer le mémoire original de Ch. Bell de 1811. Cela me semblait en effet important, parce que dans le passage indiqué par Schaw à l'attention de Magendie, il ne s'agit que d'un résultat vague et sans indication de l'animal sur lequel il a été obtenu; tandis que, dans des reproductions ultérieures de cet écrit de 1811, il est question d'un lapin récemment mort, même d'un lapin vivant, sur lequel l'expérience aurait été pratiquée. Tous mes efforts furent inutiles pour me procurer le mémoire original de Ch. Bell de 1811. Mais il y a cinq ou six ans, ayant réussi par un de mes amis à en obtenir à Londres une copie exacte, j'ai pu constater que, dans ce mémoire imprimé en 1811, il n'est réellement question d'aucun lapin, ni récemment mort ni vivant. Ces détails d'expériences ont donc été ajoutés ultérieurement dans les écrits de Ch. Bell qui ont paru après la découverte de Magendie.

D'après une lecture superficielle des écrits de Ch. Bell et de Magendie. on aurait pu croire être juste en tranchant la question par le partage de la découverte entre Ch. Bell et Magendie. Magendie lui-même pouvait l'admettre jusqu'à un certain point parce que, bien qu'il eût conscience de ne rien avoir emprunté à Ch. Bell, il avait reconnu cependant qu'il avait ouvert le canal vertébral et coupé des racines rachidiennes avant lui. Mais s'autoriser de cela pour attribuer toute la découverte des fonctions des racines rachidiennes à Ch. Bell, c'est le comble de l'injustice, car la justice sévère, fondée sur l'examen impartial et sérieux des faits, exige au contraire que l'honneur de la démonstration des fonctions des nerfs rachidiens revienne tout entier à Magendie.

Aujourd'hui des expériences multipliées et variées de toutes les manières sont venues établir cette vérité physiologique indestructible, que *les racines antérieures des nerfs rachidiens sont destinées exclusivement aux fonctions motrices, tandis que les racines postérieures sont exclusivement dévolues à la sensibilité.* Si, dans son premier mémoire, mais surtout dans ceux qui le suivirent, Magendie ne fut pas complètement affirmatif, et s'il crut parfois qu'il pouvait exister un peu de faculté motrice dans les racines postérieures et une faible action sensitive dans les racines antérieures. cela tient à ce que les racines rachidiennes, quand elles communiquent encore avec la moelle, exercent l'une sur l'autre des réactions qui alors n'étaient pas connues et n'avaient pas été analysées. La racine postérieure donne lieu par son influence sur l'antérieure à des mouvements réflexes; l'antérieure, en réagissant sur la postérieure, produit les phénomènes de *sensibilité récurrente.* Aujourd'hui tous ces phénomènes secondaires sont parfaitement élucidés, et c'est Magendie lui-même qui plus tard. en 1839, découvrit cette singulière propriété de sensibilité récurrente qui se transmet des racines postérieures aux antérieures. Les réserves précédentes avaient donc leurs motifs, et elles n'étaient que l'expression fidèle des faits d'expériences. Or Magendie gardait pour les faits un respect absolu parce qu'il n'avait dans l'esprit aucune idée préconçue qui le portât à désirer voir les choses d'une façon plutôt que d'une autre. C'est pour ne pas avoir compris l'empirisme scientifique de l'esprit de Magendie que des physiologistes l'ont critiqué très-injustement, et lui ont reproché d'avoir tergiversé dans ses opinions sur les fonctions des nerfs.

La science a besoin pour s'édifier de posséder d'abord des faits bien observés, puis le raisonnement vient pour les relier et en déduire les lois. En se reportant à un autre temps et en se plaçant au point de vue de la marche de la science. on pourrait soutenir sans doute que l'empirisme expérimental de Magendie était trop exclusif. Mais il avait alors, comme on le voit, son utilité contre les dangereuses et funestes tendances d'une physiologie fondée sur des systématisations anatomiques. Ch. Bell est surtout un grand anatomiste; il a fait faire des progrès importants à l'anatomie du système nerveux. et il a eu le mérite d'attirer l'attention sur la diversité de ses fonctions. Il a eu avant tout autre l'idée et il a tenté d'expérimenter sur les racines rachidiennes. Mais, au fond. Ch. Bell n'est pas un véritable expérimentateur. Il est de la race des physiologistes anatomistes dont le règne doit disparaître de plus en plus parce qu'ils déduisent la phy-

siologie de considérations anatomiques bien plus qu'ils ne la fondent sur l'expérimentation. En physiologie, comme dans toutes les sciences expérimentales, l'expérience doit
être le critérium suprême, et s'il était nécessaire d'invoquer l'histoire de la découverte
des nerfs rachidiens pour le prouver, on pourrait dire que toutes les vues que Ch. Bell
a déduites de l'anatomie sur les fonctions cérébrales et cérébelleuses, sur les fonctions
des nerfs moteurs volontaires et respiratoires, ont disparu de la science comme autant
d'erreurs, tandis que tous les résultats des expériences empiriques de Magendie sont
restés debout comme les bases sur lesquelles se sont appuyés tous les progrès ultérieurs
de la physiologie expérimentale du système nerveux.

En résumé, la grande découverte des fonctions des nerfs rachidiens a été préparée
et poursuivie par Ch. Bell, mais elle lui a échappé; il a fait fausse route à travers ses
systèmes. Elle a été réalisée et établie par Magendie : elle appartient à la France.

Maintenant, que Ch. Bell ait revendiqué pour lui la découverte en voyant qu'il en
était allé si près; que l'on ait cherché à interpréter faussement ce qu'il avait dit des
fonctions distinctes des deux ordres de racines rachidiennes, et que les modifications
apportées dans des publications ultérieures aient rendu la vérité difficile à démêler;
enfin que la passion ait profité de ces obscurités, et qu'on ait été amené, par des senti-
ments étrangers à la science, à contester à Magendie, même en France, la découverte
qui lui appartient, toutes ces choses sont arrivées maintes fois dans des discussions
scientifiques de cette nature; mais avec le temps les passions s'apaisent, les obscurités
se dissipent et la justice se fait. Ce moment devait inévitablement venir pour Magendie.

M. Longet est le physiologiste qui a le plus insisté pour attribuer la découverte des
fonctions sensitives et motrices des racines spinales à Ch. Bell au détriment de Magendie.
Dans sa critique cet auteur s'est évidemment trompé par deux raisons : d'abord parce
qu'il a mal interprété les expériences et les idées de Ch. Bell antérieures à 1822, et,
ensuite, parce qu'il n'a pas compris l'esprit expérimental empirique de Magendie, ce
qui l'amena à lui reprocher de prétendues contradictions qui ne sont que l'expression
des faits eux-mêmes.

Relativement à Ch. Bell, M. Longet invoque, comme toujours, le fameux mémoire de
1811, et il le cite aux pages 27 et 28 du premier volume de son *Anatomie et physiologie
du système nerveux*, Paris, 1842. En lisant cette citation on voit d'abord que M. Longet
n'a pas eu entre les mains le vrai mémoire de 1811, mais une reproduction publiée en
1839. En effet, dans le mémoire de 1811, il n'est pas question d'animal vivant, ainsi
que je l'ai déjà dit. Du reste nous rétorquerons les prétentions de M. Longet en faveur
de Ch. Bell par le même argument que nous avons déjà donné, savoir que, si Ch. Bell
a vu que l'attouchement des racines antérieures faisait convulser les muscles, il ne faut
pas croire qu'il en concluait que les racines postérieures fussent pour la sensibilité.
Nous savons que Ch. Bell était dans des idées tout autres. Ch. Bell n'a donc jamais dit
ni pu dire que la racine antérieure était pour le mouvement et la postérieure pour le
sentiment. Mais c'est M. Longet qui le lui fait dire en ajoutant cette interprétation
entre deux parenthèses dans sa citation. En outre M. Longet raisonne ailleurs comme

si Ch. Bell avait agi sur les racines antérieures et postérieures séparées de la moelle épinière, ce qui n'a jamais eu lieu.

Quant au second reproche que j'adresse à M. Longet de ne pas avoir compris l'empirisme expérimental de Magendie, c'est un reproche général qui peut s'appliquer à toutes les critiques souvent ardentes que M. Longet a faites des travaux de Magendie. (Voir ce que j'ai écrit à ce sujet, *Introduction à l'étude de la médecine expérimentale*, p. 305 et suiv.)

N° 17.

M. Vulpian a parfaitement développé les arguments qui prouvent que la découverte des fonctions des nerfs rachidiens appartient à Magendie. J'ai lu ce qu'il a écrit à ce sujet avec une grande satisfaction dans l'intérêt de la vérité et pour la gloire de la physiologie française [1].

N° 18.

On doit citer principalement, à l'étranger, les travaux de J. Müller, Stilling, Valentin, Van Deen, etc. En France, M. Longet est le physiologiste qui a le plus fait à cette époque pour la généralisation de la théorie des nerfs moteurs et sensitifs. Par beaucoup de recherches expérimentales qui lui sont propres, il s'est d'abord appliqué à bien établir les origines anatomiques et à mieux caractériser les propriétés physiologiques des nerfs moteurs et sensitifs. Dans un ouvrage en deux volumes publié en 1842 sous ce titre, *Anatomie et physiologie du système nerveux de l'homme et des animaux vertébrés*, il a résumé toutes les connaissances que l'on avait antérieurement sur l'anatomie et la physiologie des nerfs, et les a systématisées d'après le fait fondamental de la distinction des nerfs en sensitifs et moteurs. M. Longet, en vulgarisant des expériences nombreuses sur le système nerveux restées jusqu'alors isolées et sans lien, a contribué aux progrès ultérieurs de la physiologie du système nerveux.

N° 19.

Longet, *Recherches expérimentales sur les conditions nécessaires à l'entretien et à la manifestation de l'irritabilité musculaire*, 1841.

N° 20.

Les travaux de Kühne en Allemagne ont été la base et le point de départ des recherches nouvelles qu'on a faites, dans ces derniers temps, sur la terminaison des nerfs dans les muscles. Le mode de terminaison des nerfs moteurs par une plaque ou une intumescence nerveuse a été constaté dans les muscles d'animaux vertébrés et invertébrés, mais il n'a pas encore été vérifié pour tous les muscles; ainsi on n'a pas encore déterminé la manière dont se terminent les nerfs moteurs dans les fibres musculaires du cœur ni dans celles des muscles lisses de l'intestin, etc.

---

[1] Voir, pour les développements, *Leçons sur la physiologie générale et comparée du système nerveux*, faites au Muséum d'histoire naturelle par M. Vulpian, rédigées par Ernest Brémond, 1866, p. 108-128.

N° 21.

Ch. Robin, *Recherches sur les deux ordres de tubes nerveux élémentaires et les deux ordres de globules ganglionnaires qui leur correspondent.* (*Comptes rendus de l'Académie des sciences,* 21 juin 1847, p. 1079.) Presque à la même époque R. Wagner fit la même découverte en Allemagne.

N° 22.

A. Vulpian, *Sur la racine postérieure ou ganglionnaire du nerf hypoglosse.* (*Journal de physiologie,* etc. par Brown-Sequard, t. V, janvier 1862.)

M. Vulpian a confirmé dans ce travail l'opinion, déjà émise par Kölliker et par d'autres, que le ganglion intervertébral chez les mammifères constituerait une sorte de centre qui, par les cellules unipolaires qu'il contient, donnerait naissance à des fibres nerveuses se dirigeant surtout vers la périphérie. Ce qui expliquerait pourquoi la racine postérieure est souvent plus grosse après son ganglion qu'entre celui-ci et la moelle. Il y aurait en outre dans le ganglion intervertébral des fibres nerveuses qui ne feraient que le traverser, sans contracter de rapport direct avec les cellules nerveuses. Ces fibres auraient donc seulement une extrémité périphérique dans une cellule cutanée ou autre et une extrémité centrale dans la cellule médullaire.

Chez la grenouille j'ai constaté à l'œil nu, sur la paire brachiale prise en dehors du canal vertébral, qu'il y a dans la racine postérieure au niveau du ganglion intervertébral deux portions distinctes, l'une qui est composée de fibres nerveuses qui sont étrangères au ganglion, l'autre qui est composée de fibres qui entrent dans la masse ganglionnaire. Avec une aiguille à cataracte, j'ai divisé les fibres qui vont dans le ganglion en ménageant aussi complétement que possible le faisceau des fibres qui passent en dehors. Après cette opération j'ai vu que l'animal avait conservé la sensibilité; mais les mouvements, et particulièrement les mouvements réflexes, m'ont paru altérés. (Voyez *Comptes rendus de la Société de biologie,* t. IV, 1ᵉ série, p. 151; 1852.)

Chez les mammifères le mélange des deux racines des nerfs rachidiens se fait en général après le ganglion intervertébral qui se rencontre sur le trajet de la racine postérieure, et il en résulte ordinairement une intrication telle qu'on ne peut plus distinguer dans le nerf mixte les fibres motrices des fibres sensitives. M. A. Moreau (*Recherches anatomiques et physiologiques sur la séparation des nerfs de sentiment et de mouvement dans la classe des vertébrés; Société philomathique,* séance du 11 février 1860) a trouvé que, chez certains poissons, il est possible de suivre jusqu'à leur terminaison les nerfs moteurs et sensitifs rachidiens qui restent dans tout leur trajet simplement accolés l'un à l'autre.

N° 23.

C'est à propos de mes études sur le curare que j'ai été amené à penser que l'on pouvait se servir des poisons pour distinguer les propriétés des éléments histologiques et analyser les phénomènes vitaux élémentaires. Sans doute la recherche de la localisation de l'action des poisons n'est point une chose nouvelle, puisqu'on a toujours recherché dans les empoisonnements quels sont les organes qui sont atteints par le poison. Fontana, bien qu'il se soit complétement trompé dans l'explication des effets du curare, a voulu, dans le siècle dernier, localiser l'action de ce poison, qu'il appelle *ticunas*. Magendie, ainsi que nous l'avons vu, a depuis longtemps employé la noix vomique pour distinguer si les racines rachidiennes antérieures étaient motrices. Mais je crois avoir dit le premier que les vrais poisons agissent toujours sur des éléments histologiques et qu'ils peuvent, par conséquent, constituer les instruments d'une nouvelle méthode d'analyse physiologique de ces éléments. J'aurai d'ailleurs l'occasion de développer plus loin cette idée en fournissant de nouveaux exemples de son application. En France, quelques physiologistes, mais surtout M. Vulpian, ont suivi cette méthode analytique expérimentale dans l'étude de divers poisons. (Voyez Vulpian, *Recherches toxico-physiologiques. Mémoires de la Société de biologie*, t. 1, 3ᵉ série, p. 123; 1859.)

J'ai aussi montré qu'on peut employer en physiologie le curare en petite dose comme moyen contentif sinon comme agent anesthésique. Cette méthode a été également suivie par beaucoup de physiologistes expérimentateurs.

Mes premières expériences sur le curare remontent à 1844. J'ai pendant longtemps démontré mes expériences dans mes cours particuliers avant de les publier. Les principales publications que j'ai données sur ce sujet sont :

1° *Recherches sur le curare*, en commun avec M. Pelouze, 14 octobre 1850 (*Comptes rendus de l'Académie des sciences*);

2° *Leçons sur les substances toxiques et médicamenteuses*, cours fait au Collége de France en 1856 ;

3° *Leçons faites au Collége de France en 1865 ;* publiées dans la *Revue des cours publics*.

N° 24.

J'ai publié les expériences qui démontrent que le curare sépare les propriétés physiologiques de l'élément nerveux moteur de la contractilité du muscle longtemps avant celles qui établissent que ce poison sépare aussi les propriétés des éléments nerveux sensitifs et moteurs. C'est en 1855 que j'ai fait ces dernières expériences, et je les ai d'abord communiquées verbalement et montrées à la Société de biologie. Dans une communication que M. Vulpian fit à cette Société pendant le mois d'avril 1856, il rappelle mes expériences, qui étaient nécessairement antérieures. «D'après les expériences de M. Bernard, dit-il, à qui l'on doit d'ailleurs la connaissance du premier fait (la conservation de l'irritabilité musculaire), la sensibilité est conservée dans l'empoisonnement par le curare; mais cette sensibilité est muette, elle a perdu tous ses moyens d'expression, qui sont les nerfs moteurs.» En 1856 j'ai repris et publié ces expériences dans mon *Cours au Collége de France*. Dans le même temps, M. Kölliker, qui avait entrepris des recherches sur le curare, arriva, de son côté, au même résultat que moi. Rien n'est d'ailleurs moins surprenant que de découvrir les mêmes faits en étudiant le même sujet. (Voyez mes *Leçons sur les effets des substances toxiques et médicamenteuses*, p. 461.)

N° 25.

On peut démontrer par l'expérience suivante que le curare respecte l'élément nerveux sensitif chez les mammifères comme chez les batraciens :

Sur un chien on met à nu la moelle épinière dans la région lombaire, ainsi que les racines des nerfs qui se rendent aux membres postérieurs; puis, sur l'un des membres, on fait la ligature de l'artère très-haut, pour suspendre la circulation aussi complétement que possible. Aussitôt on injecte dans la veine jugulaire une solution de curare et l'animal est comme foudroyé parce qu'il se trouve ainsi empoisonné subitement. Tous les nerfs moteurs sont devenus inexcitables excepté ceux du membre dont l'artère a été liée. C'est ce dont on peut s'assurer en excitant directement les racines antérieures qui se rendent à ce membre : on y détermine des convulsions; tandis qu'en agissant sur les racines antérieures du membre opposé on n'en détermine pas. Mais on peut prouver encore que, dans cette expérience, les nerfs sensitifs ont conservé leur propriété. En effet, si l'on pince une racine postérieure quelconque d'un côté ou de l'autre, on détermine toujours par action réflexe des mouvements dans le membre anémié seulement, tandis qu'on n'en obtient point dans l'autre, qui a reçu le sang empoisonné par le curare. Je cite ici cette expérience inédite, parce que M. Vulpian avait cru pouvoir admettre que, chez les animaux supérieurs, on n'obtient pas avec le curare la même distinction des nerfs que chez les animaux à sang froid. (Voyez Vulpian, *Sur la durée de la persistance des propriétés des muscles, des nerfs et de la moelle épinière après l'interruption du cours du sang dans ces organes. Gazette hebdomadaire de médecine*, 1861, t. VIII, n° 21, p. 350.) C'est là une opinion que beaucoup de considérations théoriques de physiologie générale auraient dû faire repousser; mais l'expérience vient encore la contredire directement.

N° 26.

J'ai constaté que le curare n'agissait pas sur les phénomènes de l'intelligence chez les animaux. Dans un travail intéressant sur les effets du curare, MM. Liouville et Voisin, ont constaté que chez l'homme le curare ne produit pas non plus de troubles intellectuels. (Voyez Aug. Voisin et H. Liouville, *Études sur le curare*, etc. Paris, 1866.)

N° 27.

J'avais été conduit à examiner les propriétés toxiques du sulfocyanure de potassium, parce qu'on avait eu à tort la pensée que ce sel devait être très-vénéneux par le cyanogène qu'il contient. L'action que j'ai constatée sur les muscles n'est sans doute pas spéciale aux sulfocyanures. Le sulfocyanure de potassium agit probablement sur le tissu musculaire comme les sels de potasse. J'ai reconnu en effet depuis que les sels de potasse, injectés dans le sang en certaine quantité, produisent la mort en amenant une rigidité cadavérique prompte et un arrêt subit du cœur, avant la cessation des mouvements respiratoires. C'est pourquoi, après la mort, on trouve le sang rouge dans les cavités gauches du cœur et noir dans les cavités droites. Les sels de soude ne produisent pas le même effet, non plus que les sels de rubidium, malgré leur grande analogie chimique avec le potassium, ainsi que l'a démontré M. Grandeau. (Voyez *Journal de l'anatomie et de la physiologie*, etc. par M. Ch. Robin, juillet 1864 : *Expériences sur l'action physiologique des sels de potassium, de sodium et de rubidium*, par M. L. Grandeau.)

Le bromure de potassium agit cependant d'une autre manière. Il produit des effets anesthésiques singuliers, spécialement sur les membranes muqueuses, telles que celle du voile du palais et de l'arrière-gorge, etc. Cette propriété a permis d'employer le bromure de potassium comme un anesthésique spécial du voile du palais, du col de la vessie. (Voyez Ch. Huette, *Recherches sur les propriétés physiologiques et thérapeutiques du bromure de potassium. Mémoires de la Société de biologie*, t. II, 1ᵉ série, p. 19; 1850.) Le bromure de potassium paraît atteindre spécialement les phénomènes réflexes et les faire disparaître avant de détruire les mouvements volontaires ou directs. C'est sans doute à cause de cela que cette substance a pu être employée utilement dans l'épilepsie. Il faut, pour que le médicament agisse, le donner jusqu'à la dose où il amène la disparition de la sensibilité réflexe du voile du palais au vomissement. Mais lorsque cette sensation réflexe du voile du palais n'existe plus, la sensation directe ou tactile y existe encore. Il en est de même pour les sensations réflexes lacrymales de l'œil ou sternutatoires du nez ; le bromure de potassium peut les éteindre sans abolir la sensation directe. En un mot les phénomènes de sensibilité directe et réflexe peuvent être séparés physiologiquement, et le bromure de potassium est une substance qui peut servir à faire l'analyse de ces propriétés vitales. La question serait maintenant de rechercher si le bromure de potassium porte son action intime sur les nerfs de sensibilité, de mouvement, ou sur les ganglions qui sont les centres des actions motrices réflexes. Il se pourrait que le bromure de potassium, contrairement au curare, agît spécialement sur le système nerveux grand sympathique, puisqu'il anéantit les mouvements réflexes avant les mouvements volontaires.

L'upas antiar, la digitaline, le venin de crapaud, etc. sont comptés au nombre des poisons du cœur ou des poisons musculaires ; mais il en existe encore beaucoup d'autres. J'ai reçu de diverses personnes des substances toxiques et des flèches empoisonnées qui sont des poisons musculaires très-violents ; toutefois je n'en ai pas encore suffisamment analysé les effets pour pouvoir bien en spécifier l'action. Du reste les poisons musculaires sont ceux dont le mécanisme toxique est le moins connu. J'ai signalé aussi la nicotine comme portant son influence sur le système musculaire (Voyez *Comptes rendus de la Société de biologie*, t. II, 1ᵉ série, p. 195; 1850.) Mais ces expériences, comme toutes celles qui ont été instituées sur les poisons musculaires ont besoin d'être revues et analysées de plus près.

N° 28.

Ainsi que Magendie et beaucoup d'autres expérimentateurs, M. Brown-Sequard, a montré que la strychnine ne peut agir qu'autant qu'elle est portée sur la moelle, tandis qu'elle circule en contact avec la périphérie des nerfs sensitifs sans produire de convulsions, bien que des mouvements réflexes existent très-marqués dans les membres.

Voyez Brown-Sequard, *Recherches sur le mode d'action de la strychnine. Comptes rendus de la Société de biologie*, t. I, p. 119; 1849.)

J'ai prouvé par une expérience nette et décisive que la strychnine n'agit pas sur l'extrémité périphérique des nerfs, comme le curare. On coupe comparativement sur deux grenouilles le nerf sciatique, en ayant soin de ne pas léser les vaisseaux, et on empoisonne ensuite les deux animaux par une forte dose de curare et de strychnine. On constate après la mort que le nerf sciatique coupé a seul conservé ses propriétés chez la grenouille strychnisée; l'inverse est arrivé chez la grenouille curarée; son nerf sciatique coupé a non-seulement perdu ses propriétés motrices, mais il les a perdues plus rapidement que les nerfs attenant à la moelle.

La strychnine empoisonne d'une façon inverse du curare. Le curare tue le nerf moteur en engourdissant et en déprimant ses propriétés. La strychnine, au contraire, empoisonne le nerf sensitif en excitant ses propriétés et en les exagérant, de sorte qu'elle amène la mort de l'élément sensitif par l'épuisement qui résulte de son excès d'activité. Or, comme par la relation naturelle des éléments, l'élément nerveux sensitif réagit sur le nerf moteur et celui-ci sur le muscle, il s'ensuit que l'irritation du nerf sensitif excite le nerf moteur qui agit à son tour sur le muscle. C'est pourquoi la strychnine finit par épuiser à des degrés divers, suivant la dose du poison, les trois éléments, mais en détruisant d'abord les propriétés de l'élément sensitif, puis celles de l'élément nerveux moteur, et enfin celles du muscle.

Quand la dose du poison est très-forte, ces trois éléments arrivent à être complétement anéantis, et même dans certaines conditions leur mort survient sans convulsions. Avec une dose intermédiaire de strychnine il peut se faire que l'élément musculaire soit le seul qui persiste encore à manifester son action sous l'influence du galvanisme. C'est alors qu'on a pu confondre comme l'ont fait MM. Buisson et Martin Magron[1] et même M. Vulpian[2], l'empoisonnement par la strychnine avec l'empoisonnement par le curare, et soutenir, très à tort, que ces deux substances ont de l'analogie ou même de la ressemblance dans leur manière d'agir. Il n'en est pourtant absolument rien et l'on pourrait même ajouter que ce sont deux poisons tout à fait opposés. Le curare agit sur l'extrémité périphérique de l'élément nerveux, peut-être sur la plaque nerveuse motrice. La strychnine agit sur l'extrémité centrale du nerf sensitif, peut-être sur sa cellule terminale dans la moelle, qui serait sous ce rapport et jusqu'à un certain point l'analogue de la plaque nerveuse du nerf moteur.

La ligature des vaisseaux d'un membre préservera donc les nerfs moteurs de l'action du curare, tandis qu'elle n'empêchera pas dans ce membre les effets de la strychnine, qui se traduisent par des convulsions. Quand on lie sur une grenouille les vaisseaux des membres postérieurs et qu'on empoisonne le corps de la grenouille

[1] Voyez *Comptes rendus des séances et Mémoires de la Société de biologie*, t. V, 4ᵉ série, p. 125; t. I, 3ᵉ série, p. 147. — *Journal de physiologie* de M. Brown-Sequard, t. II, 1859; t. III, 1860.

[2] Vulpian, *Sur la durée de la persistance des propriétés des muscles, des nerfs et de la moelle épinière après l'interruption du cours du sang dans ces organes*. (*Gazette hebdomadaire de médecine et de chirurgie*, 1861, t. VIII, nᵒ 24, p. 350.)

en plaçant la strychnine sous la peau du dos ou dans la bouche, les membres postérieurs entrent, comme les antérieurs, en convulsion strychnique. En effet la strychnine
ayant pu être portée sur l'extrémité médullaire des nerfs sensitifs des membres postérieurs produit les convulsions par réaction de la cellule nerveuse sensitive de la racine
postérieure sur la cellule nerveuse motrice de la racine antérieure, ainsi que cela a lieu
du reste dans les mouvements réflexes normaux. Mais si, dans l'expérience précédente
instituée d'une manière exactement semblable, on substitue le curare à la strychnine,
on verra, ainsi que nous l'avons déjà dit, que c'est tout différent : les membres antérieurs ressentent l'effet du poison, tandis que les postérieurs en sont complétement
préservés. Cette seule expérience comparative faite dans des circonstances identiques
suffirait pour différencier l'action des deux poisons. C'est une méthode expérimentale
fausse que celle qui consisterait à prendre isolément, et dans des conditions diverses,
des caractères de similitude ou de dissemblance pour rapprocher ou séparer l'action de
deux ordres de poisons. Il faut toujours considérer l'action des poisons dans des circonstances identiques et exactement comparables, et, n'y eût-il qu'un cas dans lequel on
verrait les deux agents toxiques produire des phénomènes différents, cela suffirait pour
autoriser d'une manière absolue à les séparer.

N° 29.

En introduisant du curare sous la peau d'un membre d'une grenouille dont les vaisseaux ont été liés pour empêcher la généralisation de l'empoisonnement, on voit bientôt
que les nerfs moteurs de ce membre sont paralysés par l'action locale du curare, tandis
qu'en expérimentant de même avec de la strychnine on n'obtient aucun effet toxique.
Mais si, sur une autre grenouille, après avoir arrêté la circulation dans la portion lombaire de la moelle, pour empêcher également la généralisation de l'empoisonnement,
on vient à porter de la strychnine sur la moelle elle-même, c'est-à-dire sur l'origine
centrale des nerfs sensitifs des membres postérieurs, on voit bientôt l'empoisonnement
strychnique se manifester dans ces membres, tandis que le curare dans les mêmes conditions ne produit sur eux aucun effet toxique.

N° 30.

Pour bien voir la mort successive des nerfs et des muscles, il convient de faire l'observation sur un animal à sang froid (grenouille), parce que l'extinction des propriétés
des tissus et des éléments étant beaucoup plus lente que chez les animaux à sang chaud,
on peut en suivre plus facilement les diverses phases. Mais au fond les choses ne diffèrent pas chez les animaux à sang froid et chez les animaux à sang chaud. Si l'on excise,
par exemple, le cœur à une grenouille, afin de déterminer la mort par hémorragie,
on voit, au bout d'un certain temps, la grenouille perdre ses mouvements volontaires
comme un mammifère. Pendant l'été la sensibilité et les mouvements volontaires de
la grenouille peuvent durer deux ou trois heures, mais quelquefois moins si la grenouille
est préalablement affaiblie.

Pour bien se rendre compte des phénomènes de la mort comparative des nerfs sensitifs et moteurs, il faut faire l'expérience suivante : sur un animal anémié on pratique la ligature d'un nerf sciatique par exemple, puis on excite le nerf au-dessus et au-dessous du point lié, et l'on observe d'abord que les deux parties du nerf sont excitables. Par l'excitation au-dessous de la ligature on a des mouvements directs, qui proviennent de l'excitation de l'élément moteur. Par l'excitation au-dessus de la ligature, on a des mouvements réflexes qui proviennent de l'excitation du nerf sensitif. Le nerf moteur survit au nerf sensitif, mais on voit parfois le nerf sensitif mourir si rapidement qu'il perd, pour ainsi dire, ses propriétés en bloc et dans toute son étendue à la fois. Il se comporte peut-être ainsi parce qu'il cesse subitement d'agir sur les nerfs moteurs qui sont décrochés de la moelle.

N° 31.

Anémie périphérique. Interprétation de la paralysie qui survient et des phénomènes de la mort dans les deux ordres de nerfs.

Quand, sur un animal élevé (mammifère), on fait la ligature de l'aorte, l'animal est paralysé et perd presque instantanément tout mouvement volontaire des membres postérieurs. Cette paralysie tient à ce que, par l'absence du contact du sang à sa périphérie, le nerf moteur meurt et cesse de pouvoir obéir à la volonté de l'animal. L'animal est paralysé et tombe, non parce que le nerf moteur est incapable par son extrémité périphérique de déterminer la contraction des muscles, mais parce que ce même nerf moteur ne peut plus recevoir, par son extrémité centrale, l'influence motrice volontaire de la moelle épinière. En effet, j'ai vu que, dès que le sang, par ses qualités physico-chimiques, cesse d'exciter et de vivifier le bout périphérique de l'élément nerveux moteur qui pénètre dans le muscle, le nerf commence à perdre successivement ses propriétés conductrices de la motricité, mais en débutant toujours par la mort de son extrémité médullaire ou centrale. Cela est d'autant plus remarquable que cette extrémité centrale continue à être en contact avec le sang et que l'anémie n'atteint que l'extrémité nerveuse périphérique. Une fois que l'élément nerveux s'est ainsi décroché de la moelle épinière par son extrémité centrale, il meurt ensuite du centre à la périphérie, c'est-à-dire de son extrémité *passive* vers son extrémité *active*, qui persiste la dernière. Cette mort successive du nerf n'est toutefois pas régulière. J'ai vu qu'elle se fait en quelque sorte en deux temps : d'abord dans la moelle et dans la racine antérieure jusqu'au niveau du ganglion intervertébral, puis, une fois que la mort de l'élément moteur arrive dans le nerf mixte, elle marche avec une très-grande rapidité et souvent presque instantanée d'un bout à l'autre du nerf. Quand le nerf mixte est préalablement divisé, les choses semblent se passer autrement, et il est plus facile de suivre la mort du nerf moteur du centre à la périphérie.

Les faits qui précèdent se démontrent expérimentalement de la manière la plus claire. Au moment où, après l'interruption de la circulation dans les membres postérieurs, l'animal mammifère (chien) tombe paralysé du mouvement volontaire, on peut très-facilement constater, en découvrant le nerf sciatique, qu'il fait parfaitement encore contracter les muscles ; mais, si préalablement on a ouvert le canal vertébral, on trouvera qu'à ce moment déjà les racines antérieures ne peuvent plus réagir par actions réflexes. soit sous l'influence de l'excitation directe de la moelle, soit sous l'influence de l'excitation directe des racines postérieures correspondantes. Ensuite on verra l'excitation des racines antérieures immédiatement à leur sortie de la moelle ne plus déterminer de contractions musculaires, tandis que le même excitant, appliqué au nerf sciatique, le fait encore très-bien réagir sur les muscles, qui se contractent. Enfin on peut encore constater que le nerf sciatique devient inexcitable dans son tronc avant ses derniers rameaux périphériques. Toutefois, ainsi que nous l'avons dit, dès que la mort s'est emparée du tronc du nerf, elle semble marcher avec une très-grande rapidité. Cela tiendrait-il à ce qu'alors les muscles, commençant à s'altérer, deviennent acides et de moins en moins excitables ?

J'ai encore démontré de la manière suivante que la mort du nerf moteur arrive toujours du centre à la périphérie, bien que l'anémie ne soit que périphérique et que la circulation continue à être normale dans la moelle épinière autour de l'extrémité centrale du nerf : sur un animal vivant (chien), j'ai disséqué deux muscles de la cuisse, en isolant avec soin les vaisseaux et les nerfs qui s'y rendent et en conservant aussi longs que possible les rameaux des nerfs que j'avais séparés du sciatique. Ayant ensuite constaté que les muscles et les nerfs étaient très-irritables, j'ai suspendu la circulation dans le muscle en comprimant l'artère musculaire avec une serre fine à mors plats. Au bout d'un certain temps, un peu variable suivant diverses circonstances, j'ai vu non-seulement que le nerf devenait inapte à déterminer des contractions dans le muscle, mais j'ai constaté que l'inexcitabilité de ce nerf ne se montrait pas dans toute sa longueur à la fois au même degré, mais qu'elle se propageait toujours de haut en bas, c'est-à-dire du centre à la périphérie. J'ai encore fait cette remarque importante que l'anémie périphérique épuise plus tard un nerf moteur intact, c'est-à-dire attenant à la moelle épinière. Mais, dans tous les cas, le nerf moteur meurt toujours de la périphérie au centre. Enfin, pour dernière épreuve, on peut constater, en rétablissant, dans un moment convenable, la circulation dans le muscle, que la propriété du nerf moteur réapparaît de la périphérie au centre.

Dans l'anémie périphérique la paralysie de la sensibilité arrive plus ou moins promptement, suivant que la suspension de la circulation est plus ou moins complète. (Vulpian, *Sur la durée de la persistance des propriétés*, etc. *Gazette hebdomadaire de médecine et de chirurgie*, 1861, t. VIII, n° 21, p. 350.) M. Flourens a imaginé pour supprimer la circulation un procédé très-ingénieux, qui consiste à injecter dans les artères une poudre inerte, telle que de la poudre de lycopode ou d'amidon en suspension dans l'eau. (Flourens, *Comptes rendus de l'Académie des sciences*, 1847, p. 905 et suivantes ; 1849, p. 37 et suivantes.)

M. Vulpian, en arrêtant la circulation par le procédé de M. Flourens, en injectant dans les artères des poudres inertes, a étudié d'une manière plus précise qu'on ne l'avait fait avant lui la disparition des propriétés des tissus après la soustraction du sang. Il a vu qu'après que la sensibilité s'est retirée de la peau elle persiste encore dans les troncs nerveux. Il a constaté, chez les mammifères, que le nerf sciatique était encore sensible trois heures après l'interruption de la circulation dans les membres postérieurs, et lorsqu'il y avait déjà un commencement de rigidité cadavérique. Ce qui démontre bien clairement que l'élément sensitif n'était pas encore mort, lorsque depuis longtemps l'élément nerveux moteur et l'élément musculaire avaient perdu définitivement leurs propriétés.

J'ai constaté les mêmes résultats chez les grenouilles. Après l'interruption de la circulation dans les membres postérieurs, la peau reste encore sensible quand l'animal est déjà paralysé des mouvements volontaires. Cette persistance de la sensibilité de la peau est plus durable pendant l'hiver que pendant l'été. M. Brown-Séquard[1] a trouvé également chez les mammifères que la sensibilité se conserve plus longtemps dans les parties qui sont soumises à une basse température. Chez les grenouilles, comme chez les mammifères, les troncs nerveux restent donc encore sensibles longtemps après que la peau ne l'est plus. J'ai vu bien souvent le nerf sciatique rester sensible dans un membre presque rigide. J'ai vu alors le galvanisme, appliqué à ce nerf, déterminer de la douleur, tandis que le même agent ne provoquait plus aucune contraction dans les muscles, soit directement, soit indirectement. C'est seulement quand les muscles rigides commencent à s'altérer qu'on voit le nerf sciatique devenir insensible.

Mais j'ai fait une expérience qui est importante pour l'explication des phénomènes qui nous occupent : si l'on intercepte la circulation dans la cuisse sur une grenouille par une ligature en masse qui ménage seulement les nerfs, on verra que les muscles et les nerfs perdront peu à peu leurs propriétés dans la partie anémiée, c'est-à-dire dans la partie située au-dessous de la ligature; mais on constatera en même temps que le tronc nerveux du nerf sciatique ne devient insensible que jusqu'au niveau de la ligature; il reste doué d'une très-vive sensibilité immédiatement au-dessus. Cette observation prouve bien que la mort du nerf sensitif après l'interruption de la circulation périphérique n'est pas une mort physiologique qui envahit le nerf d'un bout à l'autre, mais une mort accidentelle et locale, en quelque sorte, qui ne se montre que là où la circulation a été arrêtée et a amené l'altération des liquides ambiants.

N° 32.

Anémie périphérique comparée à l'action du curare dans la mort du nerf sensitif et dans la mort du nerf moteur.

Je dirai d'abord que l'expérience faite sur une grenouille empoisonnée par le curare, et chez laquelle on a réservé les deux membres postérieurs, est très-instructive. En effet, dans cette expérience, les membres postérieurs anémiés éprouvent les effets purs et simples de la suppression totale du sang; dans les membres antérieurs et dans le tronc l'action toxique du curare n'amène en réalité la suppression du sang que pour les nerfs moteurs, la circulation continuant normale pendant un certain temps, au moins pour les nerfs sensitifs et pour les muscles. Nous savons en effet que, dans cette expé-

[1] Voyez *Journal de la physiologie de l'homme et des animaux*, rédigé par M. Brown-Séquard, janvier 1861.

rience, la grenouille, paralysée du mouvement dans le tronc et dans les membres antérieurs, reste sensible dans les membres postérieurs réservés, ainsi que dans tout le reste
du corps, et qu'on produit des mouvements réflexes dans les membres postérieurs, soit en
les pinçant directement, soit en pinçant la peau du tronc ou celle des membres antérieurs.
Toutefois les nerfs sensitifs des membres postérieurs anémiés deviennent bientôt insensibles. Mais ce qu'il faut bien remarquer, c'est qu'ils deviennent insensibles avant ceux
du tronc et des membres antérieurs. Ce qui prouve que le sang curaré peut encore entretenir la vitalité des nerfs sensitifs, lorsqu'il détruit immédiatement celle des nerfs moteurs.

Quand l'élément nerveux moteur des membres postérieurs réservés commence à
mourir et se décroche de sa moelle, on n'a plus de mouvement réflexe (et le temps pendant lequel on obtient ces mouvements réflexes est précisément celui qui est nécessaire
pour amener le décrochement du nerf). L'élément musculaire meurt aussi et devient
rigide; mais dans le tronc et les membres antérieurs, où le sang empoisonné circule, les
muscles se conservent plus longtemps que dans les membres postérieurs anémiés, parce
que la circulation du sang curaré, continuant dans les premiers, nourrit encore les
muscles, qui ne deviennent acides que plus tard. Pendant l'hiver, l'animal revient parce
que le poison a le temps de s'éliminer avant l'acidification des muscles.

J'ai fait connaître mes expériences sur le mécanisme réel de la mort du nerf moteur
dans l'empoisonnement par le curare, dans mon cours du Collége de France en 1864-
1865. (Voyez *Revue des cours publics*, t. II, p. 383, 435 à 438.) Ces expériences
démontrent que le genre de mort du nerf par le poison curarique ne diffère pas de la
mort par anémie, et par conséquent elles seront de nature à éclairer le mode d'action
particulier du curare.

Autrefois j'avais dit, d'après mes premières expériences faites sur des grenouilles et
de petits mammifères, qu'à la suite de l'empoisonnement par le curare, le nerf moteur
ne réagissait plus sur les muscles, même sous l'influence des plus forts excitants. Divers
expérimentateurs trouvèrent que ma proposition n'était pas absolue. M. Vulpian remar-
qua que parfois, chez les chiens empoisonnés par le curare, les nerfs réagissaient encore
sur les muscles sous l'influence du galvanisme, et il en tira la conclusion paradoxale que
le curare agit autrement sur les batraciens et les mammifères. Ne pouvant pas admettre
cette conclusion, qui est en désaccord avec les principes de la physiologie générale,
puisqu'elle tendrait à faire admettre que les nerfs ne sont pas de même nature chez les
deux sortes d'animaux, je répétai les expériences et je vis que ces différences tenaient à
la dose du curare employée. Quand on fait absorber des doses très-fortes de curare, ou
quand on l'injecte directement dans le sang, l'empoisonnement du nerf est rapide et
complet; on ne détermine plus alors de contraction dans les muscles quand on excite
les troncs nerveux aussitôt après la mort de l'animal. Mais lorsqu'on donne de petites
quantités de curare ou qu'on expérimente sur de grands animaux avec des doses relativement plus faibles, l'empoisonnement du nerf n'est pas complet: le nerf est seulement décroché de la moelle, les mouvements volontaires seuls sont abolis, tandis que
l'excitation portée sur les troncs des nerfs peut encore faire contracter les muscles.

M. Vulpian, se fondant, pour combattre la spécialisation des nerfs de mouvement, sur des idées préconçues qu'il considère lui-même comme hypothétiques, est arrivé à émettre sur l'action du curare des opinions que je ne saurais partager, bien qu'elles reposent sur des faits généralement exacts, mais suivant moi faussement interprétés. Ainsi M. Vulpian croit que le curare ne paralyse pas plus le nerf moteur que le nerf sensitif. (Voyez *Leçons de physiologie générale et comparée du système nerveux faites au Muséum d'histoire naturelle*, 1866, p. 207 et suivantes.) Il pense que le poison agit sur les muscles ou sur quelque chose d'intermédiaire au muscle et au nerf moteur, et que c'est cette lésion périphérique qui intercepte l'action de la volonté de l'animal. Mais cela est en contradiction directe avec le fait observé par M. Vulpian lui-même sur le chien. En effet, sur un chien empoisonné par une faible dose de curare, on constate qu'au moment où l'animal tombe paralysé du mouvement volontaire, l'excitation des nerfs musculaires détermine de très-fortes convulsions dans les muscles. Cela prouve bien clairement que l'influence du nerf sur le muscle n'est ni interceptée ni affaiblie, et cependant l'animal est paralysé. Mais d'autres faits démontrent d'une manière péremptoire que cette paralysie ne saurait tenir à ce que le nerf moteur n'est plus capable de faire contracter le muscle, mais bien à ce que la moelle ne peut plus exciter le nerf moteur, ainsi que je l'ai démontré. C'est donc par une altération centrale et non périphérique du nerf moteur qu'il faut expliquer la paralysie du mouvement volontaire après l'empoisonnement par le curare ou après l'arrêt de la circulation.

Pour fixer dans l'esprit cette action toxique singulière qui ne peut atteindre le nerf de mouvement que par la périphérie, bien qu'il lui fasse perdre ses propriétés par le centre, c'est-à-dire par l'extrémité opposée à celle qui ressent l'action perturbatrice ou toxique, je donne dans mes cours l'image suivante : que l'on se représente hypothétiquement pour un instant le nerf moteur comme un tube plein d'un fluide nerveux qui ne peut s'écouler que par l'extrémité périphérique, et par suite de l'altération ou de la paralysie d'un orifice qui serait muni d'une soupape quelconque. Dans cette supposition, il faudra bien que l'agent capable de produire cet effet aille nécessairement toucher la périphérie du nerf pour déterminer l'écoulement du fluide nerveux; mais on comprend aussi que le tube nerveux deviendra d'abord vide, c'est-à-dire inerte à son extrémité opposée à celle par où l'écoulement nerveux a lieu.

N° 33.

Anémie centrale. Interprétation de la paralysie survenant dans les deux ordres de nerfs.

Nous allons voir que l'élément nerveux sensitif se comporte tout autrement que l'élément nerveux moteur, à la suite de la soustraction du sang à son extrémité centrale, c'est-à-dire dans la moelle épinière.

M. Flourens, interceptant la circulation dans le train postérieur chez les chiens, a vu qu'en injectant la poudre obstruante du côté du cœur jusqu'à une certaine hauteur dans l'aorte, on obtient, outre la paralysie immédiate du mouvement volontaire, une disparition subite de la sensibilité, non-seulement dans la peau, mais dans toute la longueur du nerf sciatique. De sorte que, dans ce cas, au lieu que ce soit (ainsi que cela s'observe dans l'anémie périphérique) la sensibilité qui survive à la motricité dans le nerf sciatique, c'est au contraire la motricité qui survit de beaucoup à la sensibilité. M. Vulpian, qui a répété ces expériences, a parfaitement vu et expliqué que ce dernier résultat tient à ce que le sang a été supprimé, non pas seulement dans les membres, mais en même temps dans la partie inférieure de la moelle elle-même. La suppression du sang dans la moelle enlève donc immédiatement les propriétés du nerf sensitif. On ne saurait en effet expliquer le fait de la disparition subite de la sensibilité dans les nerfs des membres autrement que par la cessation du contact du sang autour de l'extrémité centrale du nerf sensitif. Aussitôt que le sang ne stimule plus cette extrémité centrale, le nerf commence à perdre ses propriétés; il se décroche, se sépare de la moelle, et dès lors il ne peut plus lui apporter les excitations qu'il reçoit.

Quant à la moelle, ainsi que l'a constaté M. Vulpian, elle n'est nullement altérée dans sa texture; la circulation y est seulement suspendue. En découvrant sur des mammifères la moelle épinière lorsque la circulation vient d'y être arrêtée, M. Brown-Sequard et M. Vulpian ont constaté que la moelle était sensible, c'est-à-dire capable de transmettre les impressions douloureuses. Par conséquent, si l'irritation du nerf sensitif eût pu exciter la moelle épinière comme à l'ordinaire, celle-ci était en état de propager cette excitation au *sensorium commune*. La moelle anémiée ne perd pas non plus de suite ses propriétés motrices; elle se montre excitable pendant très-longtemps, c'est-à-dire qu'elle est encore capable, quand on l'excite, de déterminer des mouvements dans les muscles des membres postérieurs. Ce qui signifie clairement que, chez les mammifères, l'arrêt de la circulation du sang dans la moelle épinière n'a pas détruit l'activité de l'élément nerveux moteur, mais a seulement déterminé la mort presque instantanée de l'élément nerveux sensitif.

La mort du nerf sensitif par anémie centrale arrive lors même que la circulation périphérique continue; la même chose ne s'observe pas pour le nerf moteur.

Si, par une plaie faite sur les côtés de la colonne vertébrale chez une grenouille, on décolle avec soin, à l'aide d'un instrument fin, l'aorte de la colonne vertébrale, la circulation cesse bientôt après dans la partie lombaire de la moelle épinière, tandis que le sang continue à être porté dans les membres postérieurs, ce que l'on peut vérifier en constatant la continuation de la circulation dans l'artère de la cuisse ou dans la membrane interdigitaire. Après l'opération, l'animal conserve les mouvements volontaires et la sensibilité très-longtemps. Il ne perd la sensibilité de la peau et des troncs nerveux que très-tardivement, parce que sans doute on ne peut pas empêcher, d'une manière absolue, le sang d'arriver à la moelle, et que probablement aussi il y a une influence du cerveau sur la moelle et peut-être aussi du sang à la périphérie nerveuse. Cette persistance de la sensibilité et des mouvements volontaires dans les membres postérieurs est même un signe que la circulation continue à la périphérie : car, sans cela, le nerf moteur se décrocherait bien vite de la moelle. Mais, si l'on vient alors à couper la moelle derrière les bras, on voit la sensibilité disparaître très-rapidement dans les membres postérieurs, tandis que la motricité ainsi que la contractilité musculaire s'y conservent très-longtemps et quelquefois pendant plusieurs jours, si l'animal survit.

L'expérience précédente prouve bien nettement que la soustraction du sang dans la moelle n'a détruit physiologiquement que les propriétés du nerf sensitif, mais non celles du nerf moteur. Le nerf moteur, recevant toujours du sang par son extrémité périphérique, conserverait, en effet, ses propriétés indéfiniment, en quelque sorte, si la moelle ne s'altérait pas. Mais quand la moelle s'altère, le nerf moteur se détruit chimiquement par corruption ou stagnation des liquides, absolument comme cela a lieu pour l'extrémité périphérique du nerf sensitif quand on a supprimé la circulation dans la peau. Dès que la moelle commence à s'altérer, l'animal perd la faculté d'agir volontairement sur ses membres postérieurs, quoique ces nerfs, qui reçoivent toujours du sang par la périphérie, soient encore très-longtemps irritables, c'est-à-dire actifs, sur les muscles. J'ai encore répété la même expérience de la manière suivante : sur des grenouilles on coupe la moelle ainsi que la colonne vertébrale derrière les bras, puis on soulève la colonne vertébrale, en rompant avec précaution jusqu'au sacrum les rameaux aortiques qui vont à la moelle. Alors la moelle épinière est isolée de la circulation, mais gardée dans son étui rachidien, tandis que l'arrière-train de la grenouille communique encore avec le corps par les vaisseaux. On voit alors que la sensibilité dure peu dans le train postérieur, mais que la motricité des troncs nerveux ainsi que la contractilité musculaire y persistent très-longtemps.

N° 34.

Anémie complète périphérique et centrale. — Mort des deux ordres de nerfs.

Quand on injecte des poudres obstruantes dans l'aorte chez des animaux supérieurs (mammifères) de manière à interrompre la circulation à la fois dans la partie lombaire de la moelle et dans les membres, il y a suppression simultanée du sang à l'origine centrale et à l'extrémité périphérique des nerfs des membres postérieurs. Dans l'expérience ainsi pratiquée, il y a, ainsi que nous l'avons vu, paralysie subite de la sensibilité et du mouvement; mais le nerf moteur persiste plus longtemps que le nerf sensitif, et le muscle perd le dernier ses propriétés.

Sur les grenouilles, les phénomènes sont les mêmes que sur les mammifères, seulement ils surviennent plus lentement.

Je n'ai pas à m'arrêter plus longtemps sur les résultats de ces expériences, parce qu'ils se trouvent implicitement compris dans tous les développements que j'ai donnés dans les notes précédentes. J'ajouterai seulement que les idées et les considérations que j'ai développées au sujet de la mort des deux ordres de nerfs ainsi que beaucoup de faits nouveaux que j'ai signalés, sont extraits de recherches sur le système nerveux que je poursuis depuis plusieurs années et qui sont encore inédites. Il y a sans doute encore dans toutes ces questions des lacunes et des obscurités. Les caractères par lesquels nous pouvons distinguer actuellement les nerfs moteurs et sensitifs sont encore bien insuffisants. Je n'ai pas voulu cependant discuter des vues nouvelles que j'aurais pu émettre sur la distinction des nerfs. J'ai conservé autant que possible les idées courantes pour ne pas augmenter ces notes déjà si étendues.

En résumé, dans les analyses expérimentales qui précèdent, j'ai voulu seulement montrer la tendance de la science et indiquer la voie dans laquelle la physiologie générale cherche la solution de ces questions complexes. J'ai donné sur les faits les opinions qui me paraissent aujourd'hui les plus probables ; mais je ne prétends pas qu'elles doivent être absolues ni définitives. En effet, tant qu'il reste des lacunes dans l'expérimentation, toutes nos interprétations théoriques ne sont que provisoires ; elles sont destinées à se modifier à mesure que d'autres faits arrivent : c'est ainsi que se fait le progrès dans les sciences. Admettre qu'une interprétation ou une théorie ne doit plus changer, ce serait dire que la science est finie sur ce point. Chaque fois que l'on peut changer d'opinion, dans un sujet qui est à l'étude, cela prouve donc que l'on avance et que l'on accroît ses connaissances.

N° 35.

C'est à un physiologiste anglais, M. Waller, que l'on doit la connaissance de ces faits intéressants. Il reste encore des doutes à éclaircir relativement au centre nutritif des nerfs de sentiment. Le ganglion intervertébral est bien pour eux un centre nerveux nutritif, mais il est probable qu'il y en a encore d'autres, et que des cellules nerveuses glanglionnaires périphériques, cutanées ou autres, pourraient jouer ce rôle : après la section du nerf optique, par exemple, c'est le bout central qui s'altère. Ce sont des faits de ce genre qui m'ont porté à considérer l'extrémité médullaire ou centrale des nerfs sensitifs comme une extrémité périphérique fonctionnelle ou active.

Dans les organismes jeunes et vigoureux les nerfs détruits peuvent se régénérer et leurs fonctions se rétablir. On avait cru qu'il fallait, pour que cette régénération eût lieu, que le bout attenant à la cellule conservatrice se soudât avec le bout détruit, et lui communiquât en quelque sorte une influence régénératrice. Mais MM. Philippeaux et Vulpian ont démontré, par des expériences nombreuses, que la régénération du bout nerveux détruit peut avoir lieu autonomiquement sur place et indépendamment de l'influence centrale. (Philippeaux et Vulpian, *Recherches expérimentales sur la régénération des nerfs séparés des centres nerveux;* dans les *Mémoires de la Société de biologie,* 1859.)

Sur des chiens dont les racines rachidiennes postérieures avaient été coupées entre le ganglion intervertébral et la moelle, j'ai vu moi-même la sensibilité se rétablir dans le membre au bout d'un temps plus ou moins long, preuve que le bout central ou médullaire de la racine s'était régénéré et que cette partie du nerf se comporte comme un bout périphérique nerveux.

N° 36.

E. Faivre, *Expériences sur l'extinction des propriétés des nerfs et des muscles après la mort chez les grenouilles. (Comptes rendus de la Société de biologie,* p. 123. 1858 ; p. 26, 1860.)

J'ai montré que les nerfs pouvaient devenir plus excitables localement, et que c'était à des degrés divers d'excitabilité artificiellement provoqués qu'il fallait attribuer toutes les alternatives voltiennes dont on a voulu faire des lois physiologiques. Ce ne sont là, au contraire, que des états pathologiques des nerfs ou des états physiologiques qui accompagnent la mort. (Voyez mes *Leçons sur la physiologie et la pathologie du système nerveux faites au Collège de France,* t. I. p. 160 et suivantes.)

N° 37.

Chez les animaux morts après une longue abstinence la réaction acide des muscles manque souvent. La réaction du suc musculaire ne paraît pas du reste avoir une aussi grande importance que certains physiologistes l'avaient pensé.

N° 38.

Sur des écrevisses, j'ai constaté que les muscles de la queue restaient très-alcalins, quoiqu'ils fussent pris depuis longtemps par la rigidité cadavérique.

N° 39.

En 1855, j'ai découvert que les muscles des mammifères renferment une matière glycogène qui peut se transformer en sucre par une sorte de fermentation glycosique et lactique à la fois : ce qui donne alors au muscle une réaction extrêmement acide. J'ai vu d'abord ce phénomène très-marqué dans les muscles du fœtus de veau. (Voyez *Leçons au Collège de France*, p. 381, 1855.) Plus tard, j'ai isolé cette matière glycogène dans le foie, dans les muscles, dans le placenta, etc.

N° 40.

La durée de l'irritabilité musculaire après la mort est variable. Tous les muscles ne la perdent pas en même temps. La rigidité cadavérique musculaire arrive d'autant plus rapidement que le muscle est antérieurement plus épuisé. C'est pourquoi, en coupant, comme je l'ai fait, chez des animaux mourant dans les convulsions, les nerfs d'un membre, ce membre devient rigide moins vite. De même, en galvanisant les nerfs d'un membre, les muscles deviennent rigides plus vite, surtout si l'on empêche en même temps le sang d'aller dans ces muscles.

La rigidité cadavérique survient aussi plus tard dans des muscles paralysés ; les muscles paralysés par section de leurs nerfs présentent même une irritabilité exagérée. Quand on sacrifie les animaux dans ces conditions, les muscles paralysés restent plus longtemps irritables que ceux du côté sain, et la rigidité s'y montre également plus tardivement.

Voyez, sur ce même sujet, des expériences de M. Brown-Séquard dans les *Comptes rendus de la Société de biologie*, t. III, 1re série, p. 144 (1851). — *Journal de physiologie* de Brown-Séquard, t. V, p. 253.

N° 41.

Brown-Séquard, *Recherches sur le rétablissement de l'irritabilité musculaire*. (*Comptes rendus et Mémoires de la Société de biologie*, p. 163-177, 1851.)

N° 42.

Voyez mes *Leçons au Collège de France*, publiées dans le *Medical Times and Gazette*, 13 avril 1861.

N° 43.

J. Béclard, *De la contraction musculaire dans ses rapports avec la température animale.* (*Comptes rendus de l'Académie des sciences*, 5 mars 1860, et *Archives générales*, janvier 1861.)

A l'étranger ces phénomènes ont été étudiés spécialement par R. Heidenhain. A. Fick, etc. En France M. Marey s'est particulièrement occupé de ces mêmes questions.

N° 44.

Marey, *Études graphiques sur la contraction musculaire.* (*Journal de l'anatomie et de la physiologie* de M. Ch. Robin, 1ᵉʳ mars 1866.)

N° 45.

Les expériences électro-physiologiques de Becquerel et Breschet en France, de Matteucci en Italie, furent les premières conquêtes dans cette voie. Mais l'électro-physiologie n'est devenue une branche de la physiologie générale que depuis les grands travaux de M. Dubois-Reymond en Allemagne. Récemment M. J. Regnauld a perfectionné divers points de ce sujet difficile. (J. Regnauld, *Recherches sur les courants musculaires;* dans les *Comptes rendus de l'Académie des sciences*, 15 mai 1854. — *Productions d'électricité dans les êtres organisés*, thèse d'agrégation, Paris, 1847.)

N° 46.

M. Vulpian, en soutenant son opinion de l'identité des nerfs de sentiment et de mouvement, a trouvé des faits intéressants, mais qui, suivant moi, doivent être interprétés tout autrement. (Voyez Vulpian. *Leçons sur la physiologie générale et comparée du système nerveux*, 1866.)

Quand on généralise en science, il ne faut pas vouloir identifier les phénomènes. Il faut bien distinguer la généralisation, qui simplifie et éclaire, de l'uniformisation, si l'on peut ainsi dire, qui confond et embrouille. La généralisation n'est que la réduction de variétés phénoménales distinctes à une loi commune. L'uniformisation est la tendance à faire disparaître toutes les variétés phénoménales, en cherchant à prouver que tout est identique et que tout est dans tout : ce qui est contraire aux lois physiologiques, puisque les phénomènes vitaux ne se perfectionnent que par une différenciation de plus en plus variée.

N° 47.

Une expérience de M. Bert montre qu'on peut changer, dans certains cas, la direction suivant laquelle l'impression sensitive se transmet dans les organes et dans la peau.

Après avoir greffé chez un rat l'extrémité libre de la queue sous la peau du dos, on la retranche à son origine de manière que sa base devienne son bout libre, et son bout libre sa base. Au moment de la séparation du corps, toute cette queue ainsi renversée est insensible. La sensibilité y revient peu à peu, et d'abord confusément, puis distincte; au bout d'un an elle est complète. Les nerfs qui existent dans cette queue greffée sont les anciens nerfs régénérés; mais ils transmettent, comme on le voit, le courant sensitif dans un sens inverse de celui suivant lequel ils le transmettaient dans la queue primitive. (Voyez Paul Bert, *Recherches expérimentales pour servir à l'histoire de la vitalité propre des tissus animaux*, thèse de la faculté des sciences, à Paris, 1866.)

N° 48.

J'ajouterai de plus que, d'après des expériences inédites qui me sont propres, je pense que les nerfs sensitifs peuvent non-seulement exciter les nerfs moteurs par leur bout central pour produire les mouvements réflexes, mais qu'ils possèdent encore la propriété de les exciter aussi du côté de la périphérie, pour produire dans certaines circonstances une sorte de *mouvement récurrent*.

N° 49.

On n'a pas constaté de nerfs dans l'amnios du poulet, qui est contractile. Le cœur, dans les premiers temps de son développement, se contracte également sans qu'on soit en droit d'attribuer sa contraction à l'influence du système nerveux. Cependant la contractilité de l'amnios du poulet se développe sous l'influence d'excitants directs.

On peut constater aussi que les muscles des membres chez le poulet se contractent directement sous les influences extérieures, lorsque ces muscles ne paraissent pas encore pouvoir être influencés par le système nerveux.

N° 50.

Si l'histologiste est en droit d'affirmer les différences de structure quand il les voit, il ne lui est pas permis de les nier quand il ne les voit pas. En effet, dans un corps vu par transparence, s'il n'y a pas de différence de réfrangibilité dans les substances, on ne distingue pas les parties. C'est pourquoi on emploie des réactifs qui modifient la matière et font apparaître des différences là où l'on n'en voyait pas d'abord.

N° 51.

En effet, le savant, sans connaître les formules ou les théories des phénomènes, peut affirmer les principes de la science. Jamais le savant ne peut se flatter d'avoir la vraie formule, c'est-à-dire la vérité absolue. Nos interprétations des choses ou nos théories ne représentent que des vérités provisoires et relatives; mais le principe de la science expérimentale est absolu : c'est le *déterminisme* des conditions des phénomènes. (Voir mon *Introduction à la médecine expérimentale*, 1865.)

N° 52.

L. Pasteur, *Recherches sur les propriétés spécifiques des deux acides qui composent l'acide racémique*. (*Annales de chimie et de physique*, 3ᵉ série, t. XXVIII, 1850.)

L. Pasteur, *Mémoire sur la fermentation de l'acide tartrique.* (*Comptes rendus de l'Académie*, 29 mars 1858.)

Dans ce mémoire il est prouvé que l'acide racémique est dédoublé par un ferment qui ne détruit que l'acide tartrique droit. (Voir le Rapport du prix de physiologie expérimentale, 30 janvier 1860.)

N° 53.

La différenciation des éléments est donc le grand principe de perfectionnement organique. A mesure que les organismes s'élèvent, les différences anatomiques et physiologiques s'accroissent et donnent aux phénomènes de la vie une diversité plus grande et un épanouissement plus complet.

Dans les êtres d'une organisation histologique tout à fait inférieure, nous trouvons les systèmes musculaire et nerveux confondus et tout à fait indistincts. Quand l'organisation s'élève, l'élément musculaire se sépare d'abord de l'élément nerveux, mais les éléments nerveux peuvent rester très-longtemps encore confondus. Chez beaucoup d'invertébrés, les éléments musculaires sont déjà parfaitement distincts des nerfs que les éléments nerveux moteurs et sensitifs ne le sont pas encore nettement. M. E. Faivre a trouvé que, chez le dytique, l'excitation de la face supérieure des ganglions donne lieu à des mouvements sans provoquer de douleur, tandis que l'excitation portée sur la face inférieure des mêmes ganglions manifeste une vive sensibilité, qui se traduit par des mouvements généraux violents. C'est bien évidemment là une tendance à la séparation des phénomènes de sensibilité et de mouvement; mais cependant elle n'existe point encore réellement, et on ne trouve pas là des nerfs moteurs et sensitifs distincts. Aussi arrive-t-il que les agents toxiques ou les réactifs physiologiques qui distinguent les éléments nerveux bien caractérisés des vertébrés ne semblent plus les différencier de la même manière chez les invertébrés.

Chez tous les vertébrés, les éléments nerveux sont nettement séparés en moteurs et sensitifs; mais, parmi ceux-ci, il se crée encore une multitude de nuances et de distinctions, qui marchent parallèlement au développement graduel de tous les phénomènes nerveux moteurs et sensitifs. Il est impossible sous ce rapport d'assigner les limites où doit s'arrêter cette différenciation, c'est-à-dire ce perfectionnement des espèces ou des individus. En effet, si nous admettons qu'un simple changement dans l'arrangement moléculaire de la matière organisée puisse amener ces différences fonctionnelles, nous concevrons que, sous l'influence de modificateurs nombreux, il survienne des différences physiologiques variées à l'infini, amenées tantôt d'une manière durable, tantôt d'une façon transitoire.

C'est par des changements de cette nature que se produisent sans doute certains caractères physiologiques de races animales. J'ai constaté, par exemple, que, chez les différentes races de chevaux et de chiens, le système nerveux présente de très-notables différences dans ses propriétés. J'ai observé que la section du grand sympathique du cou chez les chevaux de race anglaise amène aussitôt une grande élévation de température dans la tête et dans le cou, qui se couvrent d'une sueur abondante, tandis que chez les chevaux de race bretonne, le phénomène est à peine marqué. J'ai constaté également qu'en agissant sur le système nerveux sympathique abdominal chez les chiens de chasse et chez les chiens de berger, les premiers mouraient constamment d'une opération que les seconds supportaient bien. Ce qu'on appelle le *sang* dans la race réside dans les propriétés du système nerveux.

C'est dans des modifications matérielles encore plus délicates et plus fugaces, qui, parfois, se réduisent à un simple changement dans la proportion d'eau de la substance constituante des éléments, que nous devons trouver l'explication de certaines variétés individuelles, que les zoologistes négligent, mais que les médecins caractérisent par le nom d'*idiosyncrasie*.

En résumé, il faut admettre qu'il ne peut jamais se produire de modification dans les propriétés d'un élément organique sans qu'il survienne en même temps dans sa structure des changements matériels plus ou moins profonds et plus ou moins stables, suivant qu'il s'agit de différences histologiques *génériques*, *spécifiques*, ou même de simples *variétés* dans l'espèce histologique.

On pourrait dire que toutes les différenciations physiologiques que nous cherchons à établir entre les expressions fonctionnelles des éléments appartenant à un même système ne sont que des degrés divers d'une même propriété vitale. Sans doute il peut en être souvent ainsi; mais ces différences de degrés n'en sont pas moins très-importantes à connaître et à déterminer, car elles seules peuvent nous faire comprendre et nous permettre d'expliquer les variations qu'on observe dans les propriétés physiologiques musculaires et nerveuses des divers animaux.

Dans beaucoup de circonstances, une faible différence ou même une simple nuance dans l'activité d'une propriété vitale constitue pour l'organisme une condition de vie ou de mort, et fait qu'un animal résiste à certains modificateurs à l'action desquels un autre succombe. J'ajouterai que ces variétés spécifiques, individuelles ou idiosyncrasiques, sont celles qui doivent plus spécialement être étudiées, parce que, comme elles résident dans des modifications matérielles délicates et peu stables, le physiologiste pourra les maîtriser plus facilement. Il pourra arriver à les provoquer par l'influence de certaines conditions, ou à les détruire à l'aide de modificateurs appropriés introduits dans le milieu organique intérieur, etc.

Chez les animaux à sang chaud et chez les animaux à sang froid, il existe des différences dans les propriétés physiologiques des muscles et des nerfs qui peuvent être le fait de l'influence des modificateurs ambiants. C'est ainsi que les muscles et les nerfs d'une marmotte engourdie, ou ceux d'un lapin placé dans certaines conditions qui le font ressembler à un animal à sang froid, sont tout à fait semblables à ceux d'une grenouille ou d'une tortue observés dans l'hiver. Chez les animaux engourdis, la propagation de l'excitation nerveuse se fait lentement, et la contraction musculaire dure après que l'excitation du nerf a cessé, tandis que, chez les animaux réveillés, la contraction musculaire se fait rapidement au moment de l'excitation et cesse avec elle. Mais la modification spéciale que le froid produit dans les muscles et dans les nerfs des animaux doit pouvoir être amenée sous l'influence d'autres conditions. Chez les animaux à sang chaud on trouve en effet que les nerfs et les muscles appartenant aux systèmes du grand sympathique se comportent comme les muscles et les nerfs du système cérébro-spinal engourdi. On ne peut même distinguer les deux systèmes de nerfs et de muscles que par le plus ou moins de rapidité dans l'action des agents excitateurs sur eux. Il est probable que là cet engourdissement normal ou physiologique des muscles et des nerfs du grand sympathique dépend d'une organisation histologique moins parfaite, qui coïncide avec une excitabilité ou une irritabilité plus faible de la matière organisée. Ces variations histologiques ne feraient donc pas réellement différer les propriétés musculaires et nerveuses; elles constitueraient seulement dans un même organisme des éléments d'un degré d'organisation inférieure et des propriétés physiologiques d'un ordre moins élevé. De sorte qu'au fond toutes ces variétés rentreraient dans une seule et même loi.

Il est d'un grand intérêt de bien étudier tous ces changements dans les propriétés des tissus ou des éléments, suivant les modificateurs qu'on fait agir sur eux. C'est par là en effet qu'on aura la raison de ce qu'on appelle la *tolérance* ou le *mithridatisme*. On pourra aussi trouver dans des différences de cette nature l'explication des actions toxiques différentes chez certaines espèces d'animaux très-rapprochées. Ainsi chez la grenouille des prés et la grenouille ordinaire, il y a de grandes différences pour la résistance aux divers poisons ou à certains modificateurs organiques, etc.

Quand on étudie les actions toxiques ou médicamenteuses chez des animaux éloignés les uns des autres par leur organisation, il peut y avoir quelquefois de grandes différences, qui tiendront à ce que chez des animaux il existe des éléments de différenciation histologique qui ne se rencontrent pas chez d'autres. Il existe par exemple un cerveau chez tous les animaux vertébrés; mais il est évident que, bien que le cerveau soit toujours constitué par des éléments nerveux, il y a chez certains vertébrés des éléments cérébraux et par conséquent des propriétés cérébrales qui n'existent pas chez d'autres. Or, si la substance toxique ou médicamenteuse agit sur un élément nerveux qui existe sur un animal et manque chez l'autre, on voit qu'il doit nécessairement en résulter une différence d'action du poison ou du médicament chez les deux vertébrés.

Enfin il y a encore à tenir compte, dans les divers organismes, de la dose nécessaire de la substance active. C'est ainsi que j'ai vu que, pour arrêter le cœur d'un crapaud, il faut une dose de poison beaucoup plus forte que pour arrêter le cœur d'une grenouille.

Les organismes, même les plus parfaits, conservent toujours en eux les vestiges, le souvenir en quelque sorte des degrés inférieurs d'organisation qu'ils traversent dans leur évolution. C'est ainsi qu'on a dit que le développement embryologique donne l'image de la série zoologique, parce qu'on peut voir dans l'évolution des organes et des tissus une sorte d'échelle histologique zoologique. En effet, on trouve à la fois dans le même organisme des éléments très-perfectionnés et d'autres qui, par une dégradation insensible, forment une véritable série histologique, dont les derniers termes ressemblent aux éléments confus des êtres inférieurs. C'est pourquoi nous trouvons, même chez les êtres supérieurs, à côté de la différenciation la plus variée des phénomènes sensitifs et moteurs, des éléments musculaires et nerveux indistincts, et sur lesquels les réactifs toxiques agissent comme sur les éléments des animaux invertébrés.

J'ai empoisonné des animaux invertébrés avec le curare, et j'ai constaté qu'ils perdaient les mouvements volontaires ou spontanés et qu'ils conservaient les mouvements réflexes ou involontaires. Le curare ne distingue donc les éléments histologiques que là où ils sont à un degré d'organisation qui les différencie. Ce poison, dont l'action est si nette sur les nerfs volontaires, semble ne pas agir sur les nerfs involontaires. J'avais avancé autrefois que le curare n'atteint pas le grand sympathique; mais j'avais changé d'opinion en voyant que l'influence du nerf vague sur le cœur est paralysée après l'empoisonnement par le curare. M. Vulpian a de nouveau insisté avec raison sur l'inaction du curare sur certains nerfs involontaires; mais il a eu tort d'en conclure que le curare n'agit pas sur les autres nerfs. M. A. Moreau a vu que le curare n'agit pas sur le nerf de l'organe électrique de la torpille, bien que l'on considère cependant la décharge électrique comme volontaire chez la torpille. Il faut admettre tous les faits quand l'observation rigoureuse les établit. Ce serait une erreur de méthode en physiologie que de vouloir nier les faits positifs au nom des faits négatifs, ou bien de vouloir repousser des faits qui semblent contradictoires relativement à d'autres. Je dirai, par rapport à la question qui nous occupe, que c'est précisément en étudiant et en cherchant à expliquer toutes ces différences d'influences toxiques sur les divers éléments nerveux qu'on arrivera à trouver le véritable mécanisme de l'action si singulière du curare. Ces études pourront ensuite amener à faire entre les différents nerfs des distinctions vraiment physiologiques; car toutes nos distinctions des nerfs sympathiques et cérébro-spinaux ne sont rien moins que scientifiquement fondées.

Je terminerai en indiquant encore un autre fait bien singulier que j'ai trouvé relativement à la mort des nerfs et qu'il est impossible d'expliquer dans l'état actuel de nos connaissances sur la physiologie du système nerveux. J'ai vu que, dans la mort par asphyxie ou par hémorragie, par exemple, les systèmes nerveux cérébro-spinal et sympathique meurent, c'est-à-dire perdent leurs propriétés d'une manière inverse de ce qui s'observe dans l'empoisonnement par le curare, c'est-à-dire que, dans l'asphyxie ou dans l'hémorragie, les nerfs moteurs involontaires perdent leurs propriétés les premiers, tandis que les nerfs de la vie animale ou volontaires persistent les derniers.

N° 54.

Dans l'état *dynamique* ou fonctionnel, le nerf sensitif réagit sur le centre nerveux, le centre nerveux sur le nerf moteur et le nerf moteur sur le muscle. Dans l'état *statique* ou de repos, on pourrait croire que ces différents éléments de la fonction sensitivo-motrice sont inertes et n'exercent plus d'action les uns sur les autres. Il n'en est rien; car même à l'état statique, les éléments nerveux agissent toujours les uns sur les autres et sur le muscle comme des freins ou des modérateurs. La contraction musculaire n'est donc pour ainsi dire jamais isolée de l'influence nerveuse; la propriété de la contractilité présente même des variétés suivant que le muscle tient au nerf moteur ou suivant que celui-ci est isolé ou non de la moelle, etc. Toutes ces différences, que je ne puis développer ici ont un grand intérêt pour le physiologiste, car il ne faut jamais perdre de vue l'ensemble des phénomènes ni l'association des éléments histologiques dans les mé-

canismes fonctionnels de l'organisme. Le muscle est toujours l'élément sur lequel viennent
se concentrer en définitive toutes les actions nerveuses; mais nous savons qu'il peut
être soustrait à cette influence par l'action du curare.

De même, dans les organes glandulaires, les nerfs sont les freins ou les modérateurs
des sécrétions. Les nerfs paraîtraient agir sur les cellules glandulaires elles-mêmes;
on a décrit des terminaisons nerveuses dans des cellules glandulaires et même dans
des cellules épithéliales muqueuses. Mais dans ces cas l'action du nerf sécréteur serait
peut-être analogue à celle du nerf musculaire, s'il était prouvé qu'il porte son influence
sur une matière contractile des cellules sécrétoires.

N° 55.

Les mouvements volontaires ne diffèrent pas, en tant que mécanismes nerveux, des
mouvements inconscients. La volonté n'est, en effet, qu'une forme de la sensibilité; il
est possible de prouver physiologiquement et expérimentalement cette opinion.

Mais ce qui à première vue paraît impossible, c'est de comprendre comment la sensibilité, d'abord inconsciente, peut devenir ensuite consciente. Je pense que c'est là
une question que la physiologie parviendra à résoudre; mais il faut pour cela considérer le problème en physiologiste et se débarrasser l'esprit de certains préjugés philosophiques qui nous font illusion. Les apparences des phénomènes nous trompent
toujours sur leur réalité. C'est ainsi qu'il nous semble que la conscience et l'intelligence
doivent être nécessairement de deux choses l'une : ou des principes immatériels indépendants des organes, ou bien des produits d'une matière qui sent et qui pense. Ni
l'une ni l'autre de ces deux opinions ne serait vraie. La sensibilité consciente n'est pas
un principe mystérieux extra-physiologique qui vient se surajouter, à un certain moment,
à l'organisme, et qui établit un pont infranchissable entre les phénomènes conscients
et inconscients de l'être vivant. La sensibilité inconsciente, la sensibilité consciente et
l'intelligence sont des facultés que la matière n'engendre pas, mais qu'elle ne fait que
manifester. C'est pourquoi ces facultés se développent et apparaissent par une évolution ou une sorte d'épanouissement naturel, à mesure que les propriétés histologiques
nécessaires à leur manifestation apparaissent.

N° 56.

J'ai constaté chez le chien que le ganglion sous-maxillaire peut, en dehors de l'action cérébrale, jouer pendant quelque temps le rôle de centre nerveux relativement à la
sécrétion de la glande sous-maxillaire. Cependant il n'y a pas indépendance complète;
car, après la séparation du centre cérébral par suite de la section du nerf lingual,
le ganglion sous-maxillaire s'altère bientôt, ainsi que la fonction salivaire à laquelle il
est annexé.

N° 57.

L'élément nerveux moteur agit spécialement sur les éléments musculaires les plus
développés; mais il est des expériences qui permettent de penser qu'il exerce aussi
son action sur certaines matières contractiles à l'état amorphe (*sarcode*, *protoplasma*).

Toutefois il paraît aussi exister, même dans les organismes élevés, des éléments muscu-laires qui ne se contractent pas au moyen de l'action nerveuse, mais qui fonctionnent sous l'influence d'excitations ambiantes, telles que celles qui sont produites par les agents physico-chimiques, calorifiques ou autres.

N° 58.

Dans l'état actuel de nos connaissances physiologiques, cette action paralysante des nerfs est fort difficile à expliquer. Jusqu'à présent je l'ai considérée comme le résultat d'une sorte d'interférence nerveuse ou d'une réaction d'un nerf sur un autre, etc.

N° 59.

La physiologie comparée est une des mines les plus fécondes pour la physiologie générale. Mais il faut pour cela étudier les différences fonctionnelles qui existent entre les divers êtres vivants, non pour y trouver des caractères de distinctions zoologiques ou phytologiques, mais pour y découvrir, à l'aide de l'expérimentation, le jeu de cer-tains mécanismes vitaux dont la connaissance peut concourir à l'explication des phéno-mènes de la vie en général. Quand on considère les différences fonctionnelles chez des animaux construits sur un même plan d'organisation, comme les vertébrés par exemple, la comparaison paraît simple et toujours légitime; mais quand on compare ces diffé-rences entre les vertébrés et les invertébrés, par exemple, la comparaison paraît sou-vent impossible, et l'on pourrait croire quelquefois à tort que, chez ces divers êtres, les lois des manifestations vitales sont d'une nature tout à fait différente.

Le physiologiste doit voir, dans les expériences toutes faites que lui présentent les diversités fonctionnelles des êtres vivants, des problèmes qu'il faut attaquer là comme partout, c'est-à-dire par l'analyse physiologique expérimentale, afin d'y trouver des arguments décisifs pour l'explication des phénomènes vitaux.

Les mécanismes vitaux doivent donc être étudiés d'une manière spéciale chez tous les animaux, et sous ce rapport la physiologie comparée présente encore beaucoup de lacunes. Mais, je le répète, dans tous les cas, si l'on veut expliquer ces mécanismes, il faut les étudier expérimentalement; on ne saurait se contenter de les déduire de l'ana-tomie comparée.

N° 60.

D'abord le curare est porté à l'extrémité périphérique de tous les nerfs moteurs; mais tous ces nerfs ne sont point atteints à la fois: les plus élevés dans la série histologique, les plus volontaires pour ainsi dire, ceux de la voix, certains nerfs des yeux[1], ceux des membres, sont empoisonnés les premiers; puis les nerfs moteurs respiratoires, les derniers. Tant que les nerfs de la voix et ceux des membres et des yeux sont seuls atteints,

---

[1] Le nerf moteur oculaire commun paraît être le premier atteint par le curare, ce qui produit une exophthalmie très-visible chez les animaux et des phénomènes de diplopie observables chez l'homme. Il serait intéressant de rechercher si le curare paralyse le nerf moteur oculaire commun avant les autres nerfs moteurs de l'œil (4ᵉ et 6ᵉ paires).

la vie de l'organisme n'est pas en danger; mais il en est tout autrement quand les mouvements respiratoires sont paralysés. Alors l'oxygène ne peut plus pénétrer dans le sang, et les globules sanguins ne peuvent plus fonctionner et aller vivifier le milieu intérieur. Les autres éléments histologiques des tissus périssent successivement par une simple asphyxie. Quand on ne savait pas quel était le mode d'action toxique du curare, on pouvait supposer que cette substance agissait sur le principe vital ou sur la vitalité de l'organisme en général. Maintenant que nous connaissons l'élément histologique que ce poison paralyse, non-seulement nous expliquons le mécanisme physiologique de l'empoisonnement, mais nous agissons scientifiquement sur les symptômes toxiques. En graduant la dose du poison, nous pouvons obtenir, sans aller jusqu'à l'asphyxie, des effets paralysants variés, qui cessent quand le curare est éliminé en dehors du sang. Quand à la suite d'une blessure, le poison n'a pas encore pénétré en quantité toxique dans la circulation, on peut régler l'absorption de manière à faire éliminer le poison sans avoir d'asphyxie. (Voir ce que j'ai écrit à ce sujet dans la *Revue des Deux-Mondes*, 1ᵉʳ septembre 1864.) Enfin, si l'asphyxie est déjà survenue, on peut sauver l'individu par la respiration artificielle entretenue jusqu'à ce que le poison soit éliminé.

Pour les poisons musculaires, la physiologie nous apprend qu'ils agissent tout autrement. L'agent toxique ne se borne pas à engourdir la fibre nerveuse motrice; mais il agit sur les propriétés chimiques de la substance musculaire et il la coagule. Toutes les fibres musculaires ne sont pas empoisonnées à la fois; mais, pour certains poisons, celles du cœur sont atteintes les premières, puis successivement celles du tronc et des membres. Une fois que le cœur est devenu rigide et a cessé son action, la mort des autres éléments de l'organisme non atteints par le poison est devenue inévitable, par suite de la cessation de la circulation. Si maintenant nous voulons agir scientifiquement sur les symptômes de ces empoisonnements, la physiologie seule pourra encore nous diriger. En donnant une faible dose du poison, nous obtiendrons un ralentissement des mouvements du cœur, qui pourra devenir un moyen thérapeutique. Nous aurons alors ce qu'on appelle une *action locale*, limitée à un organe. Mais, il ne faut pas s'y tromper, l'analyse expérimentale du phénomène nous apprend que cette action localisée n'est qu'un degré d'une action générale qui s'exerce sur tout un système; il en est probablement de même pour toutes les actions toxiques ou médicamenteuses localisées. Enfin, si l'action toxique est arrivée jusqu'à l'arrêt du cœur, la physiologie nous apprend que les moyens employés contre l'empoisonnement par le curare ne pourraient avoir ici aucune utilité. Le muscle est atteint de rigidité; il faudrait avant tout arriver à rendre la fluidité à la matière musculaire coagulée. Nous n'en avons pas les moyens dans l'état actuel de nos connaissances, mais rien ne prouve que cela soit absolument impossible.

N° 61.

On a reconnu de tout temps qu'il fallait un milieu extérieur à l'organisme pour vivre. Mais je n'ai pas vu qu'on ait distingué avant moi un *milieu extérieur* et un *milieu intérieur*. Je crois avoir été un des premiers à émettre et à développer cette idée du sang considéré comme milieu intérieur des éléments organiques.

Depuis douze ans je professe mes idées sur le *milieu organique intérieur* dans mes cours de physiologie générale à la Sorbonne. (Voyez mon *Cours de physiologie générale de* 1864; — *Leçons sur les propriétés des tissus vivants,* etc. p. 54; — *Leçons sur les propriétés des liquides de l'organisme* faites en 1857, t. I, p. 42; 1859; — *Introduction à l'étude de la médecine expérimentale,* p. 107-206.)

N° 62.

Sous ce rapport les propriétés du milieu intérieur végétal doivent être analogues à celles du milieu intérieur animal, sauf quelques différences dans les mécanismes. C'est à raison de ces différences que les acides, par exemple, sont nuisibles pour les végétaux et non pour les animaux. (Voyez *Recherches de physiologie végétale; De l'action des poisons sur les plantes,* par O. Reveil, 1865.) Il arrive en effet que, chez les animaux, les acides dilués, étant saturés par les sécrétions intestinales et par le sang, ne peuvent pas agir directement sur les éléments, tandis que, dans les végétaux, cette saturation n'ayant pas lieu, l'acide agit comme acide dans le milieu intérieur, sur l'élément histologique. On voit donc qu'il faut toujours ramener les questions toxiques ou modificatrices à des actions du milieu intérieur sur les éléments organiques. Autrement on ne pourrait arriver à rien de précis sur la toxicologie comparée des animaux et des végétaux.

N° 63.

Sur la cause de la mort des animaux soumis à une haute température. (*Comptes rendus de la Société de biologie,* p. 59; 1859.)

N° 64.

Un physiologiste français, M. Fourcault (*Influence des enduits imperméables,* etc. dans les *Comptes rendus de l'Académie des sciences,* t. XVI, p. 139-338) a fait cette découverte intéressante qu'en enduisant d'un vernis imperméable des animaux mammifères, on amène chez eux un refroidissement graduel du milieu intérieur sanguin, dont la mort est la conséquence. J'ai remarqué, dans des expériences de ce genre, que la rigidité cadavérique n'amenait pas l'acidification des muscles.

En blessant la moelle épinière dans un point déterminé, j'ai produit chez les lapins et les cochons d'Inde un refroidissement du milieu intérieur avec des caractères particuliers, mais ayant cependant beaucoup de rapports avec les symptômes de l'hibernation. M. Bert (*Recherches expérimentales pour servir à l'histoire de la vitalité propre des tissus animaux,* thèse de la faculté des sciences de Paris, 1866) a soumis des greffes animales à des températures extrêmes. Il a observé qu'un tissu peut être soumis à une température au-dessous de 0° sans perdre ses propriétés vitales et la faculté d'être greffé. Quant aux températures élevées, elles sont beaucoup plus funestes à la vitalité des tissus et des éléments organiques.

Lorsqu'on réchauffe modérément le milieu intérieur et jusqu'à certaines limites, la vie extérieure ou *manifestée* devient plus active et est surexcitée. Quand, au contraire, le milieu intérieur est refroidi, la vie s'abaisse et devient *latente,* c'est-à-dire que les manifestations vitales extérieures sont engourdies ou ralenties. Alors la vie est moins énergique; mais aussi la mort est plus difficile à produire. soit par l'asphyxie simple. soit par les empoisonnements des éléments histologiques.

N° 65.

M. Gros a observé également que, pendant l'hibernation chez le loir, la plasticité organique se manifeste énergiquement. Il se passe alors des phénomènes de rédintégration qui n'ont pas lieu pendant la veille. Si, dans cet état, par exemple. on coupe la queue de l'animal, elle peut repousser (cité par M. Bert dans sa thèse).

N° 66.

Poiseuille, *Recherches sur la force du cœur aortique.* (*Journal de physiologie* de Magendie, t. VIII, p. 272.)

N° 67.

Chauveau et Marey, *Appareils et expériences cardiographiques*, 1863. — Marey, *Physiologie médicale de la circulation du sang*, 1863.

N° 68.

J'ai depuis longtemps établi cette distinction, que je crois importante. (Voyez mes *Leçons sur les liquides de l'organisme*, t. I, p. 207 et suivantes, 1859.)

N° 69.

Pour éviter les complications qui résulteraient des influences d'absorption, il faut supprimer l'absorption. en injectant la substance toxique directement dans les vaisseaux.

N° 70.

Chez les différents animaux la rapidité de la circulation ou du renouvellement du milieu est assez difficile à évaluer d'une manière absolue. parce qu'il y a de grandes variétés dans les circulations locales, suivant les divers états fonctionnels des organes. Cependant on peut estimer qu'en 18 ou 20 secondes le sang parcourt chez un grand mammifère le cercle entier de la grande circulation. Pour que la circulation du sang se fasse bien, il faut que ce liquide tienne en dissolution des matières albuminoïdes qui s'opposent à son infiltration dans les tissus et à l'obstruction consécutive des vaisseaux capillaires. La fibrine paraît nécessaire à la suspension des globules dans le plasma et à leur circulation dans les capillaires. Cette observation est due à M. Poiseuille. (*Recherches expérimentales sur le mouvement des liquides*, etc. état de la fibrine dans le sang vivant: dans les *Annales de chimie et de physique*, 3ᵉ série, t. XXI. — *Recherches sur l'écoulement des liquides dans les capillaires vivants;* dans les *Comptes rendus de l'Académie des sciences*, 9 janvier 1843.)

N° 71.

J'ai constaté qu'en injectant en même temps, par deux veines différentes et éloignées l'une de l'autre, un sel de peroxyde de fer, et du prussiate jaune de potasse, il ne se formait de bleu de Prusse ni dans les vaisseaux ni dans les tissus, mais qu'on en rencontrait dans l'estomac et dans la vessie. Les résultats précédents s'expliquent très-bien par la composition albumineuse et la réaction alcaline du sang. Le sel de fer et le prussiate de potasse circulent dans le sang, sans pouvoir se combiner; mais, dès qu'ils passent du sang dans une sécrétion acide, telle que celle du suc gastrique ou de l'urine, immédiatement la combinaison se fait et le bleu de Prusse apparaît. On pense généralement qu'il ne se fait que des oxydations dans le sang. J'ai vu dans ces expériences qu'il faut admettre aussi qu'il s'y produit des désoxydations : car en injectant dans les veines un sel de peroxyde de fer, je l'ai retrouvé dans l'urine à l'état de sel de protoxyde.

Quand, au lieu des substances minérales précédemment indiquées, j'injectais dans le sang, de la même manière, de l'émulsine et de l'amygdaline qui, en se rencontrant, pouvaient réagir par fermentation l'une sur l'autre et donner naissance à un produit éminemment toxique, l'acide prussique, l'animal mourait presque instantanément comme foudroyé. On s'explique encore très-bien le résultat, parce que le sang, par sa nature chimique, ne s'oppose point aux fermentations; l'acide prussique se développe dans le sang et empoisonne l'animal. Cela est rendu évident d'ailleurs par l'odeur de l'acide prussique qui se dégage ainsi que par tous les autres symptômes de la mort. Il arrive, en outre un fait singulier dans ces expériences : c'est que l'émulsine injectée seule dans le sang se localise dans le foie, de sorte que, si l'on prend ensuite le tissu hépatique, qu'on le coupe et qu'on le broie avec de l'amygdaline, on obtient la réaction de l'odeur de l'acide prussique, ce qui n'a pas lieu avec les autres tissus. On ne rencontre pas non plus l'émulsine dans l'urine, ce qui indiquerait que cette substance ne serait pas éliminée par les reins. Serait-elle éliminée par le foie, par la bile? Que devient cette émulsine dans le foie? Il y a là autant de questions à poursuivre.

Le physiologiste doit donc admettre, d'après les faits précédents, que si le milieu liquide intérieur s'oppose par sa nature à l'accomplissement de certaines réactions minérales, il peut, au contraire, être facilement le théâtre de tous les phénomènes chimiques de fermentation et de combustion qui accompagnent les manifestations vitales des éléments histologiques.

N° 72.

M. Rouget (*Journal de la physiologie de l'homme et des animaux*, rédigé par M. Brown-Sequard, t. II, p. 660, 1859) a décrit des globules rouges chez certains invertébrés. Cependant il est bien possible qu'un plasma sanguin privé de globules rouges peut entretenir faiblement la respiration des tissus, car il tient, ainsi que la lymphe, de l'air en dissolution.

N° 73.

F. Leblanc, *Recherches sur la composition de l'air confiné*, 1842.

N° 74.

La respiration de l'oxyde de carbone tue très-rapidement. L'absorption de ce gaz par le tissu cellulaire sous-cutané n'est pas toxique au même degré. J'ai empoisonné des grenouilles en introduisant l'oxyde de carbone sous la peau; mais les mammifères (lapins) ne sont pas empoisonnés par le même procédé, parce que sans doute le gaz est trop peu soluble et le tissu cellulaire sous-cutané trop peu vasculaire.

M. le docteur Faure a montré récemment (*Archives générales de médecine*) que l'oxyde de carbone est toxique lors même qu'on ne le fait parvenir que dans un seul poumon. (Voir, pour mes expériences sur l'oxyde de carbone, *Notes of M. Bernard's lectures on the blood, with an appendix*, by Walter F. Atlee, m. d., Philadelphia, 1854, pages 19 à 22; — *Leçons sur les effets des substances toxiques et médicamenteuses*, Paris, 1857; — *Sur la quantité d'oxygène que contient le sang veineux des organes glandulaires à l'état de fonction et à l'état de repos, et sur l'emploi de l'oxyde de carbone pour déterminer les proportions d'oxygène dans le sang. Comptes rendus de l'Académie des sciences*, t. XLVII, séance du 6 septembre 1858, etc.)

N° 75.

V. Fernet, *Recherches sur la dissolution des gaz dans certaines solutions salines*, thèses de la faculté des sciences de Paris.

J'ai fait une expérience qui me semble bien prouver que l'oxygène est fixé à l'état de combinaison dans le globule. J'ai injecté de l'acide pyrogallique dans les veines d'un animal sans qu'il en éprouvât d'accident et sans que le sang fût dépouillé de son oxygène. Mais en passant à la surface pulmonaire l'acide pyrogallique dissous dans le sang, se trouvant au contact de l'air, absorbait de l'oxygène et noircissait le tissu pulmonaire. Mais le sang artériel n'en était pas moins vermeil et oxygéné. C'est donc encore là une réaction chimique qui ne s'opère pas dans le sang. (Voyez mes *Leçons sur les liquides de l'organisme*.)

N° 76.

Que doit-on faire alors pour sauver l'animal, en se fondant sur les données de la physiologie générale? Il faudra détruire la combinaison de l'oxyde de carbone avec l'hématoglobuline; jusqu'à présent on n'a rien pu trouver qui remplisse cette indication. Le poison ne peut être enlevé, car il fait corps en quelque sorte avec l'élément sanguin dont il a détruit les usages physiologiques. Mais, s'il est vrai que tous les éléments du corps soient restés sains moins les globules du sang, ceux-ci étant mobiles, on a la ressource de les enlever et de les remplacer par d'autres; la transfusion sera finalement le seul remède. L'expérience a confirmé ces idées. On fait revivre par ce moyen des animaux empoisonnés par l'oxyde de carbone, et des hommes asphyxiés par le charbon ont pu être sauvés par le même procédé. On voit donc encore par cet exemple que la physiologie générale est une science qui, bien qu'essentiellement spéculative. comme toutes les sciences pures, ne reste pas pour cela dans les régions contemplatives de l'observation; par sa nature de science expérimentale, elle conclut toujours directement à l'action.

N° 77.

J'ai fait construire un appareil dans lequel on pourra combiner les deux méthodes et pratiquer avec exactitude des analyses des gaz du sang sur de petites quantités de liquides. Cette dernière condition est importante à considérer, parce que, lorsqu'on opère sur le sang des organes, on ne peut s'en procurer que des quantités peu considérables. et que d'ailleurs on modifierait les conditions de l'expérience si l'on faisait des saignées trop abondantes.

N° 78.

Voir les expériences de MM. Estor et Saint-Pierre : *Du siège des combustions respiratoires*. (*Journal de l'anatomie et de la physiologie*, etc. rédigé par M. Ch. Robin, mai 1865.)

N° 79.

Je ne prétends pas dire par cela que c'est l'oxygène même du globule qui entre directement en combinaison avec le carbone de sa substance pour produire l'acide carbonique. En effet, dans des expériences déjà très-anciennes, j'ai constaté, avec Magendie, que du sang dans lequel on a fait passer de l'hydrogène, pour déplacer l'acide carbonique qu'il contient, peut, si on le laisse en repos et à une température convenable, reformer encore de l'acide carbonique à plusieurs reprises en l'absence de tout contact d'oxygène. L'acide carbonique ne se produit donc pas dans le globule sanguin par ce qu'on pourrait appeler une *combustion directe*. D'après des expériences qui me sont propres, j'ai lieu de croire qu'il en est de même pour tous les autres éléments histologiques, qui peuvent aussi fournir de l'acide carbonique lors même qu'on les soustrait complétement au contact de l'oxygène.

N° 80.

Voir mon mémoire *Sur la quantité d'oxygène que contient le sang veineux des organes glandulaires, à l'état de fonction et à l'état de repos*, etc. (*Comptes rendus de l'Académie des sciences*, t. XLVII, 6 septembre 1858.)

N° 81.

L'oxygène paraît être le *pabulum vitæ* par excellence, et il semble nécessaire à la vie de tous les êtres vivants, simples ou complexes. Toutefois, il est probable que tous les tissus et tous les éléments ne sont pas dans le même cas, et qu'il s'en rencontre qui non-seulement vivent sans oxygène, mais pour lesquels ce gaz pourrait être délétère. M. Pasteur a montré qu'il existe des animalcules infusoires déterminant des fermentations et pouvant vivre sans oxygène. Il est parfaitement admissible qu'il en soit ainsi pour certains éléments histologiques des corps vivants. (Voir Pasteur, *Examen du rôle attribué au gaz oxygène atmosphérique dans la destruction des matières animales et végétales après la mort*; dans les *Comptes rendus de l'Académie*, 20 avril 1863. — *Recherches sur la putréfaction*.

29 juin 1863 ; — *Animalcules infusoires vivant sans gaz oxygène libre déterminant des fermentations ;* dans les *Comptes rendus de l'Académie des sciences*, 25 février 1861 ; — *Nouvel exemple de fermentation déterminée par des animalcules infusoires pouvant vivre sans oxygène libre et en dehors de tout contact avec l'air de l'atmosphère ;* dans les *Comptes rendus de l'Académie,* 9 mars 1863.)

N° 82.

M. Brown-Séquard admet que l'oxygène nourrit les tissus et que l'acide carbonique les excite. (*Recherches expérimentales sur les propriétés physiologiques et les usages du sang rouge et du sang noir ;* dans le *Journal de l'anatomie et de la physiologie,* 1858, t. II, p. 95.)

N° 83.

L'oxygène irrite les plaies et retarde leur cicatrisation, tandis que l'acide carbonique la favorise. (Demarquay et Leconte, *Comptes rendus de la Société de biologie,* 3ᵉ série, t. I, p. 274 ; 1859.)

N° 84.

A l'appui des idées qui précèdent, je puis citer ce qui se passe dans la circulation et dans la respiration des muscles et des glandes. J'ai montré, dans mon travail *sur les variations de couleur dans le sang veineux des organes glandulaires suivant leur état de fonction ou de repos* (*Comptes rendus de l'Académie des sciences,* 25 janvier 1858) ; j'ai montré, dis-je, que la circulation oxygénée est inverse quant au moment où elle s'opère dans les muscles et dans les glandes, suivant l'état de fonction ou de repos de ces organes. Dans les muscles, pendant le repos, le sang en contact avec l'élément musculaire circule relativement rouge et chargé d'oxygène ; pendant la fonction il circule au contraire très-noir et très-chargé d'acide carbonique. Dans les glandes, pendant le repos, le sang en contact avec l'élément glandulaire circule relativement noir et chargé d'acide carbonique, tandis que, pendant la fonction, il circule rouge et très-oxygéné. Cette différence de circulation est en rapport avec la différence de fonction et de nutrition des deux genres d'organes. Dans les muscles, la faculté contractile se développe et s'accumule pendant le repos sous l'influence du sang oxygéné. Mais c'est pendant la fonction, sous l'influence du sang noir veineux, que le muscle se nourrit. Dans les glandes c'est pendant le repos que la glande se nourrit et produit les principes caractéristiques de la sécrétion ; pendant la fonction elle se dénourrit et manifeste ses propriétés sous l'influence de l'oxygène. Il faudrait donc, d'après ce qui précède, regarder le sang artériel comme destiné à la respiration des éléments, et le sang veineux comme destiné à leur alimentation. Cette vue trouverait encore un argument dans la physiologie végétale : car dans les végétaux c'est également la séve veineuse, c'est-à-dire celle qui a été élaborée dans les feuilles, qui sert à la nutrition.

N° 85.

Je ne pense pas que l'acide carbonique soit un agent toxique proprement dit. Il ne

fait qu'engourdir ou éteindre les propriétés des muscles et des nerfs. Il éteint aussi probablement les propriétés des éléments nerveux en agissant sur leur extrémité active ou
spécifique.

N° 86.

Quand on trouble les phénomènes nutritifs, c'est par l'intermédiaire de perturbations
apportées dans les fonctions du système nerveux.

Le foie glycogénique sécrète la matière glycogène, bien qu'il reçoive une très-grande
proportion de sang veineux.

N° 87.

On pourrait encore utiliser les transfusions locales, toxiques ou autres, pour étudier
les propriétés des tissus.

N° 88.

Brown-Sequard, *Sur les propriétés physiologiques et les usages du sang rouge et du
sang noir.* (*Journal de la physiologie de l'homme et des animaux.*)

N° 89.

Voyez la note n° 21.

N° 90.

«On peut conclure, dit Lavoisier, qu'il arrive de deux choses l'une, par l'effet de la
respiration : ou la portion d'air éminemment respirable contenue dans l'air de l'atmosphère est convertie en acide crayeux aériforme en passant par le poumon, ou bien il se
fait un échange dans le viscère. D'une part l'air éminemment respirable est absorbé,
et, de l'autre, le poumon restitue à la place une portion d'acide crayeux aériforme
presque égale en volume. La première de ces deux opinions a pour elle une expérience
que j'ai déjà communiquée à l'Académie . . . mais d'un autre côté, de fortes analogies
semblent militer en faveur de la seconde opinion.» (*Œuvres de Lavoisier.* Imprimerie
impériale, t. II, p. 188 et 189.)

N° 91.

W. Edwards, *Influence des agents physiques sur la vie,* p. 464. (Voir ce que
W. Edwards dit de l'opinion de Lavoisier, p. 497.)

N° 92.

On a beaucoup étudié la résistance des divers animaux à l'asphyxie, mais il est bien
évident, d'après ce que nous avons dit précédemment, que cette résistance à l'asphyxie
doit être en relation directe avec l'activité respiratoire des globules sanguins et avec la
susceptibilité vitale des éléments histologiques pour l'acide carbonique. Aussi les animaux à sang chaud résistent beaucoup moins à l'asphyxie que les animaux à sang froid.

Mais il n'y a pas que la température à considérer dans la résistance à l'asphyxie, il faut tenir compte également de l'âge des animaux. (Brown-Sequard, *Recherches sur l'asphyxie*; dans le *Journal de l'anatomie et de la physiologie*, 1859. t. II, p. 93.) La résistance à l'asphyxie peut être augmentée pour un animal, quand il s'habitue peu à peu à une atmosphère viciée. C'est ainsi que j'ai montré qu'un oiseau périt instantané- ment quand on l'introduit dans l'atmosphère confinée d'une cloche sous laquelle un autre oiseau de même espèce respire depuis un certain temps sans en ressentir les effets délétères.

Quand on fait respirer de l'oxygène pur et qu'on sursature par conséquent le milieu intérieur de ce gaz, il arrive le contraire de l'asphyxie, c'est-à-dire qu'on voit survenir une sorte d'excitation qui donne lieu à des phénomènes physiologiques encore fort peu connus. (Voir mes *Leçons sur les substances toxiques et médicamenteuses*, p. 203 et sui- vantes, 1856-1857.) Chez des lapins en digestion auxquels j'avais fait respirer de l'oxygène, j'ai vu les urines, d'alcalines qu'elles étaient, devenir acides, puis redevenir alcalines quelque temps après la cessation de la respiration de l'oxygène.

Sur d'autres lapins, j'avais injecté un peu d'huile ou de saindoux fondu dans les poumons par la trachée, voulant ainsi huiler la surface pulmonaire afin de voir si l'é- change gazeux en serait modifié. Dans cette expérience j'ai vu aussi les urines devenir acides. J'ai encore observé le même phénomène dans l'asphyxie lente, comme d'ailleurs dans toutes les circonstances qui arrêtent plus ou moins complétement la digestion. D'où je crois pouvoir conclure qu'il y a un rapport entre les fonctions du poumon et celles de l'intestin, et qu'il pourrait bien arriver que la respiration d'oxygène pur ra- lentît ou troublât la digestion.

N° 93.

Voir mes *Leçons sur les liquides de l'organisme*, t. I. p. 63 et suivantes. 1857-1858.

N° 94.

M. Colin a publié récemment des expériences sur la température du sang dans le cœur droit et dans le cœur gauche. (Voir le rapport de M. Longet sur le travail de M. Colin, dans les *Comptes rendus de l'Académie des sciences*, 11 mars 1867.) M. Colin a montré que le sang veineux superficiel est plus refroidi quand la peau est dépourvue de ses poils ou plus exposée au froid, ce qu'il était facile de prévoir, et il a trouvé aussi que dans ces cas le sang du cœur droit était moins chaud que le sang du cœur gauche. Toutes les expériences de M. Colin peuvent être très-exactes en elles-mêmes; mais en les présentant d'une manière tout empirique, l'auteur a eu le tort de sembler les mettre en opposition avec la théorie généralement admise sur la chaleur animale. En effet, l'em- pirisme expérimental a ses limites. Il est excellent et indispensable quand les faits ne sont point encore assez nombreux pour établir une théorie; mais quand la théorie peut être fondée, l'empirisme, trop prolongé, ne fait qu'embrouiller les questions et nuire aux progrès de la science.

N° 95.

On peut donc conclure de tout ce qui précède que les combustions respiratoires, ou les fermentations qui s'opèrent dans le sang et dans les tissus sont bien réellement les sources de la chaleur animale. Mais les causes de la chaleur animale se rattachent encore d'une manière intime à beaucoup d'autres phénomènes chimiques de la nutrition et mécaniques de la circulation. Il s'agit là d'un problème très-complexe : c'est ce qu'ont très-bien fait comprendre MM. Regnault et Reiset, dans leur beau travail sur la respiration. (Regnault et Reiset, *Recherches sur la respiration des animaux des diverses classes;* dans les *Annales de chimie et de physique,* 3ᵉ série, t. XXVI; 1849.)

Les fermentations engendrent de la chaleur, comme les combustions. Les combustions qui s'accomplissent dans les êtres vivants ont été comparées avec celles qui se passent en dehors d'eux. Cependant il n'est pas encore prouvé qu'il y ait combustion de l'hydrogène dans l'organisme, et, par suite, formation d'eau. Dans les cas de combustion incomplète dans l'organisme, on n'a pas non plus constaté la production d'oxyde de carbone. Les animaux chez lesquels la température est la plus élevée ne sont pas non plus ceux chez lesquels on rencontre toujours les produits d'une plus complète combustion. C'est ainsi que, chez les oiseaux, qui sont les animaux à sang chaud pourvus de la température la plus élevée, on constate l'excrétion d'acide urique (produit de combustion nutritive imparfaite), absolument comme cela se voit chez les reptiles, qui sont des animaux à sang froid. Ici la physiologie comparée présenterait donc des objections à la théorie de la chaleur animale. Ce sont là des problèmes que je me borne à signaler aux investigateurs, en ajoutant que c'est ainsi que j'entends le rôle de la physiologie comparée. Elle doit toujours être pour le physiologiste un moyen de contrôle et l'occasion de nouvelles investigations expérimentales.

En résumé, je pense que, bien que les phénomènes chimiques qui se passent dans les animaux soient finalement soumis aux mêmes lois que ceux qui se passent en dehors d'eux, il y a entre eux des différences qui tiennent au procédé ou à la manière dont ils s'accomplissent, à raison de l'instrument physiologique qui les produit. Nous verrons plus tard que c'est même là un caractère général de toutes les actions chimiques des êtres vivants. Les phénomènes de fermentation, qui ne sont en réalité que des phénomènes de physiologie chimique, opérés à l'aide d'éléments histologiques créés par la vie, sont ceux qui dominent tous les autres dans les êtres organisés. Les phénomènes chimiques qui se passent dans les tissus et dans les globules du sang sont regardés le plus généralement comme des phénomènes de vraie combustion; ils me semblent participer beaucoup plus à la nature des fermentations. En effet la quantité d'acide carbonique exhalé par le poumon ne répond pas toujours, comme cela a lieu dans les combustions, à la quantité d'oxygène absorbé. Il est vrai qu'on pourrait objecter que la diminution du volume du gaz expiré vient de ce qu'une grande quantité d'acide carbonique peut s'échapper par d'autres voies que par le poumon. Toutes ces questions présentent donc encore, comme on le voit, une foule de problèmes irrésolus.

La chaleur du sang des parties centrales se maintient dans des limites qui varient peu

chez les animaux à sang chaud, par suite d'une équilibration qu'amène le rafraîchisse-
ment constant du sang à la périphérie du corps. Dans les conditions physiologiques
ordinaires, c'est le système nerveux vaso-moteur périphérique qui règle cette équilibration. Si la masse du sang tend à trop s'échauffer, les nerfs vaso-moteurs dilatent les
vaisseaux superficiels, et le sang se porte à la surface du corps; si la masse du sang
tend au contraire à se refroidir, les nerfs vaso-moteurs resserrent les vaisseaux superficiels, le sang se concentre à l'intérieur et ne se porte plus à la surface rafraîchissante
extérieure. La surface de la peau doit jouer, à ce point de vue, un rôle important chez les
animaux à sang chaud; car nous avons vu que, si on l'empêche de servir ainsi de régulateur à la température du milieu sanguin intérieur, en appliquant à la surface du
corps, d'une manière prolongée, une température trop chaude ou trop froide, l'animal
meurt de chaud ou de froid, parce qu'alors l'action nerveuse régulatrice ne peut plus
intervenir utilement.

Chez les animaux à sang chaud, la chaleur animale et, par conséquent, la température du sang varient un peu suivant l'état de nourriture et suivant l'état de digestion
ou d'abstinence. J'ai constaté fréquemment chez les chiens et les lapins à jeun un abaissement de la température d'un degré environ. M. Martins et M. Brown-Sequard
ont observé le même fait chez les oiseaux. (Ch. Martins, *Mémoire sur la température des
oiseaux palmipèdes du nord de l'Europe; dans le Journal de l'anatomie et de la physiologie,*
rédigé par M. Brown-Sequard, 1858, t. I, p. 10 et suivantes; *l. c.* 42.) La température
animale prise dans le rectum, comme étant un point assez fixe et comparatif chez les
divers animaux, montre que, chez les mammifères, la température est de 38° à 40°
cent.; chez les oiseaux, de 43° à 45° cent. Cependant il y a des oiseaux chez lesquels
la température ne dépasse pas 38° cent. ainsi que l'ont observé MM. Martins et
Brown-Sequard. (*Loc. cit.* p. 42.)

N° 96.

Autrefois on admettait que la transfusion avait des limites très-étroites, et que les
globules du sang ne pouvaient pas vivifier les éléments d'un animal d'une autre espèce.
On avait cru, par exemple, que les globules ronds ne pouvaient pas être substitués aux
globules elliptiques et *vice versa*. On a vu depuis que ces limites ne sont pas aussi
resserrées qu'on le croyait, et l'on a pu revivifier des éléments histologiques d'oiseaux
avec des éléments sanguins de mammifères, et réciproquement. M. Brown-Sequard a
pensé aussi déterminer la durée de la vie des globules du sang, en constatant le temps
que les globules elliptiques mettaient à disparaître dans le sang d'un mammifère. Mais
ces questions de la formation et de la destruction des globules rouges sont entourées
encore des plus grandes obscurités.

N° 97.

Davaine, *Recherches sur les globules blancs du sang.* (*Mémoires de la Société de biologie,*
1850, p. 103.)

N° 98.

Voyez mes *Leçons sur la physiologie expérimentale appliquée à la médecine*, t. 1, p. 247, 400, 401; 1855. — «Les globules blancs, disais-je, ne sont que des cellules organiques destinées à une évolution ultérieure.»

J'ai vu à la même époque que la levûre de bière peut se former aussi spontanément sous les yeux de l'observateur dans un liquide parfaitement transparent, où l'on n'aperçoit rien au début de l'expérience. (Voyez *loc. cit.* p. 246.) En disant que les globules blancs ou la levûre de bière se forment *spontanément*, je n'entends pas donner un argument en faveur de l'hétérogénie ou la génération spontanée. Je ne suis pas de ceux qui admettent des effets sans causes, ni de ceux qui croient expliquer les choses en leur donnant une origine merveilleuse. Rien ne naît spontanément dans les êtres vivants, tout se forme en vertu d'une loi de tradition organique avec hérédité et en vertu de conditions antérieures parfaitement déterminées, soit dans un milieu semi-solide, soit dans un milieu liquide (œuf, cellule ou blastème). Ce sont ces conditions seules que le savant doit chercher à déterminer, afin de pouvoir se rendre maître du phénomène. Plus loin j'aurai l'occasion de revenir sur ces idées, et bientôt j'espère pouvoir publier des recherches expérimentales nouvelles sur la formation des éléments histologiques.

N° 99.

Le plasma du sang sert encore de milieu pour la vie et le développement de beaucoup d'organismes vivants inférieurs qu'on désigne sous le nom d'*hématozoaires*. (Voyez Chaussat, *Des hématozoaires*, thèse de la faculté de médecine de Paris, 1850.)

N° 100.

La fibrine se forme dans les capillaires et disparaît dans certains organes, tels que le rein, le foie, etc. (Voyez Brown-Séquard, *Sur des faits qui semblent montrer que plusieurs kilogrammes de fibrine se forment et se transforment chaque jour dans le corps de l'homme*, dans le *Journal de la physiologie de l'homme et des animaux*, t. I, p. 208; 1858.)

N° 101.

Les fibres musculaires sont distribuées d'une manière inverse dans le système artériel et dans le système veineux. Les fibres musculaires sont plus abondantes dans les petites artères que dans les grosses; tandis que, au contraire, les grosses veines sont beaucoup plus musculeuses que les petites.

N° 102.

Voyez Ranvier, article CAPILLAIRES, dans le *Dictionnaire encyclopédique des connaissances médicales* publié sous la direction du docteur Dechambre, 1867.

Marey, *Physiologie médicale de la circulation du sang*, 1863.

Gimbert, *Structure des artères*, dans le *Journal de l'anatomie et de la physiologie*, dirigé par M. Ch. Robin.

Les parois des véritables vaisseaux capillaires paraissent parfois manquer, et il semble que les artères soient coupées ou débouchent dans un tissu où le sang s'épanche directement dans les interstices des éléments histologiques. Cela s'observe particulièrement dans des animaux très-inférieurs et chez les embryons. Dans ces cas la paroi des vaisseaux capillaires serait formée, suivant certains auteurs, d'une sorte de matière muqueuse comme une simple couche de protoplasma qui séparerait le sang de l'élément histologique. Faudrait-il alors considérer que les vaisseaux ne constituent plus un système clos et que cette paroi molle pourrait livrer passage à des corps solides, comme cela a été dit pour les extrémités des vaisseaux chylifères dans l'intestin ?

N° 103.

Y a-t-il des communications entre les capillaires sanguins et les lymphatiques ? Considérée anatomiquement, cette question doit être résolue par la négative; mais, envisagée au point de vue physiologique, elle doit être résolue affirmativement. En effet, j'ai injecté bien souvent dans le sang des sels, tels que du prussiate de potasse par exemple, et j'ai constaté que ces substances, arrivées dans les capillaires, passaient non-seulement dans les veines, mais que l'on pouvait aussi les retrouver facilement dans la lymphe. J'ai vu aussi qu'en faisant des injections par double décomposition soit avec du prussiate de potasse et un sel de fer, soit avec du chromate de potasse et de l'acétate de plomb, l'injection passait des artères dans les lymphatiques. Il y a donc bien réellement des communications entre les lymphatiques et les capillaires sanguins; mais ce sont des communications physiologiques, analogues à celles qui existent entre la mère et le fœtus. Les matières liquides peuvent passer par des phénomènes d'endosmose au travers des membranes ténues des capillaires, mais les éléments histologiques du sang ne peuvent entrer par cette voie d'un vaisseau dans l'autre. L'anatomie s'accorde avec cette interprétation. On ne rencontre pas d'ouverture directe faisant communiquer les capillaires sanguins et les lymphatiques, mais on voit parfois, ainsi que l'a découvert M. Ch. Robin, les capillaires sanguins entourés par la lymphe et comme plongés dans des poches lymphatiques. (Ch. Robin, *Comptes rendus et Mémoires de la Société de biologie*, 1855.)

N° 104.

Poiseuille, *Sur l'écoulement des liquides dans les tubes de petits diamètres.* (*Mémoires des savants étrangers de l'Académie des sciences.*)

La circulation capillaire, qui a été l'objet d'études nombreuses, offre de nombreuses variations, tantôt normales, tantôt accidentelles. Les globules du sang s'accumulent quelquefois de manière à obstruer les vaisseaux capillaires. Mais les plus grands obstacles à la circulation capillaire sont la présence dans le sang de bulles de gaz, de globules graisseux ou de poudres inertes, etc. Magendie avait déjà constaté autrefois que c'est par l'obstruction de la circulation capillaire du poumon que l'air introduit dans les veines cause la mort. Un physicien français, M. Jamin, a bien expliqué le mécanisme par lequel la présence de bulles d'air interrompt la circulation capillaire dans les végétaux et chez les animaux. (Jamin, *Leçons sur les lois d'équilibre et de mouvement des liquides; Société chimique de Paris*, 1862.)

N° 105.

Voyez mes *Recherches expérimentales sur le grand sympathique*, etc. (*Mémoires de la Société de biologie*, p. 77; 1853.)

N° 106.

J'ai montré dans cette même expérience qu'en galvanisant le bout supérieur du sympathique, la rougeur produite par une goutte d'ammoniaque versée dans l'œil disparaissait au moment de la galvanisation par resserrement des vaisseaux. (*Comptes rendus de la Société de biologie*, p. 168; 1852.)

N° 107.

Comptes rendus de l'Académie des sciences, 6 septembre 1858.

N° 108.

Depuis lors on a beaucoup parlé des actions paralysantes des nerfs. Il s'agit ici d'une action paralysante périphérique.

J'ai montré aussi que d'autres nerfs allant aux artères de la face avaient la propriété de dilater ces vaisseaux. (Voyez mes *Leçons sur les liquides de l'organisme*, etc.)

N° 109.

Pour les deux ordres de vaisseaux capillaires dans le foie, pour les circulations locales, voyez *Leçons sur les liquides de l'organisme*.

N° 110.

Sucquet, *De la circulation dans la tête et dans les membres de l'homme*, 1860. *Rapport* de M. Ch. Robin sur ce travail. (*Bulletin de l'Académie de médecine*, 1861, t. XXVI.)

N° 111.

L'influence du pneumogastrique sur l'arrêt du cœur a été constatée à peu près vers la même époque en Allemagne par Weber et par Budge. Il arrive très-souvent d'ailleurs qu'une même découverte se fait simultanément dans plusieurs pays à la fois; cela n'a rien d'étonnant, et c'est en quelque sorte une démonstration de l'évolution naturelle et progressive des sciences.

Pour mon expérience voyez la *thèse* de M. Lefebvre, soutenue à la faculté de médecine de Paris.

N° 112.

Voyez mes *Leçons sur le système nerveux*, t. I. p. 275.

N° 113.

En faisant des expériences sur la température du sang dans le cœur, j'ai observé que les cavités du cœur étaient douées d'une sensibilité spéciale très-délicate. Quand le thermomètre touchait la paroi du ventricule, l'animal (mouton) ne paraissait pas le sentir, au moins il ne faisait que peu ou pas de mouvements généraux ; mais aussitôt le cœur précipitait ses battements, qui devenaient beaucoup plus apparents, pour reprendre ensuite leur type normal quand l'irritation de la paroi ventriculaire avait cessé.

N° 114.

Il faut à ce propos distinguer dans le poumon les bronches et les vésicules pulmonaires. Les tuyaux bronchiques sont revêtus par une membrane muqueuse dont l'épithélium vibratile n'est pas favorable à l'absorption des gaz. Mais à l'extrémité des conduits aériens, se trouve une sorte de tissu cellulaire spongieux, comme l'appelait Magendie, formé par le rapprochement des vésicules pulmonaires. Ces vésicules, dont l'intérieur est tapissé par un épithélium pavimenteux, et dont la surface extérieure est parcourue par les réseaux sanguins pulmonaires, sont spécialement destinées à l'absorption des gaz.

M. Gréhant a trouvé qu'un demi-litre d'air est introduit en moyenne chez l'homme dans les poumons à chaque inspiration. Les deux tiers pénètrent dans la profondeur du poumon et se distribuent d'une manière homogène dans les vésicules pulmonaires ; l'autre tiers de l'air inspiré est rejeté avec les deux tiers de l'air vicié. On doit conclure de là qu'il suffit d'une seule respiration pour que les substances inspirées se mettent en contact avec le sang à la surface des vésicules pulmonaires.

La peau de certains animaux, comme celle des grenouilles par exemple, qui est très-perméable aux gaz et qui n'est pas enduite d'un vernis huileux, doit absorber l'eau. Chez les mammifères, la faculté absorbante de la peau paraît devoir être extrêmement faible pour l'eau ainsi que pour les gaz ; cependant, quand chez un mammifère, à l'aide d'une cloche ou par un autre procédé, on tient de l'air en contact avec la peau pendant un certain temps, cet air s'altère, absolument comme dans le poumon, c'est-à-dire que l'oxygène disparaît en même temps que de l'acide carbonique apparaît. On s'est fondé sur ces expériences pour dire que la mort par l'application des vernis imperméables sur la peau est une mort par asphyxie. Cette explication ne me paraît pas admissible.

N° 115.

Willemin, *Recherches expérimentales sur l'absorption.* (*Archives générales de médecine*, mai 1861.)

Delore, *Absorption des médicaments.* (*Comptes rendus de l'Académie des sciences*, 1863.)

Les corps gras permettent l'absorption de médicaments parce qu'ils se mêlent aux vernis huileux de la peau. Mais les glycérolés ne sont pas absorbables, ils sont comme l'eau, et peut-être encore moins absorbables.

N° 116.

M. Béclard pense que la condition qui favorise le plus l'endosmose est la différence de chaleur spécifique des deux liquides. (Voyez le *Traité de physiologie* de cet auteur.)

N° 117.

J'ai injecté dans le tissu cellulaire sous la peau, dans les poumons ou dans des séreuses, une solution d'albumine d'œuf, et j'ai retrouvé l'albumine dans l'excrétion urinaire. De même, après l'injection dans une veine d'une égale quantité du même liquide albumineux, on voyait bientôt l'albumine apparaître dans l'urine. J'ai injecté encore sous la peau et dans le poumon des ferments solubles, tels que de la diastase, de l'émulsine, de la pancréatine, etc. Je n'ai pas vu d'une manière très-claire ces ferments passer dans le sang; mais, ainsi que je l'ai déjà dit, l'émulsine n'arrive pas dans l'urine; elle reste localisée dans le foie, soit qu'on l'injecte directement dans le sang, soit qu'on la fasse absorber dans le tissu cellulaire sous-cutané. Il n'en serait sans doute pas de même de tous les ferments solubles, car en injectant du suc pancréatique dans une veine, j'ai retrouvé la pancréatine dans l'urine avec ses propriétés caractéristiques sur l'amidon hydraté et sur les matières grasses. Ainsi la couche épithéliale vasculaire n'empêche pas les matières albuminoïdes de passer soit de dehors en dedans soit de dedans au dehors. Cependant l'albumine du sang n'est pas normalement éliminée, ce qui est un argument en faveur de ceux qui pensent que les matières albuminoïdes se rencontrent dans le liquide sanguin à un état particulier de non-solubilité.

N° 118.

C'est ainsi qu'à la surface de la membrane muqueuse vésicale, non-seulement les matières albuminoïdes, mais encore des substances d'une tout autre nature ne sont pas absorbées. On peut injecter impunément de la strychnine, du curare dans la vessie, et l'empoisonnement n'a pas lieu, ce qui indique que ces substances ne sont pas absorbées ou qu'elles le sont d'une manière si faible que l'effet toxique ne peut se produire. Les différentes parties de la membrane muqueuse intestinale ne sont pas non plus également absorbantes. L'estomac absorbe peu. M. H. Bouley (*De l'action de la section du pneumogastrique sur l'empoisonnement par la noix vomique,* dans les *Comptes rendus de la Société de biologie,* t. II, 1re série, p. 195, 1850) a constaté que chez le cheval la ligature du pylore empêche l'empoisonnement par la strychnine. La surface du gros intestin paraît douée d'une absorption plus active que celle de l'intestin grêle. Dans ce dernier point l'absorption varie aussi selon l'état de jeûne et de digestion.

Le curare, introduit dans l'intestin pendant la digestion, n'empoisonne pas, parce que alors l'absorption est trop faible relativement à l'élimination du poison, qui est toujours très-rapide. Il ne peut par conséquent pas s'accumuler dans le sang une quantité de curare suffisante pour devenir délétère. Pendant l'abstinence le curare, introduit dans l'intestin, donne lieu à l'empoisonnement, parce qu'alors l'absorption est plus active que pendant la digestion, l'activité de l'élimination restant la même. Ce qui le prouve, c'est que le curare peut devenir toxique pendant la digestion si l'on fait l'ablation des reins.

Quand on veut juger de l'absorption des substances par leurs effets toxiques, il est donc très-important de tenir compte de la relation ou plutôt de l'équilibre qui peut s'établir entre l'absorption et l'élimination de la substance toxique.

L'absorption des sels de fer dans l'intestin paraît très-faible et même douteuse. Je n'ai point constaté clairement le passage de ces substances dans l'urine; mais j'ai observé qu'elles excitaient énergiquement la vitalité de la membrane muqueuse digestive. Cela m'a porté à penser que l'action médicamenteuse des ferrugineux est plutôt un effet local sur l'intestin qu'une action générale par absorption de la substance. Les sels de fer ne s'absorbent pas non plus dans le tissu cellulaire sous-cutané. C'est pourquoi en injectant chez un lapin une solution de *lactate* de fer dans le tissu cellulaire du cou, par exemple, et du prussiate de potasse dans le tissu cellulaire sous-cutané de la cuisse, on voit bientôt du bleu de Prusse se former dans le tissu cellulaire du cou, mais non dans le tissu cellulaire de la cuisse; ce qui prouve que le prussiate de potasse absorbé est venu se combiner avec le sel de fer dans le tissu cellulaire du cou, tandis que le sel de fer ne serait pas allé trouver le prussiate dans le tissu cellulaire de la cuisse.

N° 119.

Pendant l'abstinence ou à jeun l'absorption des matières albuminoïdes est plus active et ces substances peuvent passer dans l'urine : j'ai cité un cas de ce genre. Mais pendant la digestion l'absorption des substances albuminoïdes doit aussi s'opérer en très-faible proportion; on trouve presque toujours, à une certaine période de la digestion, un peu d'albumine dans les urines. Des faits qui précèdent il faudrait donc conclure que toutes les matières albuminoïdes qui sont directement absorbées par l'intestin, soit au début soit dans le cours de la digestion, ne restent pas dans le sang.

Je pense que ce qui vient d'être dit pour les matières albuminoïdes est également vrai pour les matières sucrées. A jeun, ces substances paraissent être très-activement absorbées, tandis qu'elles ne semblent l'être que très-faiblement pendant la digestion.

Si l'absorption à la surface de l'intestin varie d'intensité, suivant l'état de jeûne ou de digestion, cela tient à ce que la membrane muqueuse intestinale est à la fois absorbante et exhalante ou sécrétante, et à ce que ces deux états fonctionnels se développent en quelque sorte d'une manière inverse et aux dépens l'un de l'autre. La faculté absorbante diminue pendant la digestion, quand la membrane muqueuse intestinale est vasculaire et turgide; l'absorption devient au contraire très-énergique pendant l'abstinence, quand la membrane intestinale est pâle et sèche. La turgescence vasculaire est aussi une des conditions qui empêchent les ferments digestifs d'être absorbés et de digérer la membrane muqueuse intestinale. Ce n'est pas en vertu d'une résistance vitale mystérieuse comme l'avaient avancé certains physiologistes, car j'ai montré que des animaux peuvent être digérés vivants quand ils n'ont pas un épithélium qui les protège contre l'action du ferment propre au suc gastrique. J'ai encore prouvé par une autre expérience directe que la faculté sécrétante s'oppose à l'absorption. J'ai injecté une solution de strychnine dans le conduit d'une glande salivaire qui ne sécrétait pas ; puis j'ai fait une ligature pour empêcher la substance toxique de s'écouler au dehors. Au bout de quelques secondes, les phénomènes de l'empoisonnement avaient lieu, ce qui indiquait que la substance toxique était absorbée. Mais, si en répétant l'expérience je venais aussitôt après l'injection de la solution de strychnine à galvaniser le nerf de la glande pour la mettre dans un état de sécrétion, l'empoisonnement n'avait pas lieu, bien que la ligature empêchât le poison de s'écouler et les liquides sécrétés de l'entraîner. L'intoxication et par conséquent l'absorption ne se montraient que lorsque je cessais l'excitation du nerf et que je faisais cesser l'acte sécrétoire.

N° 120.

Gruby et Delafond, *Comptes rendus de l'Académie des sciences*, t. XVI, p. 1194.

Il existe, en effet, à l'extrémité des vaisseaux chylifères un épithélium spécial qui permet à la graisse émulsionnée du chyle de pénétrer dans leur intérieur. Des particules solides très-ténues pourraient arriver par les mêmes voies ; seulement il faut savoir qu'il peut y avoir aussi des pénétrations accidentelles par plaies microscopiques des vaisseaux capillaires et sans qu'il en résulte d'accidents. C'est par plaie microscopique des vaisseaux que du charbon pilé peut pénétrer dans le sang. C'est ainsi que certains hématozoaires armés peuvent arriver dans les voies circulatoires, que les larves de trichines, par exemple, émigrent de l'estomac où elles se développent dans la fibre musculaire où elles se transforment, etc.

N° 121.

Voir ma *thèse* de médecine *sur le suc gastrique*, 1843.

N° 122.

D'après de nouvelles recherches encore inédites, je pense que l'absorption digestive est d'une tout autre nature que les absorptions ordinaires. J'ai vu chez la grenouille des glandes pyloriques disparaître pendant l'hiver quand la digestion cesse, et se régénérer au printemps quand la digestion recommence. Je suis porté à admettre, d'après mes expériences, qu'il y a à la surface de la membrane muqueuse intestinale une véritable génération d'éléments épithéliaux qui attirent les liquides alimentaires, les élaborent et les versent ensuite par une sorte d'endosmose dans des vaisseaux. La digestion ne serait donc pas une absorption alimentaire simple et directe. Les aliments dissous et décomposés par les sucs digestifs dans l'intestin ne forment qu'un blastème générateur dans lequel les éléments épithéliaux digestifs trouvent les matériaux de leur formation et de leur activité fonctionnelle. Je ne crois pas, en un mot, à ce qu'on pourrait appeler la *digestion directe*. Il y a un travail organique ou vital intermédiaire. Ce n'est pas une simple dissolution chimique, comme l'avaient admis la généralité des physiologistes. J'espère pouvoir plus tard développer toutes les conséquences de ces nouvelles idées.

Nº 123.

J'ai vu que la strychnine ou le curare injectés dans le sang n'agissent pas instantanément. Quand on n'injecte que de faibles quantités de substance, on voit que le temps nécessaire à l'action du poison dépasse de beaucoup celui qui est nécessaire pour que la circulation le transporte dans tout l'organisme. (Voyez *Revue des cours publics : Leçons sur le curare*, 1864.)

Nº 124.

Voyez P. Bérard, *Leçons de physiologie*.

Nº 125.

Le système nerveux semble devoir agir aussi sur l'absorption gazeuse, car les grenouilles empoisonnées par le curare, c'est-à-dire paralysées des nerfs moteurs, ne peuvent plus respirer par la peau. Elles sont bien plus vite asphyxiées que quand on leur enlève simplement les poumons.

Nº 126.

On donne en botanique encore le nom de *sécrétion* à une sorte d'absorption élective qui localise certains produits dans un organisme. Les plantes marines, par exemple, sécrètent l'iode, c'est-à-dire le séparent de l'eau de mer et l'accumulent dans leurs tissus. Dans les animaux l'excrétion sépare quelque chose du *milieu intérieur*, et l'expulse au dehors. Mais il serait bien encore possible qu'un principe formé dans le milieu intérieur organique fût séparé par un organe qui le retînt et ne le rejetât pas au dehors. C'est ainsi que l'émulsine introduite dans le sang est séparée du sang par le foie et retenue dans son tissu. Il pourrait peut-être bien y avoir aussi quelque chose d'analogue dans la sécrétion de la matière glycogène qui, dans certaines circonstances, existe à l'état de diffusions dans les tissus.

Dans les végétaux les produits sécrétés par les fruits sont probablement dans la séve. Ils sont seulement élaborés plus profondément dans le fruit par la maturation. Dans un cas en faisant brûler le bois d'un poirier, j'ai constaté qu'il répandait une odeur tout à fait semblable à celle qu'on obtenait en faisant cuire les poires que portait cet arbre. Il y a encore beaucoup de points obscurs dans le mécanisme des sécrétions; il est surtout très-difficile de délimiter d'une manière absolue les phénomènes d'absorption, de sécrétion et d'excrétion.

Nº 127.

Cette classification des sécrétions est celle que je suis dans mon cours de physiologie générale.

On pourrait regarder, d'une manière très-générale, les sécrétions comme *des produits de la nutrition spéciale des éléments*. Tous les éléments organiques produisent ou sécrètent quelque chose de spécial. Ces produits de sécrétions peuvent être *chimiques*, *physiques* ou *organiques*.

Les produits de sécrétion chimique sont des principes immédiats : ainsi le glycogène, l'amidon, la fibrine, l'albumine, la caséine, la ptyaline, la pancréatine, etc. On pourrait considérer l'alcool comme une sorte de sécrétion de la levûre de bière. Il y a encore des sécrétions végétales en grand nombre qui rentreraient dans les sécrétions chimiques; telles sont les sécrétions des essences végétales, etc. La gomme et la gélatine ne sont pas des produits de sécrétion, mais des modifications spéciales d'autres substances sécrétées.

Les produits de sécrétions *physiques* sont fournis par les éléments des systèmes nerveux et musculaire; ce sont eux qui donnent naissance aux mouvements, à l'électricité, à la sensibilité, etc.

Les produits de sécrétions *organiques* sont fournis par les éléments qui concourent à la génération des éléments. Ainsi l'ovaire, le testicule, donnent des produits qui sont organisés, en ce sens qu'une fois formés, au lieu d'avoir en eux le type d'une évolution chimique qu'ils suivent quand les conditions le leur permettent, ils ont en eux le type d'une évolution organisatrice, etc.

N° 128.

Voyez mon *Mémoire sur une nouvelle fonction du placenta*. (*Comptes rendus de l'Académie des sciences*, 10 janvier 1859.)

N° 129.

Voyez *Leçons sur les liquides de l'organisme*, t. II, p. 322.

N° 130.

Voyez *Leçons sur les liquides de l'organisme*, t. II, p. 289.

N° 131.

M. Colin a montré que la sécrétion salivaire peut alterner d'une glande à l'autre. J'ai vu la même alternance des deux reins pour l'excrétion urinaire.

N° 132.

Picard, *Sur la présence de l'urée dans le sang et sa diffusion dans l'organisme*; thèse de la faculté de Strasbourg.

N° 133.

Leçons sur les liquides de l'organisme faites au Collège de France, t. I, p. 321 et suivantes, p. 353; 1859.

N° 134.

Voyez mon cours publié dans *Medical Times and Gazette*, 1860-1861. (*Comptes rendus de la Société de biologie*, 3° série, t. II, p. 23.)

N° 135.

Comptes rendus de la Société de biologie, 3ᵉ série, t. 1, p. 49.

N° 136.

Voyez mes *Leçons au Collége de France,* 1856. p. 48.

N° 137.

Voyez Miahle, *Digestion et assimilation des matières sucrées,* 1846.

N° 138.

Blondlot, *Traité analytique de la digestion,* 1843. — A peu près à la même époque que
M. Blondlot, un autre physiologiste étranger faisait également l'étude du suc gastrique
à l'aide de fistules stomacales. Nous avons plus d'une fois constaté cette simultanéité
d'une découverte dans deux pays à la fois; ce qui prouve, comme nous l'avons déjà
dit, que la science a une marche évolutive qui amène l'apparition de certaines idées
et la solution de certaines questions à un moment donné.

N° 139.

Voyez Blondlot, *Inutilité de la bile dans la digestion proprement dite,* Nancy, 1851.

N° 140.

M. Oré (de Bordeaux) a oblitéré la veine porte sur des chiens, et il a vu la sécrétion
de la bile continuer. (Voyez Oré, *Fonctions de la veine porte,* Bordeaux. 1861.)

N° 141.

Voyez mon *Mémoire sur le pancréas et sur les usages du suc pancréatique dans la
digestion.* (Supplément aux *Comptes rendus de l'Académie des sciences,* t. 1.) Voyez L. Cor-
visart, *Sur une fonction peu connue du pancréas,* 1857-1858.

N° 142.

La graisse peut provenir en partie du dehors, mais il s'en produit certainement dans
l'organisme animal comme dans les organismes végétaux. Tout porte à penser que cette
graisse n'existe pas d'abord à l'état de graisse isolée, elle se trouve à l'état de combinaison avec des matières albuminoïdes ou autres, puis c'est par une sorte de travail de
décomposition, de dédoublement ou de fermentation, que cette graisse se sépare. C'est
ainsi qu'on trouve que des graines récoltées peuvent s'enrichir en matières grasses après
avoir été séparées de leur tige C'est ainsi qu'on peut expliquer l'augmentation de la
graisse dans le lait, après qu'il a été extrait de la mamelle. Dans la moelle nerveuse la
graisse se sépare par une sorte de fermentation quand le nerf s'altère. On avait cru
que la graisse se formait par l'inflammation. M. Ranvier a montré qu'il n'en est pas
ainsi ; la graisse, au contraire, disparaît. L'action toxique du phosphore, qui produit

la formation de la graisse dans certains éléments histologiques, agit directement et, vraisemblablement, aussi par l'intermédiaire des nerfs. Il y a arrêt de la nutrition de l'organe, ce qui donne lieu à un travail de fermentation organique dans lequel la graisse s'isole de ses combinaisons organiques normales.

Il existe aussi un fait bien connu : c'est que, quand un tissu cesse de fonctionner, il s'infiltre de graisse, c'est-à-dire devient graisseux. Divers auteurs ont discuté pour savoir si c'était une transformation ou une substitution graisseuse, sans pouvoir résoudre la question par des arguments décisifs. Il est probable qu'ici la graisse se forme par le procédé que nous avons indiqué précédemment.

Pour étudier le mécanisme de la formation de la graisse, nous avions commencé, M. Berthelot et moi, des expériences consistant à nourrir des animaux avec de la graisse chlorée. Nous n'avons pas poursuivi ces expériences, qui mériteraient d'être reprises.

N° 143.

Voyez mes *Leçons au Collége de France*, 1854. — Dans les travaux qui ont été publiés sur la glycogénie, il y a des faits erronés ou mal interprétés que je me propose de reprendre, mais dans l'examen desquels je ne puis entrer ici.

N° 144.

La finalité des choses nous semble, en effet, différente suivant la manière dont nous les considérons. Quand on envisage les organismes ou les êtres d'une manière isolée, chaque être a en lui, comme le dit Aristote, son *entéléchie*, et il nous apparaît comme un centre pour lequel est fait tout ce qui l'entoure. Le végétal n'est pas destiné physiologiquement à servir de nourriture à l'animal, bien que, dans l'ordre général de la nature, il n'en puisse être autrement. Quand nous considérons un organisme entier, les éléments histologiques qui le composent paraissent créés pour lui, tandis que, quand nous considérons un élément histologique, l'organisme semble fait pour lui. Les usages des choses dans la nature ne sont donc que l'expression des rapports qu'elles ont entre elles et qui peuvent varier suivant la manière dont nous les envisageons ; c'est ce qui fait la difficulté de l'appréciation des causes finales.

N° 145.

J'ai montré qu'il se forme dans les animaux une matière amylacée animale qui n'offre aucune différence avec la matière amylacée végétale. Elle a la même composition élémentaire, d'après l'analyse de M. E. Pelouze. (*Comptes rendus de l'Académie des sciences.*) Elle forme du glycose qui donne lieu aux mêmes combinaisons avec le sel marin. (Voyez Berthelot et de Luca, *Sucre formé avec la matière glycogène hépatique;* dans les *Comptes rendus de la Société de biologie*, 3ᵉ série, t. I, p. 139; 1859.)

N° 146.

Voyez mes *Mémoires sur le mécanisme de la formation du sucre dans le foie.* (*Comptes rendus de l'Académie des sciences*, 24 septembre 1856-23 mars 1857.)

N° 147.

Dans les organismes élevés. c'est seulement par l'intermédiaire du système nerveux qu'on agit sur la plupart des phénomènes vitaux.

N° 148.

Voyez, sur le mécanisme de la formation du sucre dans le foie, *Comptes rendus de l'Académie*, 24 septembre 1855.

N° 149.

Ch. Robin, *Programme du cours d'histologie.*
Morel et Willemin, *Traité d'histologie humaine.*

N° 150.

Voyez mon *Mémoire sur une nouvelle fonction du placenta* (*Comptes rendus de l'Académie des sciences*, 10 janvier 1859); — *De la formation de la matière glycogène chez les animaux dépourvus de foie* (*Comptes rendus de la Société de biologie*, 3° série, t. 1, p. 53 et 101; 1859).

N° 151.

Sans doute il peut s'introduire du sucre dans le sang par l'absorption intestinale. mais il n'en arrive que très-peu et en quelque sorte accidentellement. Le sucre paraît nécessaire dans l'intestin comme élément constituant du blastème intestinal destiné à la rénovation des cellules sécrétoires intestinales.

N° 152.

A l'état normal le sucre, l'albumine et les graisses ne sont pas éliminés ; cependant cela n'est pas absolu, car on a pu soutenir qu'il existait toujours des traces de ces substances dans les excrétions. Ce n'est donc que l'excès qui constituerait une maladie, ce qui prouverait que les états pathologiques ont des représentants physiologiques.

N° 153.

Dans le poumon et à la surface cutanée les gaz peuvent être exhalés par un simple fait d'échange entre le milieu extérieur et le milieu intérieur ; mais dans l'intestin, où il n'y a pas normalement d'air, l'exhalation gazeuse doit se faire en vertu d'un autre mécanisme. Il est probable que le système nerveux a une influence sur la production de ces gaz, car je les ai vus se produire en grande quantité sous l'influence d'une irritation de la moelle épinière. Les substances gazeuses qui sont éliminées sont en général celles qui peuvent être absorbées. Cependant l'hydrogène qui n'est pas sensiblement absorbé est parfois exhalé en plus ou moins forte proportion. ainsi que cela résulte des expériences de MM. Regnault et Reiset.

N° 154.

Voyez mes *Leçons au Collége de France sur les substances toxiques et médicamenteuses*, p. 57; 1857.

Pour avoir une élimination bien marquée d'hydrogène sulfuré, il faut en injecter une assez forte proportion, ce qui ferait supposer que tout le gaz n'est pas éliminé et qu'une partie se détruit ou reste en dissolution dans le sang.

N° 155.

Voyez mes *Leçons sur les liquides de l'organisme*, t. 1, p. 37; t. II, p. 182 et 373.

N° 156.

Voyez mes *Leçons sur les liquides de l'organisme*, t. II, p. 47 et suiv.

N° 157.

Picard, *De l'urée et de sa diffusion dans l'organisme;* thèse de Strasbourg.

N° 158.

Rayer, *Maladies des reins*, t. I,

N° 159.

Voyez mes *Leçons sur les liquides de l'organisme*, t. I, p. 298-359.

Il ne faudrait pas réduire la sécrétion à une pure modification vasculaire. Si les nerfs sécréteurs, comme la corde du tympan par exemple, produisent à la fois la sécrétion et la vascularisation, ce n'est que par coïncidence. La vascularisation existe seule sans sécrétion quand on irrite très-faiblement la corde du tympan ou quand on coupe le grand sympathique. La sécrétion existe seule sans vascularisation quand on isole la glande sous-maxillaire ou qu'on lie ses artères en même temps qu'on galvanise la corde du tympan. D'un autre côté, j'ai fait voir que, quand on galvanise très-fortement la corde du tympan, l'accélération de la sécrétion salivaire n'est pas constamment parallèle à l'intensité de l'écoulement sanguin; il arrive un moment où l'écoulement sanguin par la veine glandulaire diminue, tandis que l'écoulement salivaire augmente encore.

Il est donc probable que, dans la glande comme dans les muscles, il y a deux ordres de nerfs moteurs : les uns qui se rendent à l'élément histologique fibre musculaire ou cellule glandulaire; les autres qui se rendent aux vaisseaux et sont des nerfs vaso-moteurs.

Les deux ordres de nerfs agissent en général d'une manière simultanée, mais la vascularisation n'est qu'auxiliaire à la sécrétion, elle ne la produit pas directement.

On pourrait donc espérer séparer dans les glandes, comme je l'ai fait dans les muscles, le nerf moteur de l'élément histologique sécréteur du nerf vaso-moteur. Il m'a semblé que cette séparation était possible pour le nerf sécréteur de la glande parotide.

L'électricité excite directement l'élément musculaire, mais elle ne détermine pas de même les fonctions de l'élément glandulaire. Toutefois ce ne serait point là une différence absolue, car l'électricité n'agit que très-confusément sur les muscles de la vie organique, tandis que la chaleur les fait contracter très-énergiquement, c'est-à-dire qu'ils sont thermo-systaltiques. Les courants électriques continus paraissent agir dans le même sens que la chaleur sur les muscles; ils se comporteraient probablement de même pour l'élément glandulaire.

N° 160.

J'ai constaté que l'iode est très-facilement éliminé en général par toutes les excrétions et sécrétions. Toutefois, c'est par la sécrétion salivaire qu'il est le plus rapidement expulsé. La moindre trace d'iode absorbé apparaît dans la salive avant de se montrer dans l'urine ou dans d'autres sécrétions. Quand des quantités assez considérables d'iode sont introduites dans le sang, l'urine est regardée comme produisant son élimination, mais cette élimination n'est pas complète. J'ai constaté que, lorsque la quantité restante d'iode dans le sang est devenue très-faible, le rein la retient et ne l'expulse plus, tandis que la salive l'élimine encore. Mais comme la salive n'est pas une excrétion, en ce sens que le liquide salivaire est versé dans le canal intestinal, il en résulte que l'iode réintroduit avec la salive est réabsorbé en quelque sorte indéfiniment. J'ai vu, en effet, l'iode exister encore dans la salive plus de trois semaines après son introduction dans l'organisme. Cette sorte d'emprisonnement des médicaments constitue un fait intéressant qui peut avoir ses applications en médecine. On a observé depuis longtemps que le prussiate jaune de potasse s'élimine par le rein très-facilement; j'ai remarqué en outre qu'il passe aussi dans la sécrétion gastrique, mais qu'il n'apparaît jamais dans la salive en l'injectant dans le sang à la dose la plus forte que puisse supporter l'animal. J'ai voulu savoir si cette non-élimination du prussiate jaune par la salive était une résistance absolue de l'organe glandulaire. Pour le vérifier, j'ai injecté par un rameau de la carotide externe vers la périphérie une solution de prussiate jaune, de manière à exagérer considérablement par cet artifice la dose du prussiate dans le sang qui arrivait à la glande salivaire, sans risquer pourtant de tuer l'animal. Alors j'ai vu que, dans ces conditions, il passait du prussiate jaune dans la salive, ce qui prouve qu'il ne s'agit pas là d'une résistance absolue de la glande au passage du prussiate de potasse, mais seulement d'un degré relatif dans sa propriété éliminatrice. Les mêmes différences ne s'observent pas pour l'absorption des mêmes substances à la surface des organes salivaires. L'iode et le prussiate jaune, injectés dans les conduits salivaires, s'absorbent facilement l'un et l'autre; cependant l'iode est absorbé avec une activité telle qu'en l'injectant dans une glande, on le recueille en quelque sorte en même temps dans la salive de la glande du côté opposé. Il faut supposer cependant que la substance, pour arriver d'une glande à l'autre, a dû traverser tout le torrent de circulation; ce qui fait voir, pour le dire en passant, l'incertitude de ces sortes de procédés employés pour mesurer la rapidité de l'absorption et de la circulation. J'ai constaté que les sels de fer, tels que le lactate et l'acétate de fer, par exemple, injectés dans le sang, passent dans l'urine et dans le suc gastrique, tandis qu'on ne les trouve pas dans la salive. Mais si l'on injecte en même temps de l'iode, il se forme de l'iodure de fer, qui passe alors avec facilité dans les liquides salivaires.

Cette espèce de sensibilité pour l'élimination que possèdent les divers organes dans des limites différentes ne se constate pas seulement pour les substances étrangères au sang, mais elle existe aussi vis-à-vis des substances qui font partie de la constitution normale du liquide sanguin, telles que le sucre, le chlorure de sodium et d'autres sels.

De cette manière, tous les organes sécréteurs forment par leur ensemble un système de trop-plein physiologique qui doit maintenir équilibrée la composition du sang. Les modifications dans le rôle éliminateur des organes sécréteurs et excréteurs doivent tenir à des dispositions spéciales de leur épithélium. Mais ce sont là des phénomènes encore fort peu connus. On peut dire cependant que les troubles dans les phénomènes d'excrétion et de sécrétion sont généralement en rapport avec l'altération des propriétés des épithéliums.

N° 161.

Voyez mes *Leçons au Collége de France*, 1855, t. I, p. 291, etc.

N° 162.

Voyez mon *Mémoire sur l'influence du grand sympathique sur la chaleur animale* (*Mémoires de la Société de biologie*, 1853); — *Leçons sur les liquides de l'organisme*, t. I, p. 249.

N° 163.

Quand, par exemple, sur un mammifère, on enlève un seul rein, l'animal ne meurt pas, parce que le rein restant supplée à celui qui manque. Si, au lieu d'enlever un rein, on ne fait que couper les nerfs qui s'y rendent, alors la glande rénale se dénourrit, se décompose et l'animal meurt, non par l'absence de fonction de l'organe, puisqu'un rein suffit, mais parce que la fonte putride du rein a engendré des substances septiques qui ont empoisonné l'animal. J'ai montré que la section des nerfs de la glande sous-maxillaire (corde du tympan) amène aussi sa dénutrition ou sa dégénérescence. Toutefois la mort de l'animal n'en résulte pas, ce qui permet à l'organe de se séparer au bout d'un certain temps. (Voyez mes *Leçons sur les liquides de l'organisme*, t. II, p. 34.)

N° 164.

Le végétal et l'animal se nourrissent et vivent de même; seulement ils agissent différemment sur l'atmosphère, parce qu'ils sont munis d'instruments physiologiques différents, et qu'ils constituent en réalité des machines organiques bien distinctes. Mais ils ne fonctionnent pas moins d'après les mêmes lois physiologiques. De même les machines inorganiques, quoique obéissant aux mêmes lois de la mécanique, exercent sur ce qui les entoure les effets les plus divers.

N° 165.

Nous savons que l'oxyde de carbone est le poison du globule rouge sanguin. Le globule de matière verte végétale a aussi son poison. M. Boussingault a fait récemment à ce sujet des expériences très-importantes. Il a vu que le mercure, introduit sous une cloche où se trouve un végétal, détruit la propriété que possèdent ses feuilles d'agir sur l'air, et il a constaté aussi que le soufre empêche cette action délétère de se produire. Ces influences physiologiques toxiques du mercure et anti-toxiques du soufre, qui sont très-marquées, ont lieu sous l'influence de quantités de substances en quelque sorte infinitésimales. En effet, dans ces expériences, le mercure et le soufre ne peuvent être décelés dans l'air par les réactifs. Cette dernière circonstance donne à ces phénomènes l'apparence des actions miasmatiques, qui, bien que très-réelles, sont elles-mêmes indéterminables par nos moyens d'investigation dans l'état actuel de la science.

Le mercure serait-il aussi un poison pour les globules de sang ? C'est ce qui semblerait résulter des expériences de Gaspard sur les œufs.

N° 166.

Chez les végétaux les phénomènes de réduction sont nécessairement prédominants, parce que le végétal doit créer chaque année les principes ligneux organiques qui constituent ses organes foliacés caduques, et parce que, d'autre part, il s'accroît durant toute sa vie dans son squelette ligneux. La cellulose qui forme le bois ou le ligneux est un principe immédiat végétal qui est produit par réduction, par la fixation des éléments de l'eau et du carbone provenant de l'acide carbonique atmosphérique. Chez les animaux, les phénomènes de combustion doivent dominer, parce que les globules sanguins, le tissu musculaire, etc., qui forment la plus grande masse de leur corps, sont des organes comburants énergiques, dont il n'existe pas d'analogues dans le règne végétal.

Il y a des animaux qui forment la chitine dans leur enveloppe (insectes crustacés); ils font aussi du glycogène quand ils changent de carapace. Est-ce le glycogène qui se change en chitine? Ils ont un foie purement biliaire. Quand ces animaux grandissent, ils ont une espèce de blastoderme qui renaît en quelque sorte à chaque période de leur accroissement, et alors le glycogène apparaît dans tous les tissus. (*Expériences inédites.*)

N° 167.

On peut arriver à ce résultat par l'analyse comparative du sang à l'entrée et à la sortie des organes musculaires, nerveux, glandulaires, etc. Il faut encore avoir soin de considérer les phénomènes suivant que ces organes sont en repos ou en fonction. J'ai déjà, depuis longtemps, commencé des études dans cette voie, ainsi qu'il a été dit ailleurs, mais la chimie organique n'est pas encore assez avancée pour nous fournir des moyens suffisants d'analyse physiologique du sang. Néanmoins, c'est dans les modifications du milieu intérieur d'un côté qu'il faut trouver les éléments du problème nutritif, et dans l'activité vitale de l'élément histologique, de l'autre. qu'il faut chercher l'explication des phénomènes.

N° 168.

Il ne saurait y avoir de nutrition directe, c'est-à-dire sans un milieu spécial préparé par l'organisme pour l'élément histologique [1].

[1] Les aliments pris par l'organisme n'agissent donc jamais *directement* dans la nutrition, ce qui ôte leur valeur à tous les calculs chimiques qu'on pourrait faire à cet égard. Les *excitants* alimentaires seuls peuvent agir directement, tels que l'alcool, par exemple, qui est un excitant alimentaire, en ce sens qu'il stimule les fonctions du système nerveux sans nourrir. Aussi n'est-il pas brûlé comme les chimistes l'avaient cru; il est rejeté par l'excrétion urinaire et par la respiration. (Voir *Du rôle de l'alcool et des anesthésiques dans l'organisme. Recherches expérimentales,* par L. Lallemand, Perin et Duroy, 1860.)

Les animaux, même les plus simples, ne se nourrissent pas directement des matériaux qui les entourent, mais de ces matériaux après qu'ils ont été préparés sous forme d'un milieu intérieur. C'est pourquoi la rédintégration ne s'accompagne pas d'accroissement. Ainsi, quand on coupe en plusieurs fragments un polype hydraire ou une planaire, chacun de ces fragments forme un nouvel animal complet. Cette reconstitution ne se fait pas au moyen des substances nutritives qui sont dissoutes dans l'eau, mais aux dépens du fluide nutritif organisé qui restait dans le fragment séparé. Il s'ensuit que l'animal rédintégré a le même volume que la partie qui lui a donné naissance; il ne grandit que lorsqu'il s'est reformé et qu'il a repris des organes aptes à lui préparer le milieu intérieur. Il en est de même pour les rédintégrations des pattes ou de la queue chez les lézards ou les salamandres. Il en est parfois de même aussi pour des tissus greffés; leurs éléments histologiques ne persistent qu'autant qu'ils n'ont pas épuisé les matériaux nutritifs de leur milieu organique qu'on avait greffés avec eux. C'est ce qui s'observe encore pour des parties séparées d'un animal qui continuent à vivre et même à se développer isolément, ainsi que l'a constaté M. Vulpian sur les queues de têtards. Dans ce cas la nutrition continue aux dépens des globules vitellins du milieu ou du blastème intérieur, mais non directement aux dépens du milieu ambiant qui entoure la queue du têtard.

Le milieu intérieur, pour permettre le phénomène de la vie ainsi que le phénomène d'échange nutritif, doit être le théâtre de mutations chimiques très-actives. C'est pourquoi il doit d'abord être liquide et renfermer une grande proportion d'eau. Si l'eau manque, les phénomènes de la nutrition s'arrêtent et s'amoindrissent considérablement ainsi que les manifestations de la vie; il ne peut y avoir alors que *vie latente*. Nous rappellerons que tous les éléments histologiques ne peuvent se nourrir et vivre que dans un milieu liquide; l'organisme ne vit dans l'air que par les artifices de sa construction. Nous savons encore que le milieu intérieur pour être apte aux phénomènes de nutrition doit posséder une certaine température, qu'il doit renfermer les éléments nutritifs qui sont nécessaires à la réparation des pertes faites par les éléments histologiques. D'où il résulte que le milieu nutritif doit être d'une composition d'autant plus complexe que l'organisme est lui-même plus complexe et plus élevé.

Chez les végétaux et chez les animaux à sang froid la nutrition s'amoindrit considérablement pendant l'hiver et augmente d'énergie pendant l'été. Chez les animaux à sang chaud elle est constante. Il faut que chez les animaux le milieu intérieur ou sang contienne tous les éléments salins, azotés ou autres, qui entrent dans la constitution des éléments musculaires, osseux, nerveux, etc. Pour les organismes inférieurs le milieu doit être beaucoup plus simple, et M. Pasteur a montré que pour la levûre de bière le milieu peut être réduit à de l'eau, de l'ammoniaque, du sucre et un sel terreux.

N° 169.

Dès 1854 j'ai insisté sur l'importance de la présence du sucre pour l'accomplissement des phénomènes de nutrition et de développement. Les liquides animaux ou végétaux ne semblent pouvoir être le siége d'évolutions organiques qu'autant qu'ils renferment des matières sucrées. J'ai constaté que la levûre de bière ne peut se développer dans le sérum du sang s'il n'est pas sucré, et cependant c'est un milieu très-complexe, qui contient des matériaux nutritifs en excès. J'ai observé également que dans le sérum sucré il se développe, sous l'influence d'une douce température, des productions amyloïdes tout à fait analogues aux globules blancs. J'ai vu enfin que chez le fœtus le développement des tissus s'accomplit au milieu de liquides sucrés, et j'ai montré la présence du sucre dans le sang du fœtus ainsi que dans les liquides de l'amnios, etc.

Plus tard je découvris l'élément glycogénique dans l'œuf animal et dans l'embryon végétal. J'ai vu de même l'élément glycogénique se développer dans le blastoderme de l'oiseau, dans la vésicule ombilicale, dans la cicatricule, autour de la vésicule germinative, dans le placenta, etc. La graine, le bourgeon, contiennent la matière sucrée sous la forme de fécule ou de sucre, car j'ai constaté que, dans les graines oléagineuses, il n'y a que du sucre. Chez l'embryon la fonction glycogénique est généralisée, mais dans l'organisme adulte cette fonction se restreint parce que les phénomènes de nutrition et de développement organique continuent avec moins d'intensité; alors c'est le foie qui est chargé de cette évolution glycogénique, qui reste toujours en rapport avec les phénomènes de nutrition.

La matière glycogène peut s'accumuler dans les tissus. J'avais vu qu'elle existe dans les muscles du fœtus et qu'elle peut, dans certaines conditions, donner du sucre. M. Sanson a constaté sa présence dans les muscles de cheval, et je l'ai retrouvé dans les muscles d'autres animaux. Cette matière glycogène du muscle paraît être apportée par la circulation pour le besoin de combustion que produit le travail chimique musculaire. J'ai trouvé en effet qu'elle s'accumule dans les muscles paralysés comme dans les muscles du fœtus. Cette matière existe alors à l'état d'infiltration et à l'état diffus.

J'ai constaté de la matière glycogène dans les tubes musculaires de fœtus de chats, mais il ne paraît pas pour cela que cette matière soit nécessaire à la formation des muscles, car je n'en ai pas trouvé chez les muscles d'oiseaux en développement. La matière glycogène entre-t-elle directement dans la constitution des tissus? Je ne le crois pas, excepté peut-être dans la cellulose, dans la chitine, ou dans la matière cornée. C'est, en effet, dans le tissu corné de jeunes veaux qu'elle existe en plus grande abondance.

La matière glycogène ne semble devoir servir au développement qu'à l'état de sucre et en favorisant les mutations chimiques. Il faut pour cela qu'elle soit à l'état de glycose, car les autres formes de matière sucrée ne semblent pas aptes à entretenir les phénomènes de fermentation ni ceux de nutrition. J'ai constaté sur des larves de mouches que, lorsqu'on empêche leur développement, il y a beaucoup de matière glycogène et pas de sucre; mais, dès que la larve se développe, le sucre apparaît et la matière glycogène se détruit.

En résumé, le sucre est un principe qui paraît nécessaire au développement organique. Il est aussi un principe alimentaire qui semble indispensable aux animaux. Mais je pense que le sucre qui pénètre dans le canal intestinal des animaux n'est pas destiné à être utilisé dans le sang. Il me semble avoir pour usage de contribuer à la formation du blastème évolutif des éléments épithéliaux de l'intestin qui servent eux-mêmes à la nutrition.

Chez le fœtus il paraît y avoir une digestion. En effet on trouve dans l'estomac des fœtus de veaux un liquide filant d'apparence gélatineuse et qui renferme toujours du sucre. Ce liquide stomacal sucré sert sans doute pendant la vie fœtale à l'évolution des épithéliums intestinaux qui préparent les éléments du sang. Il y a du reste aussi de la matière glycogène dans l'épithélium intestinal chez le fœtus; mais je n'en ai jamais constaté chez l'individu adulte.

On pourrait à ce propos distinguer dans l'organisme des éléments histologiques constitutifs ou essentiels et des éléments histologiques transitoires ou auxiliaires. Quoique les uns et les autres se nourrissent autonomiquement, cependant il existe entre eux une sorte de solidarité hiérarchique, qui fait que les produits des uns sont nécessaires au développement des autres. C'est ainsi que l'élément glycogénique est un élément épithélial qui paraît avoir pour rôle de préparer le milieu dans lequel doivent se développer les éléments constitutifs de l'organisme. C'est pourquoi il faut que ces éléments préparateurs du milieu évolutif existent avant les autres. En effet, l'élément glycogénique apparaît dès le début de la vie embryonnaire animale ou végétale. Il continue durant toute l'existence de l'être organisé et ne disparaît qu'à sa mort.

N° 170.

L'influence de la chaleur et de l'oxygène est indispensable pour entretenir les mutations chimiques vitales. Cependant certains bourgeonnements organiques nutritifs paraissent pouvoir se faire en dehors de la présence de l'oxygène et dans une température peu élevée. Néanmoins le développement d'un végétal s'arrête au sein d'une atmosphère d'acide carbonique, à moins que les parties vertes de la plante ne viennent absorber cet acide carbonique et restituer de l'oxygène à sa place.

Le milieu organique ou les liquides blastématiques qui en dérivent doivent posséder, pour servir au développement, non-seulement des propriétés spéciales, mais encore des *propriétés spécifiques;* c'est pourquoi, quand on transplante des éléments histologiques d'un individu sur un autre par la greffe, ils ne peuvent y vivre qu'autant que les espèces sont rapprochées et peuvent avoir entre elles des croisements.

Au lieu d'être le théâtre des développements histologiques organiques réguliers de l'organisme, le milieu organique intérieur peut aussi servir à la nutrition et au développement de certains êtres parasites. Parmi ces êtres parasitiques, il en est, les hématozoaires, qu'on pourrait appeler normaux, parce qu'ils ne vicient pas le milieu organique et se comportent comme s'ils étaient de la même famille que les éléments histologiques dont ils empruntent le milieu organique. Il y a de ces hématozoaires qui peuvent exister en nombre quelquefois immense dans un milieu sans l'altérer. M. Chaussat a constaté, chez une femelle de rat pleine et parfaitement bien portante, des hématozoaires en quantité innombrable dans son sang, mais ces hématozoaires ne se trouvaient pas dans le sang des petits; ce qui prouve qu'il n'y a entre la mère et le fœtus que des communications osmotiques de liquides et non des communications directes d'éléments histologiques. Mais il est d'autres êtres parasitiques qu'on doit considérer comme anomaux en ce qu'ils altèrent la composition du milieu organique. C'est ce qui a lieu, comme l'a montré M. Davaine, pour les bactéridies qui existent dans la maladie du sang de rate et pour les moisissures de la pourriture des végétaux, etc.

N° 171.

On peut se demander si le développement ou la création organique se fait par une synthèse aux dépens de ces éléments dissociés dans un liquide en décomposition et saisis en quelque sorte à l'*état naissant*. Je ne pense pas qu'il y ait là une vraie synthèse. L'élément histologique, doué d'une sorte d'attraction organique, semblerait plutôt opérer n lui une espèce de condensation de matériaux. Pour certains éléments la nutrition se confond bien visiblement avec leur développement. C'est ainsi que, dans la nutrition d'un épithélium, on voit des cellules jeunes naître au-dessous des anciennes et pousser les couches superficielles; ici la nutrition est bien véritablement une génération continuée. Mais pour d'autres éléments on ne les voit pas se régénérer aussi clairement par les procédés embryogéniques ordinaires, à moins qu'on ne les détruise. Les éléments musculaires et nerveux paraissent se maintenir dans leur constitution normale, non par renouvellement histologique incessant, mais par une assimilation directe des éléments qui se rencontrent dans les liquides qui les baignent. Toutefois leur mode de nutrition ne se rattache pas moins à des procédés de régénération organique puisqu'ils ont pour centre d'action les noyaux de cellules restés dans la paroi des tubes musculaires ou nerveux.

N° 172.

Voir, pour l'ensemble des idées de M. Ch. Robin, le résumé qu'en a fait M. Clémenceau. (*De la génération des éléments anatomiques*, par M. G. Clémenceau; avec une introduction par M. Ch. Robin, 1867.)

N° 173.

Voyez les *expériences* de M. Philippeaux. (*Comptes rendus de l'Académie des sciences*, 11 mars et 10 juin 1867.)

N° 174.

Balbiani, *Sur l'existence d'une reproduction sexuelle chez les infusoires.* (*Comptes rendus de l'Académie des sciences*, t. XLVI, p. 628; t. XLVII, p. 383; 1858.) — Voyez encore *Journal de l'anatomie et de la physiologie*, redigé par M. Brown-Sequard.

N° 175.

Voyez *Comptes rendus de l'Académie des sciences*.

N° 176.

Voyez *Comptes rendus de l'Académie des sciences* depuis 1859. — Voyez Pouchet. *Hétérogénie ou traité de la génération spontanée, basée sur de nouvelles expériences*, 1859.

N° 177.

Voir *Comptes rendus de l'Académie des sciences : Rapport sur la question des générations spontanées.*

N° 178.

Les origines de la sexualité sont entourées de beaucoup d'obscurités. M. Balbiani a déjà éclairé ce sujet difficile et il poursuit ses recherches, qui seront d'un grand intérêt pour la physiologie générale.

Dans les animaux et les végétaux, la sexualité ne se montre d'abord que de loin en loin, comme, par exemple, dans les phénomènes de *génération alternante,* sur lesquels plusieurs savants français, MM. de Quatrefages, Balbiani, Davaine, etc., ont fait des recherches importantes. La sexualité peut, chez les mêmes animaux, être alternativement réunie dans le même individu ou séparée sur deux individus distincts. On observe dans les végétaux et aussi chez certains animaux, comme les abeilles, par exemple, des générations parthénogénétiques qui ne sont que des générations vierges, c'est-à-dire sans fécondation directe. Du reste, chez les animaux élevés, bien qu'il faille dans chaque génération une fécondation directe, cependant les fécondations peuvent avoir des influences prolongées qui se mélangent et se combinent entre elles. C'est ainsi que chez des mammifères on voit l'influence d'une fécondation antérieure faire reparaître les caractères d'une race étrangère à la fécondation actuelle et modifier les résultats de croisements que l'on voulait obtenir.

N° 179.

Ainsi, on peut chez les vers de terre couper la tête et la voir se reproduire deux ou trois fois (E. Faivre), mais pas davantage ; il semblerait donc que la fécondation nutritive est épuisée. Certains animaux infusoires (paramécies) se reproduisent par scission ou par prolifération nutritive pendant un certain temps ; puis, lorsque ce mode de génération nutritive s'épuise, ces êtres se reproduisent par la génération sexuée, qui donne une nouvelle impulsion nutritive. Il en serait de même chez les abeilles, dont les premières générations sont parthénogénétiques ; mais la fécondation arriverait ensuite comme pour renforcer la puissance nutritive génératrice et lui communiquer une impulsion capable de fournir carrière à une plus longue suite de générations.

N° 180.

Ch. Robin, *Revue zoologique,* octobre et novembre 1848.

N° 181.

Dans les animaux comme dans les plantes, les deux cellules qui renferment les produits mâle et femelle peuvent exister chez deux êtres distincts ou être réunies sur le même individu dans un même appareil sexuel. Alors les deux organes sécréteurs, ovaire et testicule, sont confondus, comme M. Davaine l'a montré dans l'huître. Les produits mâle et femelle se rencontrent et réagissent l'un sur l'autre, tantôt en dehors du corps, tantôt en dedans; alors la fécondation est intérieure ou extérieure. Il existe à ce sujet dans les végétaux et chez les animaux des mécanismes de fécondations et de copulations variés à l'infini, dont je n'ai pas à parler ici, parce qu'ils rentrent dans des études de *physiologie spéciale*.

N° 182.

Comptes rendus de l'Académie des sciences.

N° 183.

M. Davaine a conservé pendant cinq ans parfaitement vivants des œufs d'ascarides lombricoïdes de la tortue grecque, dans une solution d'acide chromique à 2 pour 100.

N° 184.

C'est ainsi que, chez le poulet, pendant l'incubation, les muscles du gésier sont thermo-systaltiques, c'est-à-dire contractiles sous l'influence de la chaleur; ce qui n'a plus lieu quelques jours après l'éclosion de l'animal.

N° 185.

Le déterminisme existe aussi bien dans les phénomènes des êtres vivants que dans ceux des corps bruts.

Les organismes vivants sont nécessairement mortels ou périssables, parce que la matière organisée a pour caractère d'être éminemment altérable et destructible. Pour que la vie ne s'éteigne pas dans l'espèce, il faut donc un renouvellement de l'organisme ou de la machine vivante individuelle. Pour que la vie de l'individu ait son développement et la durée qui lui est assignée, il faut toujours entretenir les fonctions vitales par une rénovation et une nutrition incessantes de la matière organisée. Or cette faculté de se créer, de se renouveler incessamment par la nutrition n'appartient qu'aux êtres organisés. Dans aucune science des corps bruts on n'observe des phénomènes semblables. Ce sont ces phénomènes qui constituent le *quid proprium* de la physiologie, parce qu'ils obéissent à des lois qui ne se rencontrent nulle part ailleurs.

Mais de ce qui précède devons-nous conclure que les phénomènes de génération et de nutrition, qui sont les phénomènes vitaux par excellence, sont en dehors du déterminisme scientifique et d'une nature insaisissable? Non, sans doute, car ces phénomènes, comme tous les autres, ont leur condition déterminée d'existence et de réalisation. Nous devons dire simplement que les machines vivantes, animées par la force vitale, sont incomparablement plus complexes que les machines brutes, qui sont elles-mêmes l'œuvre de l'intelligence de l'homme. Les machines vivantes sont construites de manière non-seulement à se régénérer par une création organique spéciale, mais elles peuvent aussi s'entretenir et se réparer elles-mêmes. C'est pourquoi les êtres vivants ne se distinguent pas seulement des corps bruts parce qu'ils naissent, vivent et meurent, mais aussi parce que, durant leur vie, ils peuvent être malades et revenir à la santé. Quand des conditions de nutrition ou de réparation organique viennent à être modifiées, les fonctions de l'organisme sont suspendues ou troublées; puis elles peuvent elles-mêmes se réparer et revenir à l'état normal quand les conditions morbides, qui sont elles-mêmes de nature évolutive, viennent à cesser. En un mot, nous voyons les machines vivantes se former et s'organiser sous nos yeux par des procédés spéciaux à la force vitale qui n'appartiennent qu'à eux. Nous les voyons partir d'un élément histologique, d'un œuf microscopique qui réalise et représente à lui seul l'idée évolutive complète des organismes les plus compliqués. Mais, je le répète, tout cela n'est ni plus ni moins mystérieux que ce que nous voyons dans les autres sciences. Les causes premières des phénomènes nous échapperont partout : nous ne pouvons en saisir que les manifestations. Or les phénomènes de la vie, nous le verrons plus loin, bien qu'ils dérivent d'une source première d'un autre ordre, rentrent par le côté de leur manifestation dans les lois de la physico-chimie des corps bruts; d'où il résulte que leurs conditions d'existence peuvent toujours être ramenées à un déterminisme scientifique rigoureux et de nature physico-chimique. Mais si les conditions des manifestations vitales ne sont pas insaisissables à la science expérimentale, ces manifestations n'en sont pas moins soumises à des lois spéciales d'évolution qui les caractérisent. C'est dans la connaissance de ces lois, ainsi que je l'ai dit ailleurs, que la physiologie doit trouver ses véritables bases.

N° 186.

Le système nerveux, qui chez les êtres élevés est un modificateur si puissant de toutes les manifestations vitales, est sans influence directe sur les phénomènes organiques évolutifs. Le système nerveux peut avoir par les nerfs vaso-moteurs une influence indirecte sur les phénomènes de nutrition, mais il n'en a aucune directement sur les phénomènes de développement eux-mêmes. En effet, les phénomènes de développement organique précèdent l'apparition des nerfs. J'ai coupé les nerfs sur des ailes de pigeons naissants, sans empêcher les plumes de pousser. M. Chauveau a constaté que la section bien complète des nerfs n'empêche pas la corne de se développer comme à l'état normal dans le sabot du cheval.

Magendie le premier a montré que la section du nerf de la cinquième paire agissait sur la nutrition des parties. J'ai observé de mon côté un fait assez singulier; c'est que, quand le nerf sympathique est coupé, l'organe où il se rend ne supporte plus l'abstinence à l'égal des autres parties du corps, et il est pris de phénomènes inflammatoires et suppuratifs, dès que l'animal est affaibli par l'abstinence ou par d'autres causes.

J'ai enlevé le ganglion cervical supérieur chez de jeunes chats et chez de jeunes lapins. L'accroissement de l'oreille n'a pas été modifié. La section du nerf maxillaire inférieur n'empêche pas non plus les dents de pousser, etc.

N° 187.

C. Dareste, *Comptes rendus de l'Académie des sciences*, 4 mars 1867.

N° 188.

Naudin, *Cas de monstruosités, devenus le point de départ de nouvelles races dans les végétaux.* (*Comptes rendus de l'Académie des sciences*, 13 mai 1867.)

N° 189.

On voit parfois des êtres frères se développer dans le même utérus, et pourtant se montrer différents, au point qu'on a pu les prendre pour des individus appartenant à des espèces ou même à des genres différents. Malgré l'identité du lieu de développement, il faut néanmoins reconnaître qu'il y a eu des conditions différentes de nutrition chez ces deux êtres. (Voyez Balbiani et Signoret, *Sur le développement du puceron brun de l'érable; Comptes rendus de l'Académie des sciences,* 17 juin 1867.)

N° 190.

Certaines allures acquises par l'éducation peuvent, chez le cheval, se fixer et se transmettre par hérédité. Des maladies ou des dégénérescences intellectuelles se propagent également dans certains cas par la génération. Toutefois le perfectionnement intellectuel ou le génie ne semblent pas se transmettre, ce qui prouverait, pour le dire en passant, que le génie ne peut être, comme on l'a dit, assimilé à la folie.

N° 191.

La tradition organique ou l'hérédité n'est que la continuation ou le souvenir des états antérieurs qu'ont traversés les organismes.

On conçoit dès lors que des modifications nutritives imprimées aux organismes d'une manière durable puissent se joindre à la tradition organique des ancêtres et se transmettre par hérédité aux descendants. On conçoit même que ces modifications, si on les varie et les multiplie, arrivent à faire disparaître ou à affaiblir l'influence de l'atavisme.

N° 192.

C'est par les phénomènes de la nutrition que nous pouvons atteindre les organismes vivants; l'empirisme nous l'a déjà prouvé surabondamment. C'est à la science physiologique, bien éclairée sur la nature de son problème, qu'il appartiendra de déterminer les lois scientifiques de cette action.

Nous avons vu qu'il y a des excitants nutritifs ou des substances qui agissent différemment sur la nutrition quand elles sont introduites dans le milieu où vivent les éléments organiques. Le sucre, par exemple, est l'excitant nutritif de la levûre de bière. Certains acides semblent être les excitants nutritifs du *penicillium*, etc. Pour les éléments histologiques animaux, la même chose doit exister. Il doit y avoir des excitants spéciaux pour le développement et l'évolution de chacun d'eux; mais il faut admettre aussi que le milieu ou le blastème dans lequel se développent ces éléments possède des propriétés spéciales. Les milieux ou les blastèmes préalablement préparés par l'organisme pourraient donc être virtuellement susceptibles de donner naissance à tous les éléments, mais seulement sous l'influence de conditions particulières et déterminées.

N° 193.

Je ne pense pas que l'on puisse adopter les mots *génération spontanée* pour désiguer la formation évolutive des éléments anatomiques dans un milieu ou blastème quelconque, en admettant bien entendu que cette formation puisse être démontrée. Si l'on veut dire que des éléments organisés peuvent apparaître dans un milieu où on ne les apercevait pas auparavant, cela exprime un fait vrai, car dans une goutte de sérum sucré parfaitement transparente et dans laquelle on n'aperçoit rien au microscope, il se forme bientôt des leucocythes ou des globules de levûre de bière (notes n°ˢ 98, 169). Seulement on ne saurait jamais considérer ces formations comme étant des générations spontanées, car elles ne peuvent avoir lieu que sous l'influence de conditions parfaitement déterminées et nécessaires. Or, dès qu'il y a détermination dans un phénomène, il est soumis à une loi fixe et n'est plus spontané. L'embryon apparaît aussi dans l'œuf où on ne le voyait pas, et si l'on admettait qu'il y apparaît par génération spontanée, alors on tomberait dans la plus grande confusion de mots. La véritable génération spontanée serait une génération dans laquelle il n'y aurait pas eu de parents pour créer un milieu évolutif, œuf ou blastème. Or, jusqu'à présent, ce mode de génération doit être repoussé parce que rien ne le prouve. Mais les milieux blastématiques créés par les organismes pourraient être regardés comme des dissolutions d'éléments organiques, les contenant virtuellement ou en germe. Il ne serait donc pas étonnant que ces blastèmes donnassent naissance à des éléments qui leur ressemblent. Quand dans une dissolution saline il y a apparition d'un cristal, on ne saurait dire qu'il y a eu *formation spontanée* du cristal. Il fallait que la substance du cristal existât en dissolution, mais il fallait aussi des conditions spéciales pour déterminer la cristallisation; il n'y a donc rien eu là de spontané. C'est ainsi qu'il faudrait considérer l'apparition d'une cellule organique.

N° 194.

La question des générations spontanées, se rattachant à la question de l'origine des êtres, ne peut devenir une question scientifique qu'autant qu'on la soumettra à la méthode scientifique expérimentale. Or la science expérimentale ne peut marcher qu'en partant de ce qu'elle voit autour d'elle et en remontant aux causes prochaines; c'est-à-dire aux conditions des phénomènes qu'elle observe directement, mais non en partant d'hypothèses arbitraires ou impossibles à vérifier sur l'origine du monde. En physiologie il ne s'agit pas de *croire* ou de *ne pas croire* aux générations spontanées, il faut les démontrer; sans cela la question n'est plus scientifique, elle devient une question religieuse ou de foi.

N° 195.

La graisse qui est déposée dans le tissu cellulaire remplit des usages différents. Elle peut devenir un organe protecteur contre le refroidissement extérieur, en même temps qu'elle constitue un dépôt de matières nutritives dans l'abstinence, ainsi que cela s'observe pour les animaux hibernants.

La graisse est déposée dans des cellules sans doute par une sorte d'infiltration des cellules plasmatiques. Elle s'y dépose quand les corps gras surabondent dans le sang et elle rentre dans le sang quand la graisse diminue, ainsi que cela se voit dans l'abstinence et dans la maladie. La graisse est quelquefois accumulée en si grande quantité dans le tissu cellulaire sous-cutané qu'elle atrophie les vaisseaux et les nerfs. La peau devient alors insensible et l'absorption ne se fait plus ou à peine dans ces épais panicules graisseux. (Voyez la note n° 142.)

N° 196.

Wertheim, *Mémoire sur l'élasticité et la cohésion des principaux tissus du corps humain*, présenté à l'Académie des sciences dans la séance du 28 décembre 1846.

N° 197.

Marey, *Physiologie médicale de la circulation.*

N° 198.

La théorie de la contraction musculaire est une question entourée de beaucoup de difficultés et qui n'a pas été encore résolue, malgré tous les travaux nombreux et importants dont elle a été l'objet.

N° 199.

En nourrissant des animaux avec de la garance, M. Flourens a démontré le mouvement nutritif qui se fait dans les os.

N° 200.

A. Milne-Edwards, *Études chimiques et physiologiques sur les os.* (*Annales des sciences naturelles*, 4° série, t. XIII, cah. n° 2.)

N° 201.

Ranvier, *Thèse de la faculté de médecine de Paris.*

N° 202.

Berthelot, *De la transformation en sucre de divers principes immédiats contenus dans les tissus des animaux invertébrés.* (*Comptes rendus de l'Académie des sciences*, t. XLVII, p. 227; 1858.)

N° 203.

P. Bert, *Thèse de la faculté des sciences de Paris.*

N° 204.

Cependant M. Vulpian dit avoir greffé des morceaux de nerfs qui, après avoir dégénéré, se seraient, dans certains cas, régénérés. Les tissus glandulaires doivent-ils tous être rangés sous ce rapport dans la même catégorie? Un morceau de foie ou de glande salivaire se greffera-t-il? Nous avons vu qu'un morceau de rate laissé en place reproduit une autre rate entière, d'après les expériences de M. Philippeaux. Si le fragment de rate était greffé ailleurs, en serait-il de même?

N° 205

De sorte qu'on pourrait considérer le développement des tissus hétérologues comme le résultat d'une *erreur de lieu*.

N° 206

Jusqu'à présent la physiologie s'est débattue dans des idées transitoires qui disparaîtront à mesure que la science se constituera. Tout en cherchant à remuer le plus possible des idées, il faut donc tenir surtout aux résultats qui sont impérissables en tant que faits bien observés, mais dont l'interprétation peut varier parce qu'elle est soumise à toutes les vicissitudes de notre ignorance. En physiologie, nous en sommes aujourd'hui au temps où en était l'alchimie avant la fondation de la chimie. La physiologie générale n'est donc point encore assez avancée pour fournir des preuves éclatantes de la puissance qu'il lui est réservé d'atteindre dans l'avenir en suivant la voie expérimentale. Mais les travaux accomplis en France dans ce dernier quart de siècle, et que nous avons cités et développés dans le cours de ce rapport, indiquent nettement les tendances de la physiologie moderne et démontrent clairement que c'est dans cette direction qu'elle marche. Les vues que l'on pourrait émettre aujourd'hui relativement aux moyens d'action du physiologiste expérimentateur sur la nature vivante ne seraient que des résultats de tâtonnement, encore plus ou moins vagues; mais cependant ces actions n'en sont pas moins positives, et le principe scientifique de la physiologie générale ne saurait rester douteux ou incertain. La physiologie, comme toutes les sciences terrestres dont les phénomènes sont à notre portée [1], doit avec le temps devenir une science expérimentale active sur les phénomènes de la vie.

Depuis longtemps déjà l'homme exerce son action sur la nature vivante, mais il l'exerce empiriquement. L'action des poisons, des médicaments sur les organismes à l'état sain ou malade, l'influence modificatrice des milieux sur la nutrition des végétaux ou des animaux pour la formation des races, des sexes, etc. sont autant de preuves irrécusables de la possibilité que nous avons d'exercer notre empire sur les êtres vivants comme sur les corps bruts. L'homme a commencé aussi par agir empiriquement sur les corps bruts, mais sa puissance n'est devenue réelle que lorsque la science l'a dirigée. Il en sera de même pour les corps vivants.

La science physiologique expérimentale s'adresse à des phénomènes très complexes et très difficiles à analyser; c'est pourquoi elle ne pouvait se constituer qu'après la physique et la chimie qui lui sont corrélatives dans l'ordre des sciences des corps bruts. Mais elle n'acquerra pas autrement sa puissance. L'homme peut donc dire qu'il a déjà entre ses mains les instruments de sa puissance sur la nature vivante, puisqu'il lui est permis de troubler, de détruire la vie ou d'en changer les manifestations. S'il n'a encore pour guide que l'empirisme aveugle, les lumières de la science viendront

[1] L'astronomie seule est condamnée à rester à jamais une science naturelle ou d'observation, parce qu'il ne nous sera jamais permis d'atteindre et de modifier les phénomènes des corps célestes.

plus tard, cela n'est pas douteux, éclairer ses expériences. Quand les progrès de la physiologie générale auront montré à l'expérimentateur les éléments organiques spéciaux sur lesquels il agit, et lui auront appris à se rendre maître des conditions de leur activité, alors il aura acquis le pouvoir de modifier et de régler scientifiquement les phénomènes de la vie. Il étendra sa domination sur la nature vivante comme le physicien et le chimiste ont conquis leur puissance sur les phénomènes de la nature inerte.

N° 207.

Il est important sans doute de prouver que la contraction musculaire, par exemple, se ramène à des propriétés de contractilité ou d'élasticité de tissu dont on peut inscrire graphiquement les formes et déterminer mathématiquement les coefficients ainsi que les équivalents mécaniques. Il est intéressant de même de réduire les fonctions sécrétoires aux lois précises de la dialyse et de la diffusion. Cela prouve que les instruments organiques de l'être vivant peuvent fonctionner avec autant de précision et d'après les mêmes lois que les instruments mécaniques ou physiques inertes. Mais cette démonstration n'explique rien pour la fonction physiologique proprement dite. Ce qui importe surtout, c'est de savoir comment la fibre musculaire et la cellule sécrétoire engendrent leurs propriétés et entretiennent leurs fonctions. Pour cela il faut savoir comment ces éléments naissent, se développent, se nourrissent, et sous l'influence de quelles conditions ils manifestent leur activité. C'est seulement par le côté des phénomènes organogéniques ou organisateurs que le physiologiste pourra réellement comprendre et régler les fonctions physiologiques du corps vivant.

Pour étudier une fonction, il ne suffira donc pas de comparer ni d'assimiler son instrument fonctionnel organique à un instrument inorganique en le ramenant aux lois physico-chimiques ordinaires; mais il faudra connaître, au contraire, les caractères propres et les conditions d'activité fonctionnelles spéciales de l'élément organique tel qu'il est dans l'être vivant.

N° 208.

Les lois des phénomènes sont en quelque sorte les idées de la nature; elles se développent et se manifestent logiquement au moyen de forces et de matériaux puisés dans le réservoir cosmique général. Une loi, comme une idée, ne se manifeste, c'est-à-dire ne devient visible qu'autant que les conditions matérielles des phénomènes qui peuvent l'exprimer existent. Nous avons déjà dit et nous répéterons que ce n'est que par la connaissance des conditions physico-chimiques des milieux extérieur et intérieur au sein desquelles s'accomplit la loi organogénique, que le physiologiste pourra arriver à comprendre et à modifier les phénomènes de la vie. Le vrai point de vue de la physiologie est donc, si l'on peut ainsi dire, le point de vue *nutritioniste* ou *trophique*, qui n'est lui-même que l'évolution organique envisagée d'une manière générale et dans toutes les phases de l'existence de l'être vivant.

Maintenant nous pouvons voir que le but de la physiologie se rattache d'une manière étroite à son point de vue spécial; car la physiologie générale, ainsi que nous l'avons dit, est une science expérimentale qui a pour but de conquérir la nature vivante et d'agir scientifiquement sur les phénomènes de la vie. Mais si des conditions matérielles spéciales sont nécessaires pour donner naissance à des phénomènes de nutrition ou d'évolution déterminés, il ne faudrait pas croire pour cela que c'est la matière qui a engendré la loi d'ordre et de succession qui donne le sens ou la relation des phénomènes; ce serait tomber dans l'erreur grossière des matérialistes.

N° 209.

Les sciences sont des monuments qui s'élèvent lentement et se construisent ou plutôt se découvrent par le travail incessant de l'esprit humain. Le plan de chaque édifice scientifique est tracé par les lois mêmes de la nature. Il ne saurait être conçu *à priori*, car il ne se manifeste qu'à mesure que les matériaux de la science, c'est-à-dire les faits, s'accumulent et se rapprochent; c'est pourquoi le savant ne peut devenir architecte qu'après avoir été maçon. Sans doute, il est beaucoup de travailleurs qui n'en sont pas moins utiles à la science quoiqu'ils se bornent à lui apporter des faits bruts ou empiriques. Cependant le vrai savant est celui qui trouve les matériaux de la science et qui cherche en même temps à la construire en déterminant la place des faits et en indiquant la signification qu'ils doivent avoir dans l'édifice scientifique.

N° 210.

Pour les corps bruts il y a deux ordres de sciences : *sciences naturelles* (la géologie et la minéralogie); *sciences expérimentales* (la physique et la chimie, etc.).

Pour les êtres vivants, il existe également deux ordres de sciences : *sciences naturelles* (la zoologie, la botanique ou phytologie, etc.); *sciences expérimentales* (la physiologie, c'est-à-dire la physico-chimie animale et la physico-chimie végétale).

N° 211.

Il est évident que les êtres vivants, par leur nature évolutive et régénérative, diffèrent radicalement des corps bruts, et, sous ce rapport, il faut être d'accord avec les vitalistes. Mais faut-il pour cela aller chercher, avec eux, l'explication des phénomènes vitaux dans les attributs hypothétiques d'une force vitale insaisissable et mystérieuse? Évidemment non. La science ne remonte jamais aux causes premières, et la cause première de la vie nous échappera comme toutes les autres. Pour étudier et expliquer les mécanismes vitaux, nous n'avons pas besoin de connaître dans son essence la force créatrice de la matière vivante, pas plus qu'il ne nous est nécessaire de remonter au principe créateur de la matière minérale pour comprendre ses propriétés.

Nous en sommes toujours réduits à étudier les phénomènes tels que nous les observons autour de nous, dans leurs rapports et avec leurs conditions de manifestation, qui constituent pour nous leurs causes prochaines.

On doit distinguer deux espèces de sciences expérimentales : la physique et la chimie, qui étudient les propriétés de la matière brute; la physiologie, qui étudie les propriétés de la matière vivante organisée. Mais si ces deux ordres de sciences se distinguent, ce n'est que par le côté morphologique de leur objet, c'est-à-dire par la forme de la matière et par l'apparence des phénomènes qu'elles étudient. Nous verrons en effet que les phénomènes des corps vivants et des corps bruts rentrent dans une méthode d'investigation commune et sont sous l'empire de lois générales identiques.

N° 212.

Les phénomènes physico-chimiques qui se passent dans les corps vivants sont exactement les mêmes, quant à leur nature, quant aux lois qui les régissent et quant à leurs produits, que ceux qui se passent dans les corps bruts; ce qui diffère, *ce sont seulement les procédés et les appareils à l'aide desquels ils sont manifestés.*

Chaque jour les progrès des sciences physico-chimiques démontrent de plus en plus la vérité de cette proposition fondamentale. Il est déjà prouvé qu'un grand nombre de phénomènes qui s'accomplissent dans les corps vivants peuvent être reproduits artificiellement, en dehors de l'organisme, dans le monde minéral. Mais ce que l'on ne peut pas reproduire, ce sont les procédés et les outils spéciaux de l'organisme vivant.

Les produits des *forces chimiques* de l'organisme vivant n'ont rien de spécial. On peut les réaliser en dehors de lui. Le chimiste peut, dans son laboratoire, opérer des synthèses qui ne diffèrent pas, par leur nature chimique, de celles qui se font dans les végétaux et dans les animaux. L'impulsion féconde que M. Berthelot a donnée de nos jours à la chimie organique synthétique sera très-utile à la physiologie générale en mettant dans toute son évidence cette proposition chimique fondamentale. On a fait déjà des essences végétales et des produits immédiats animaux et végétaux; le chimiste imite donc les produits de la nature vivante, mais il ne saurait imiter ses procédés, parce qu'il ne peut créer la cellule sécrétoire, qui constitue son instrument spécial. On opère dans le domaine minéral une foule de dédoublements et de décompositions chimiques semblables à celles qui se font dans les animaux et dans les végétaux. Mais encore dans ces cas, si la force chimique a donné lieu à des actions et à des produits identiques, la nature vivante a employé un procédé spécial évolutif que le chimiste ne peut pas imiter. Certaines cellules organiques végétales ou animales réduisent l'acide carbonique et dégagent de l'oxygène, d'autres absorbent l'oxygène et dégagent de l'acide carbonique. Il est encore des cellules ou des produits de cellules (ferments solubles) qui donnent naissance, par des procédés spéciaux (de fermentation ou de dédoublement), à de l'alcool, à du vinaigre, à des acides gras, à de la glycérine, à de l'urée, etc. C'est ainsi que la diastase hydrate l'amidon et le transforme en dextrine et en glycose; que la pancréatine saponifie les corps gras et dégage de la glycérine et des acides gras. Ce sont là des phénomènes chimiques qui peuvent tous être reproduits dans le laboratoire en mettant en jeu les forces chimiques minérales, qui sont, au fond, exactement les mêmes que les forces chimiques organiques. Mais dans l'être vivant, je le répète, ces manifestations chimiques quoique identiques sont réalisées par des instruments physiologiques (cellules) qui constituent des procédés vitaux que l'on ne peut reproduire. Nous ne pouvons créer les cellules sécrétoires, parce que l'élément histologique est un produit de l'évolution organique, qu'il a reçu en quelque sorte une éducation antérieure qui lui a appris ce qu'il doit sécréter. C'est une sorte d'œuf chimique, si l'on peut ainsi dire, qui ne peut pas être engendré d'emblée. La sécrétion n'est en effet que la conséquence du mode de nutrition et d'évolution de l'élément. C'est ainsi que la levûre donne naissance à l'alcool, en même temps que s'accomplissent ses phénomènes de nutrition et de développement, etc.

Les produits des *forces physiques* ou mécaniques de l'organisme vivant n'ont rien non plus qui les distingue des forces physiques et mécaniques générales, si ce n'est les instruments qui les manifestent. Le muscle produit des mouvements qui, comme ceux des machines inertes, ne sauraient échapper aux lois de la mécanique générale, ce qui n'empêche pas que le muscle ne soit un appareil de mouvement spécial à l'animal et dont le jeu est réglé par des nerfs au moyen de mécanismes également spéciaux à l'être vivant.

J'ai montré que les modifications digestives chimiques spéciales aux glandes ou sucs intestinaux peuvent être opérées par des agents ou des réactifs minéraux. Les animaux produisent de la chaleur qui ne diffère en rien de la chaleur engendrée dans les phénomènes minéraux. Les poissons électriques produisent ou sécrètent de l'électricité qui ne diffère en rien de l'électricité d'une pile métallique, ce qui n'empêche pas l'organe électrique d'être un appareil vital tout à fait spécial, réglé par le système nerveux et que le physicien n'imitera jamais. Il en serait de même des fonctions des nerfs et des organes des sens; ce sont des instruments de physique spéciaux aux êtres vivants.

Il n'y a donc en réalité qu'une physique, qu'une chimie et qu'une mécanique générales, dans lesquelles rentrent toutes les manifestations phénoménales de la nature, aussi bien celles des corps vivants que celles des corps bruts. Il n'apparaît pas, en un mot, dans l'être vivant, un seul phénomène qui ne retrouve ses lois en dehors de lui. De sorte qu'on pourrait dire que toutes les manifestations de la vie se composent de phénomènes empruntés, quant à leur nature, au monde cosmique extérieur, mais seulement manifestés sous des formes ou dans des arrangements particuliers à la matière organisée et à l'aide d'instruments physiologiques spéciaux. Ne pourrait-on pas ajouter que l'intelligence elle-même, dont les phénomènes caractérisent l'expression la plus élevée de la vie, existe en dehors des êtres vivants, dans l'harmonie et dans les lois de l'univers? Mais nulle part ailleurs que dans les corps vivants, elle ne se traduit avec des instruments qui nous la manifestent sous la forme de phénomènes de sensibilité, de volonté, etc.

Je pourrais encore exprimer l'idée qui précède en disant que, dans les corps vivants, *les forces directrices* ou *évolutives* des phénomènes sont morphologiquement vitales, tandis que leurs *forces exécutives* sont les mêmes que dans les corps bruts. Ainsi un os se fait à l'aide de substances chimiques que le chimiste pourra reproduire, mais il ne fera pas l'os avec sa forme spécifique, ni avec son arrangement caractéristique. Il en est de même de tous les autres tissus. La morphologie organique caractérise donc l'être vivant, mais cette loi morphologique, qui donne naissance à la matière organisée, est servie cependant par les forces physico-chimiques générales. De sorte que la chimie physiologique pourra bien chercher à réduire les phénomènes chimiques des corps

vivants aux mêmes *lois* que ceux des corps bruts; mais elle serait dans le faux si elle
voulait les ramener à des *procédés* identiques. Une morphologie, tant extérieure qu'intérieure, caractérise les machines vivantes. De même que les êtres vivants ont un corps
d'une forme particulière, ils possèdent des instruments vitaux à formes variées et
spéciales, qui donnent naissance à des phénomènes également variés par leur forme
et leurs apparences, bien que, je le répète, ils soient sous l'empire de lois identiques.

Comme conséquence de ce qui précède, on peut donc poser en principe que jamais
un phénomène chimique ne s'accomplira dans les corps vivants à l'aide des mêmes
moyens que dans les corps bruts. C'est pourquoi c'est une mauvaise tendance que de
vouloir assimiler les procédés chimico-physiques de l'organisme à ceux de la nature
minérale. On pourrait citer bien des exemples pour prouver que cette tendance a conduit
à l'erreur. Ainsi, en dehors du corps vivant, l'acide chlorhydrique *dilué* tranforme
l'amidon en dextrine et en glycose; dans le corps vivant, c'est un ferment, la diastase,
qui accomplit le même changement. C'est en voulant poursuivre cette même assimilation entre les procédés organiques et les procédés minéraux qu'on s'est trompé sur les
usages de la bile relativement à son action sur les corps gras et sur le rôle des alcalis du
sang pour détruire le sucre de l'organisme. On doit supposer que le sucre se détruit
dans le sang par un autre procédé approprié à la nature organisée. De même on peut
faire de l'urée artificielle synthétiquement et par des procédés minéraux; mais si la loi
que je veux établir ici est exacte, il faut admettre *à priori* que dans l'organisme l'urée
doit se faire par d'autres procédés, qui sont propres à la chimie vivante.

N° 213.

Dans les êtres vivants, les phénomènes sont l'expression des mécanismes et des propriétés de la matière organisée créée par la force vitale et n'existant par conséquent pas
en dehors de l'organisme. Les mots *force vitale* n'interviennent donc pas ici pour différencier et spécifier la nature des phénomènes; mais seulement pour désigner la cause
créatrice de la matière organisée qui donne la forme des mécanismes vitaux.

Le but du physiologiste expérimentateur étant d'agir sur les phénomènes des corps
vivants, il lui importe uniquement d'expliquer les *procédés* et de connaître les instruments spéciaux que l'organisme vivant met en usage pour les réaliser; c'est là toute la
science physiologique. Elle est fondée avant tout, comme on le voit, sur la connaissance exacte de la structure intime et des propriétés de chacune des parties de l'organisme vivant.

Les phénomènes propres aux êtres organisés ou aux machines vivantes se distingue-
ront, ainsi que nous l'avons déjà dit, par une *morphologie spéciale* et par l'existence
d'une force qui crée et régénère tous les instruments des mécanismes vitaux. Mais cela
ne saurait faire différer l'étude des phénomènes de la vie de l'étude des phénomènes des
corps bruts. Le chimiste est obligé de partir des propriétés élémentaires innées de la
matière minérale, comme le physiologiste doit s'arrêter aux propriétés élémentaires
innées de la matière organisée. La cause première de la création, soit de la matière
brute, soit de la matière vivante, nous échappe également. La vie n'engendre rien, elle

ne crée ni force ni matière première, elle ne fait que déterminer l'arrangement organique qui caractérise la substance organisée et donne la forme ou la morphologie spéciale des phénomènes vitaux.

La forme des phénomènes de la vie, ainsi que les propriétés de la matière organisée une fois données, la science physico-chimique des corps vivants a les mêmes bases et les mêmes principes que la physico-chimie des corps bruts. La matière organisée, pas plus que la matière minérale, n'engendre les phénomènes dont elle est le siége; elle leur sert seulement de conditions morphologiques de manifestation.

Il faut que la matière possède des propriétés convenables pour exprimer les phénomènes. Sous ce rapport certaines substances peuvent être substituées les unes aux autres quand elles possèdent des propriétés analogues. C'est ainsi qu'on a dit que la magnésie pouvait être substituée à la chaux pour la formation de la coque des œufs. La chimie a montré que le chlore peut être substitué à l'hydrogène dans la graisse, sans que le composé perde ses qualités essentielles. On pourrait conclure de là que ce n'est pas la nature de la matière elle-même qui engendre le phénomène, mais sans doute son arrangement. Néanmoins, et quoi qu'il en soit, les conditions de chaque phénomène n'en sont pas moins soumises à un déterminisme absolu et à des lois phénoménales identiques.

Nous avons dit plus haut que la physiologie n'a pas à poursuivre la recherche de la nature soi-disant spéciale des phénomènes de la vie, mais qu'elle n'a à se préoccuper que de l'explication des *procédés* particuliers que l'organisme met en usage pour les manifester. Cela signifie, en d'autres termes, que ce qui importe avant tout au physiologiste c'est de connaître tous les instruments physiologiques du corps vivant, afin d'arriver par suite à comprendre, à expliquer et à régler les mécanismes de la vie. Or, pour cela, le physiologiste doit s'attacher à étudier, dans l'organisme lui-même et *dans leurs relations naturelles*, les conditions d'activité de ces divers instruments organiques. Si parfois il détache de la machine vivante des parties dont il cherche à mieux comprendre les conditions d'action en les étudiant à part et d'une manière *artificielle* il ne doit pas oublier que c'est à l'ensemble de l'organisme vivant qu'il faut reporter toutes les explications, et que c'est dans l'intérieur du milieu organique qu'il faut descendre s'il veut agir sur les phénomènes de la vie. L'étude physico-chimique des éléments organiques et vitaux, la connaissance de leurs propriétés et de leurs conditions d'activité dans le milieu organique intérieur, constituent donc le problème spécial que le physiologiste ne doit jamais perdre de vue. (Voyez la note n° 185.)

N° 214.

La physiologie générale peut donc être définie la physiologie des éléments actifs de la vie ou des radicaux physiologiques. Il faut nécessairement qu'elle arrive à la détermination de ces éléments et à la connaissance des conditions physico-chimiques de leur activité, afin de pouvoir expliquer et régler scientifiquement les manifestations de l'être vivant.

C'est en effet à l'élément histologique qu'il faut toujours arriver pour avoir la raison des mécanismes vitaux. C'est lui qui est toujours en jeu dans tous les actes physiologiques. Quand nous voyons un animal se mouvoir de mille et mille manières, ce ne sont point, en réalité, les membres qui se fléchissent ou s'étendent, ce ne sont point les muscles qui se meuvent diversement, mais c'est l'élément contractile ou musculaire qui manifeste ses propriétés. Quand nous voyons se produire des sécrétions si différentes, la sécrétion n'est pas seulement l'expression fonctionnelle d'un appareil sécrétoire ou d'une glande, mais le produit d'un élément épithélial. Quand nous voyons le corps vivant et ses diverses parties se nourrir et se régénérer, ce n'est point en vertu d'une fonction nutritive ou régénératrice vague et générale, mais par la manifestation des propriétés de multiplication et de prolifération d'éléments histologiques spéciaux, s'opérant dans des conditions physico-chimiques déterminées.

Le physiologiste comprendra maintenant que, s'il veut agir sur une manifestation vitale quelconque, ce n'est point sur l'organisme, ni sur les appareils, ni sur les organes qu'il doit diriger son action, mais bien sur l'élément histologique lui-même. Il ne saurait exercer son influence sur la *vie* ni sur les *fonctions vitales;* ce sont là de pures abstractions de langage, qui lui permettent de s'exprimer, mais au fond il ne peut ni les voir ni les saisir. Il ne peut atteindre qu'une seule chose, l'élément histologique, en modifiant les conditions physico-chimiques de son activité spéciale; c'est par là seulement qu'il pourra provoquer ensuite des réactions générales dans l'ensemble de la machine vivante. De même, quand un mécanicien veut modifier le jeu d'une machine inerte, il ne saurait s'adresser à la force mécanique de la machine tout entière, mais il ne peut exercer son action que sur un élément de cette machine, sur un ressort, un poids, etc. d'où part le principe d'action qui doit ensuite retentir sur l'ensemble du mécanisme.

En un mot, le problème de la physiologie générale se concentre tout entier sur l'élément histologique, parce que c'est par là seulement que cette science peut arriver à son but, qui est l'action sur les organismes vivants. Lorsque le physiologiste connaîtra exactement les propriétés et les conditions vitales de tous les éléments histologiques, lorsqu'il saura quelles influences s'exercent sur ces éléments dans le milieu intérieur organique, quels sont leurs excitants normaux et anomaux, alors seulement il comprendra véritablement les mécanismes de la vie, alors seulement il pourra agir scientifiquement sur eux.

Le but que la physiologie générale se propose d'atteindre détermine d'une manière nécessaire la direction qu'elle doit suivre dans sa marche. La physiologie générale, dans son développement, ne se sépare réellement pas des physiologies spéciales. Toutes les sciences physiologiques ont une marche essentiellement analytique; seulement la physiologie générale est l'expression la plus élevée ou la plus avancée de l'analyse biologique expérimentale. Ce n'est que progressivement, en effet, que le physiologiste peut arriver, en décomposant expérimentalement les phénomènes complexes de la vie, à les réduire à leurs éléments actifs d'où il fait dériver ensuite toutes les actions vitales secondaires et l'explication de tous les mécanismes physiologiques particuliers.

N° 215.

La méthode expérimentale est la méthode d'investigation commune aux sciences expérimentales des corps bruts et à la physiologie elle-même. Je crois avoir démontré (voir *Introduction à l'étude de la médecine expérimentale*) que la spontanéité des corps vivants ne s'oppose nullement à l'emploi de l'expérimentation. En effet, si la forme des phénomènes vitaux est innée et réside dans la nature même de la matière organisée, ces phénomènes n'en ont pas moins tous leur déterminisme, parce que leurs manifestations sont toujours liées, ainsi que je l'ai répété souvent, à des conditions physico-chimiques déterminées.

On peut donc mesurer les phénomènes de la machine vivante, comme on mesure les phénomènes des machines inorganiques, et c'est un progrès d'avoir appliqué, à ce point de vue, à la physiologie les procédés graphiques et mensurateurs en usage dans les sciences physico-chimiques des corps bruts.

N° 216.

Il y a des physiologistes, tels que Hales, Sauvage, etc. qui combinent en quelque sorte l'animisme et le mécanicisme; ils admettent que tous les phénomènes sont régis par une âme, ce qui n'empêche pas que ces phénomènes soient soumis aux lois mécaniques des corps bruts.

Je n'ai pas à entrer ici dans l'examen des questions de matérialisme et de spiritualisme que j'aurai peut-être l'occasion de discuter plus tard. Je me bornerai seulement à dire que ces deux questions sont en général très-mal posées dans la science, de sorte qu'elles nuisent à son avancement. La science démontre, ainsi que je l'ai déjà dit, que ni la matière organisée, ni la matière brute, n'engendrent les phénomènes, mais qu'elles servent uniquement à les manifester par leurs propriétés dans des conditions déterminées. Il répugne d'admettre qu'un phénomène de mouvement quelconque, qu'il soit produit dans une machine brute ou dans une machine vivante, ne soit pas mécaniquement explicable. Mais, d'un autre côté, la matière quelle qu'elle soit, est toujours, par elle-même, dénuée de spontanéité et n'engendre rien; elle ne fait qu'exprimer par ses propriétés *l'idée* de celui qui a créé la machine qui fonctionne. De sorte que la matière organisée du cerveau qui manifeste des phénomènes de sensibilité et d'intelligence propres à l'être vivant n'a pas plus conscience de la pensée et des phénomènes qu'elle manifeste, que la matière brute d'une machine inerte, d'une horloge, par exemple, n'a conscience des mouvements qu'elle manifeste ou de l'heure qu'elle indique; pas plus que les caractères d'imprimerie et le papier n'ont la conscience des idées qu'ils retracent, etc. Dire que le cerveau sécrète la pensée, cela équivaudrait à dire que l'horloge sécrète l'heure ou l'idée du temps. Le cerveau et l'horloge sont deux mécanismes, l'un vivant et l'autre inerte, voilà toute la différence; ce qui n'empêche pas que l'un et l'autre ne fonctionnent toujours que dans des conditions d'un déterminisme physico-chimique absolu. En effet, le cerveau renferme virtuellement, par sa structure primordiale, tous les phénomènes qu'il exprime; seulement il lui faut pour cela des *conditions* qu'il appartient aux physiologistes d'étudier.

Ce qui précède peut s'appliquer à tous les organes du corps. Les glandes stomacales, par exemple, ont la propriété innée de former le suc gastrique. Mais ce suc gastrique ne se sécrète normalement que sous l'influence de l'excitation de la surface de l'estomac par les aliments. Mais on ne saurait pour cela placer la *cause* de la formation du suc gastrique dans les aliments. Il n'y a là qu'une des conditions déterminant la formation du suc gastrique qui se sécrète par un mécanisme préétabli dans l'estomac, comme les idées apparaissent dans le cerveau par suite d'un mécanisme préétabli dans ses diverses parties.

En résumé, il ne faut pas confondre les *causes* et les *conditions;* tout est là. La matière n'est jamais cause de rien; elle n'est que la condition, et cela aussi bien dans les phénomènes des corps bruts que dans ceux des corps vivants. Or le savant ne peut placer le *déterminisme* des phénomènes que dans leurs conditions qui jouent le rôle de *causes prochaines.* Les *causes premières* sont hors de sa portée, et ne doivent jamais le préoccuper. C'est le déterminisme seul des phénomènes qui constitue son domaine. C'est là que se trouve tout le problème de la science expérimentale.

N° 217.

Il est des physiciens, des chimistes ou des mécaniciens qui pensent que toute la science doit consister à ramener aux mêmes explications les deux ordres de phénomènes et confondre en quelque sorte la physiologie avec la mécanique ou avec la physico-chimie. Considérer la physiologie dans un sens aussi absolu, ce serait, ainsi que nous l'avons déjà dit, une fausse direction.

Les sciences physico-chimiques minérales sont encore des instruments ou des moyens auxiliaires pour la physiologie. L'objet de la physique et de la chimie physiologique est d'étudier les propriétés spéciales de la matière vivante, qui sont seules utiles à connaître en physiologie quand on veut se rendre compte des procédés organiques. En effet, c'est toujours aux propriétés spéciales de la matière qu'il faut s'adresser, car on n'agit pas sur les lois générales des phénomènes, qui d'ailleurs sont identiques, ainsi que nous l'avons vu, dans les corps bruts et dans les corps vivants.

N° 218.

La structure des organes et des tissus, en admettant qu'on la connaisse complétement, ne peut donner que la forme, c'est-à-dire les procédés des manifestations vitales, mais elle ne saurait jamais en faire découvrir la loi génératrice.

Quand on considère l'évolution d'un être vivant, on voit clairement que l'organisation est la conséquence d'une loi organogénique qui préexiste. Nous savons que l'œuf est la première condition organique de manifestation de cette loi. C'est un centre nutritif qui, dans un milieu convenable, crée l'organisme. Il y a là en quelque sorte des idées évolutives et des idées fonctionnelles qui se réalisent sous nos yeux. Ces idées sont virtuelles et les excitants chimico-physiques ne font que les manifester mais ne les engendrent pas.

N° 219.

Cette distinction des phénomènes de la vie et des phénomènes de la mort ne serait pas fondée. Les éléments histologiques plasmatiques de la nutrition et de l'évolution organique ne fonctionnent pas autrement que les éléments musculaires et nerveux. Chacun d'eux s'use et se détruit semblablement en accomplissant des fonctions qui sont distinctes. Le physiologiste pourra provoquer de même des réactions tantôt sur les éléments histologiques de *création organique*, et alors il agira sur l'évolution de l'être, c'est-à-dire sur des phénomènes futurs, tantôt sur les éléments de *manifestation organique*, et alors il agira sur des phénomènes fonctionnels actuels. Mais dans tous les cas toutes ces actions sur les éléments histologiques sont toujours chimico-physiques, c'est-à-dire des conditions de milieu.

N° 220.

Quand on observe le développement de l'œuf mâle ou de l'œuf femelle, on voit que la cellule qui formera l'œuf n'est d'abord qu'une simple cellule épithéliale impossible à distinguer des autres, puis, par son déplacement, cette cellule change de milieu nutritif et prend une évolution nouvelle. (Voyez Davaine, *Recherches sur l'anguillule du blé niellé; Mémoires de la Société de biologie*, 2ᵉ série, t. III, p. 224; 1856.)

Dans les végétaux on peut voir aussi qu'une cellule indifférente peut devenir un bourgeon par une exagération de la nutrition. Quand on coupe les branches d'un arbre, par exemple, il se forme des bourgeons sur des points de l'écorce qui n'en auraient jamais porté si la sève, devenue plus abondante, n'y avait changé les conditions nutritives des cellules.

L'expérimentateur peut agir sur les animaux de la même manière que chez les végétaux. Quand on modifie la nutrition d'un être vivant, on arrive nécessairement à modifier la constitution du milieu interne et, par suite, la réaction de ce milieu sur les éléments histologiques. Ces éléments histologiques se comportent alors absolument comme des infusoires qui subiraient l'influence graduelle d'un milieu nouveau. Or on peut ainsi modifier, non-seulement les éléments fixes dans des tissus formés et adultes, mais on agit aussi sur les éléments plasmatiques, qui se renouvellent incessamment et qui peuvent amener des modifications dans les produits ovariques ou dans les sécrétions génératrices; c'est ainsi qu'il est permis de comprendre comment ces modifications peuvent se transmettre aux descendants des êtres que l'on a soumis à ces modifications nutritives. Mais, je le répète encore, toutes ces modifications doivent se produire sous l'influence de lois organotrophiques, qui existent certainement, mais qu'il faudrait avant tout étudier et formuler.

N° 221.

Il faut conclure que la physiologie est une science distincte, autonome et indépendante, qui a son point de vue propre et son problème spécial : la recherche des lois de l'organisation.

Le but de la physiologie générale expérimentale est, avons-nous dit souvent, de conquérir la nature vivante et d'agir scientifiquement sur les phénomènes de la vie. Or nous avons prouvé surabondamment que le physiologiste ne peut modifier les phénomènes de la vie qu'en modifiant l'organisation elle-même, c'est-à-dire en atteignant dans le milieu intérieur les propriétés organogéniques ou fonctionnelles des éléments histologiques.

C'est pourquoi la physiologie est une science spéciale par son objet, et qui doit avoir sa constitution indépendante.

En effet, la physiologie se caractérise comme une science physico-chimique, qui, au lieu d'étudier les propriétés de la matière inorganique, étudie les propriétés de la matière organique, et qui, au lieu de vouloir maîtriser les phénomènes de la nature brute, veut régir les phénomènes de la nature vivante. Mais cependant il y a une différence profonde qui sépare le physiologiste du physicien. Le physicien étudie des appareils ou des machines brutes qu'il a fabriqués lui-même, qu'il connaît, par conséquent, d'une manière parfaite et sur lesquels il peut agir directement. Le physiologiste au contraire étudie des appareils, des machines vivantes qu'il n'a pas fabriqués, et dont il ignore entièrement le mécanisme. Il est donc obligé d'interpréter le jeu de ces machines vivantes au milieu d'erreurs et d'illusions auxquelles se trouverait également soumis un ignorant qui voudrait expliquer une machine inerte compliquée dont il ne connaîtrait aucunement les principes de construction. Nous ne pouvons réellement connaître que ce que nous créons. Nous ne connaîtrons par conséquent bien réellement les êtres vivants que quand nous pourrons les modifier à notre gré et les refaire en quelque sorte. Mais le physiologiste doit savoir qu'il ne pourra jamais agir directement sur les êtres vivants comme le physicien sur ses machines inertes; il est obligé d'agir toujours par l'intermédiaire des phénomènes organotrophiques ou nutritifs.

N° 222.

Aujourd'hui la physiologie prend partout son essor comme science autonome et indépendante. Son enseignement, séparé de celui de l'anatomie, s'est engagé pleinement dans la méthode d'investigation expérimentale commune aux sciences physico-chimiques.

Il ne faut plus subordonner la physiologie à l'anatomie; c'est le contraire qu'il faut faire. L'anatomie n'est qu'une des nombreuses sciences auxiliaires de la physiologie.

N° 223.

Aujourd'hui cette tendance physiologique de la médecine est générale. C'est depuis longtemps la tendance de l'enseignement du cours de médecine au Collége de France. A l'étranger, il faut mettre Virchow au premier rang parmi les promoteurs actuels de cette direction nouvelle de la médecine.

N° 224.

C'est en Allemagne que les laboratoires de physiologie ont été d'abord institués soule nom d'*instituts physiologiques*. Aujourd'hui il en existe en Russie, en Hollande, en Danemark, en Suède, en Italie, etc.

N° 225.

Les physiciens, les mécaniciens et les chimistes considèrent comme étant de leur domaine des phénomènes mécaniques, physiques et chimiques qui appartiennent cependant à la physiologie. Sans aucun doute, ainsi que nous l'avons répété souvent, il n'y a qu'une mécanique, qu'une physique et qu'une chimie quant aux lois qui régissent les phénomènes des corps vivants et des corps bruts. Mais nous avons vu que ce serait néanmoins une erreur d'assimiler complètement les phénomènes des corps vivants à ceux qui se passent dans les corps bruts. A raison des procédés toujours spéciaux que la nature organique emploie, l'étude de ces phénomènes appartient réellement aux physiologistes. C'est ainsi que les fermentations doivent être comprises dans les phénomènes physiologiques de nutrition et de développement, etc.

N° 226.

Sans doute toutes les sciences biologiques procèdent d'un même tronc, puisque l'être vivant est l'objet commun de leur étude; mais elles ne sont pas pour cela des démembrements ou de simples fragments les unes des autres. En se subdivisant, les sciences s'élèvent et changent de point de vue, et sous ce rapport les sciences expérimentales représentent un état scientifique plus avancé que les sciences naturelles. En effet, les sciences expérimentales se rapprochent davantage du but vers lequel tout doit converger, savoir : l'explication des phénomènes vitaux. Quelle serait, en effet, l'utilité de toutes les sciences anatomiques et zoologiques si elles n'étaient des échelons successifs pour arriver à la connaissance des phénomènes de la vie?

Dans l'arbre scientifique, les branches montent donc toujours en s'éloignant du tronc, et ce sont les extrémités de ces branches qui portent les bourgeons et les fruits et atteignent le but scientifique qui n'est lui-même rien autre chose que le produit ou le fruit de toutes les évolutions scientifiques antérieures.

La physiologie, en tant que science expérimentale, se distingue donc nettement de la zoologie et de la botanique, qui sont des sciences naturelles. La physiologie ne cherche à déduire de ses recherches aucun caractère de classification; elle néglige complètement les considérations de classe, d'ordre, de genre, d'espèce, qui sont l'objet essentiel des études des naturalistes, zoologistes ou physiologistes.

Pour la physiologie générale, il n'y a que des mécanismes vitaux variés à l'infini, qui s'accomplissent à l'aide d'éléments actifs communs. L'objet de cette science est de déterminer ces éléments communs, avec leurs propriétés et dans leurs conditions d'activité. La physiologie comparée est pour la physiologie générale une source d'études précieuses, mais à un tout autre point de vue que celui du naturaliste zoologiste. La zoologie peut sans doute chercher dans la physiologie des caractères de classification ou de distinctions spécifiques des êtres vivants. Mais la physiologie générale ne cherche dans la zoologie que des explications de phénomènes. Dès que le physiologiste trouve une différence fonctionnelle entre deux animaux, il ne cherche pas à les rattacher à l'espèce ou au genre, mais il veut trouver les conditions fonctionnelles spéciales qui existent chez un animal et non chez l'autre. Par cela, il sera conduit à l'explication réelle du phénomène, s'il arrive, dans ces expériences naturelles et comparatives, à saisir sa vraie condition d'existence. Si le physiologiste trouve, en un mot, qu'un appareil, un organe ou un tissu musculaire ou nerveux par exemple présentent des différences dans leurs propriétés chez les divers animaux, il n'en tire point, comme le naturaliste, des caractères pour distinguer les espèces, mais bien la preuve qu'il existe chez ces animaux des différences de conditions organiques qui doivent expliquer les différences fonctionnelles et lui apprendre le mécanisme réel des phénomènes.

N° 227.

La géologie, la minéralogie, la physique et la chimie étudient les mêmes objets : les corps bruts ou minéraux. Mais chacune de ces sciences a son problème spécial; c'est pourquoi la minéralogie ne renferme point la chimie, quoiqu'elle s'occupe des mêmes corps. La géologie et la minéralogie sont des sciences *naturelles*. La physique et la chimie sont des sciences *expérimentales*. On pourrait subdiviser encore les sciences naturelles et les sciences expérimentales des corps bruts qu'elles ne changeraient pas pour cela de point de vue, parce qu'alors ces subdivisions ne seraient que des démembrements faits dans une même science naturelle ou expérimentale.

La zoologie, la botanique et la physiologie étudient les mêmes objets : les corps vivants. Mais leur problème est aussi essentiellement différent. La zoologie et la botanique sont des sciences d'observation. La physiologie est une science expérimentale. On pourra subdiviser les sciences naturelles des corps vivants, mais ce ne seront que des démembrements d'une même science naturelle. C'est ainsi que l'anthropologie est une science naturelle qui n'est qu'un démembrement de la zoologie. Mais jamais la physiologie ne pourrait être regardée comme une partie de la zoologie ou de la botanique. Elle est une science distincte parce qu'elle est expérimentale et placée à un point de vue différent.

Sans doute les sciences naturelles et expérimentales s'appuient les unes sur les autres et se font des emprunts réciproques. Les zoologistes pensent avec raison qu'ils doivent étudier les animaux sous le rapport physiologique; mais ils ne sont pas des physiologistes pour cela, de même que le physiologiste n'est pas zoologiste parce qu'il s'appuie sur des arguments empruntés à la zoologie ou à l'anatomie comparée. L'anthropologie, par exemple, doit considérer l'homme sous certain rapport de politique ou de législation; l'anthropologiste n'en restera pas moins toujours un naturaliste. C'est donc la nature de leur problème spécial qui doit distinguer les sciences et les séparer radicalement les unes des autres, malgré les relations nécessaires et les nombreux points de contact qu'elles ont nécessairement les unes avec les autres. C'est pour ne pas bien connaître ces principes des divisions des sciences qu'on voit souvent des savants tomber dans de grandes confusions ou prétendre que leurs sciences renferment toutes les autres.

N. 228.

La physiologie expérimentale est la science qui marche à la conquête de la nature vivante; cette direction conquérante est le caractère propre des sciences expérimentales modernes. L'antiquité n'a pu connaître cette nouvelle idée scientifique parce que les sciences d'observation ou *contemplatives* ont dû se former avant les sciences d'expérimentation ou *exécutives*. Mais l'homme a compris que la contemplation passive n'était point le but de l'humanité; son rôle est le progrès et l'action. L'homme ne peut se perfectionner qu'en s'emparant à son profit des phénomènes de la nature au milieu desquels et à l'aide desquels il vit. Le règne des sciences expérimentales physico-chimiques est arrivé, et ces sciences, bien que de date récente, ont déjà doté l'humanité d'une puissance immense dont on ne saurait calculer encore toute la portée. L'avénement de la science expérimentale physiologique sera nécessairement plus tardif, mais il viendra indubitablement. Les sciences descriptives des lois des formes de la vie, telles qu'elles sont exprimées dans les nomenclatures et les classifications des naturalistes ont dû être, comme dans les sciences des corps bruts, les premières à se constituer; mais elles ne sauraient ici non plus représenter le but scientifique définitif. C'est la science biologique expérimentale active ou exécutive, c'est-à-dire la physiologie expérimentale, qui est la science la plus élevée des êtres vivants, parce que c'est elle qui poursuit le but suprême que l'homme se propose d'atteindre par la science, savoir: l'action sur les phénomènes de la nature.

L'évolution progressive des sciences des corps vivants se fait nécessairement dans cette direction. Les savants qui ne comprennent pas ce développement scientifique ne sauraient l'empêcher; mais ceux qui le voient ou le pressentent peuvent le favoriser en appelant de ce côté les recherches scientifiques et en soutenant par l'espérance les efforts des travailleurs. C'est pourquoi j'ai cru utile d'insister sur la direction que doit suivre la physiologie et sur le rôle qui lui est réservé dans l'avenir, quelque éloigné qu'il puisse être encore de nous. Cela est d'autant plus utile que ce point de vue nouveau ne me semble pas avoir été encore indiqué suffisamment. On avait pu même au premier abord que la *vie* était un obstacle à la domination de l'homme sur les phénomènes biologiques. Je crois avoir démontré dans un ouvrage spécial (*Introduction à l'étude de la médecine expérimentale*) qu'il n'en est rien, puisque l'expérimentation est applicable aux phénomènes vitaux d'une manière aussi rigoureuse qu'aux phénomènes des corps bruts.

En disant que la physiologie se rendra maîtresse des phénomènes vitaux, la liberté morale ne saurait être atteinte par cette puissance de l'homme sur la vie. D'ailleurs[1]

[1] Le principe du hasard comme but de l'humanité satisfait à la contemplation générale aujourd'hui partout, dans les sciences, dans l'histoire, dans la morale. Les sciences anatomiques, en admettant le déterminisme, en font la condition même de la liberté; ce qui distingue ce déterminisme du fatalisme. En effet, l'être libre n'agit, c'est-à-dire que dans la période directrice du phénomène; mais une fois dans la période exécutive, le déterminisme agit une absolue, parce que la liberté en découle nécessairement. Le déterminisme est alors forcé, et les deux termes y seraient soumis, selon l'idée des anciens et de nos jours, le déterminisme n'exclut pas la liberté.

science ne peut conduire qu'à la vérité, et la vérité non-seulement doit être recherchée par le savant, mais elle ne doit être redoutée par personne, quelles que soient les idées philosophiques que l'on professe.

Si l'on annonçait qu'il nous sera possible un jour d'agir sur les phénomènes astronomiques, on pourrait taxer sans doute de rêveries de semblables prétentions, parce que les astres sont hors de notre portée et que l'astronomie est une science destinée à jamais à rester science d'observation ou une science naturelle. Mais la physiologie est une science terrestre; elle est à notre portée; seulement elle est si complexe que son avénement est nécessairement retardé.

Nous avons dit quelque part que le physiologiste pourra comme le chimiste créer des organismes nouveaux; il n'y a, en effet, pas plus d'impossibilité à la création d'un être vivant qu'à celle d'un corps brut. Mais seulement le physiologiste devra partir de la matière organisée pour lui imprimer, par des conditions spéciales, des modifications physiologiques et des directions phénoménales nouvelles.

Toutes les créations du chimiste et du physicien ne sont en réalité que des exhibitions. Ils ne créent point les forces physico-chimiques; ils leur fournissent uniquement des conditions pour se manifester sous des formes qui sont nouvelles pour l'homme, mais qui existaient à l'état latent dans les lois éternelles de la nature. De même le physiologiste en donnant naissance à des êtres vivants nouveaux ne saurait avoir l'idée qu'il a créé la force vitale : il n'aura fait, comme les chimistes et les physiciens, que découvrir des conditions particulières, dans lesquelles le germe vital pourra prendre des directions nouvelles et développer des organismes jusqu'alors inconnus.

N° 229.

La physiologie est la science ultime des corps vivants; car on ne veut finalement arriver qu'à expliquer les phénomènes de la vie. Toutes les autres sciences biologiques ne sont donc en réalité que les auxiliaires de la physiologie et elles concourent au même but. A quoi bon les études anatomiques s'il n'y avait des êtres vivants? A quoi serviraient les études sur tous les êtres vivants, si ce n'était pour arriver à mieux connaître l'homme?

N° 230.

Les naturalistes qui avaient compris la physiologie dans leur domaine en contestaient tout naturellement l'existence comme science indépendante. Cuvier, dont l'autorité scientifique était si grande, était au nombre de ceux qui non-seulement niaient l'indépendance de la physiologie, mais il ne reconnaissait pas même sa méthode et il accusait les vivisections de conduire à l'erreur. (Voyez Lettre à Mertrud.) Cependant plus tard Cuvier fit des rapports académiques dans lesquels il rendait compte d'expériences physiologiques qu'il louait beaucoup.

Il y a des zoologistes qui, moins exclusifs que ne l'était Cuvier, admettent les résultats de l'expérimentation et les combinent avec les déductions purement anatomiques de la zoologie; mais ils n'en nient pas moins l'indépendance de la physiologie. Cette espèce de mélange des sciences biologiques d'observation et d'expérimentation ne peut exprimer qu'un état de transition, une sorte de système bâtard dont il faut se hâter de sortir en établissant définitivement la physiologie expérimentale sur ses bases propres.

N° 231.

Les sciences naturelles doivent en être pourvues dans des limites aussi larges que possible. Mais il ne faut point leur sacrifier les intérêts des autres sciences expérimentales. Les collections ne sauraient jamais être complètes. Ce ne sont, je le répète, que des moyens d'études et de démonstration; car, à part cela, le but final de la science ne saurait être de collectionner et de réunir inutilement des minéraux, des végétaux et des animaux.

N° 232.

Lorsque j'étais préparateur de Magendie, je pus être témoin de toutes les tracasseries que lui suscita l'administration.

N° 233.

Je me bornerai à citer à ce sujet M. Brown-Sequard, qui est resté très-longtemps en France. C'est là qu'il a fait tous ses travaux et qu'il a publié un journal de physiologie. C'est pourquoi j'ai considéré ici M. Brown-Sequard comme un physiologiste français.

N° 234.

Pendant dix ans je n'ai eu ni préparateur ni laboratoire. Il ne m'a donc pas été possible de donner à mon cours le développement expérimental qu'il exigeait. Je ferai tous mes efforts pour réparer cette lacune, et j'ai lieu d'espérer qu'il me sera donné d'établir sur des bases qui assurent sa viabilité et le rendent digne de notre pays le seul enseignement de physiologie générale qui existe en France.

N° 235.

Il ne faudrait pas comprendre les laboratoires comme étant de simples annexes des cours publics. Les laboratoires scientifiques sont réellement distincts des laboratoires de démonstration des cours. Il serait même très-utile qu'il y eût des créations de laboratoires scientifiques en dehors des cours publics, qui n'ont pour but que de divulguer la science élémentaire. En effet, il arrive très-ordinairement que les talents de vulgarisateur et d'inventeur ne se rencontrent pas chez les mêmes hommes.

Le savant doit toujours avoir en vue un double but : faire des travaux pour avancer la science actuelle et en même temps former de jeunes savants qui développeront ulté-

rieurement la science. Lorsqu'en France un jeune homme suffisamment instruit et
préparé par des études antérieures puisées dans les cours voudrait s'essayer dans quelques travaux ou aborder la carrière de la physiologie expérimentale, il faudrait qu'il
pût en avoir les moyens matériels dans des laboratoires où il trouverait en même temps
une direction scientifique. Le professeur assumerait en quelque sorte la responsabilité
scientifique des travaux faits sous sa direction ou par son inspiration. C'est ce qui arrive
dans beaucoup de laboratoires physiologiques de l'étranger où l'on publie chaque année
les travaux réunis faits par le professeur et les élèves. De cette manière de jeunes
physiologistes se formeraient et se feraient connaître; la science se développerait utilement par des travaux bien conçus et dirigés sur les questions importantes à résoudre.
Enfin le professeur y trouverait des disciples et des auxiliaires qui poursuivraient le
développement de ses propres travaux.

N° 236.

La science physiologique est une science si vaste, si complexe qu'un seul physiologiste ne saurait jamais avoir la prétention de la cultiver dans toutes ses parties. Dans la
théorie le savant doit toujours considérer l'ensemble de la science; mais dans la pratique il doit se spécialiser; c'est le seul moyen d'approfondir les questions et de faire
des progrès rapides et réels. Il faudra donc qu'après des études générales suffisantes,
les jeunes gens eux-mêmes prennent de bonne heure des directions expérimentales un
peu différentes, de manière que toutes les régions du champ de la physiologie se
trouvent cultivées.

Un cours de physiologie générale qui voudra exposer expérimentalement l'ensemble
de la science devra donc avoir des aides exercés au moins dans les deux directions expérimentales que cette science comporte: la direction physico-chimique, qui représente la
méthode d'investigation commune à la physiologie et aux sciences expérimentales des
corps bruts, et la direction anatomique ou histologique, qui représente l'objet spécial de
l'étude de la science physiologique en tant que science des corps organisés. A l'étranger
les laboratoires nouveaux des sciences biologiques expérimentales sont tous pourvus de
plusieurs sortes d'aides.

N° 237.

Toutes les découvertes et tous les travaux que j'ai publiés sont souvent, je le recon-
nais moi-même, à l'état de simples ébauches ou même parfois d'indications insuffisantes.
Je crois qu'ils n'en ont pas moins exercé une influence utile sur la marche de la physiologie, en suscitant les recherches nouvelles de la part d'un grand nombre d'expérimentateurs. Mais je désire qu'on sache que les obscurités, les imperfections et l'in-
cohérence apparente qu'on peut trouver dans mes divers travaux ne sont que les
conséquences du manque de temps, des difficultés d'exécution et des embarras multi-
pliés que j'ai rencontrés dans le cours de mon évolution scientifique. Depuis plusieurs
années, je suis préoccupé de l'idée de reprendre tous mes travaux épars, de les exposer
dans leur ensemble, afin de faire ressortir les idées générales qu'ils renferment. J'espère

maintenant qu'il me sera possible d'accomplir cette deuxième période de ma carrière scientifique.

N° 238. .

Nulle part ailleurs qu'en Allemagne il existe autant d'universités, autant de physiologistes éminents, autant de beaux et bons laboratoires, autant d'élèves nationaux et étrangers qui cultivent la science physiologique expérimentale.

FIN.

TABLE DES MATIÈRES.

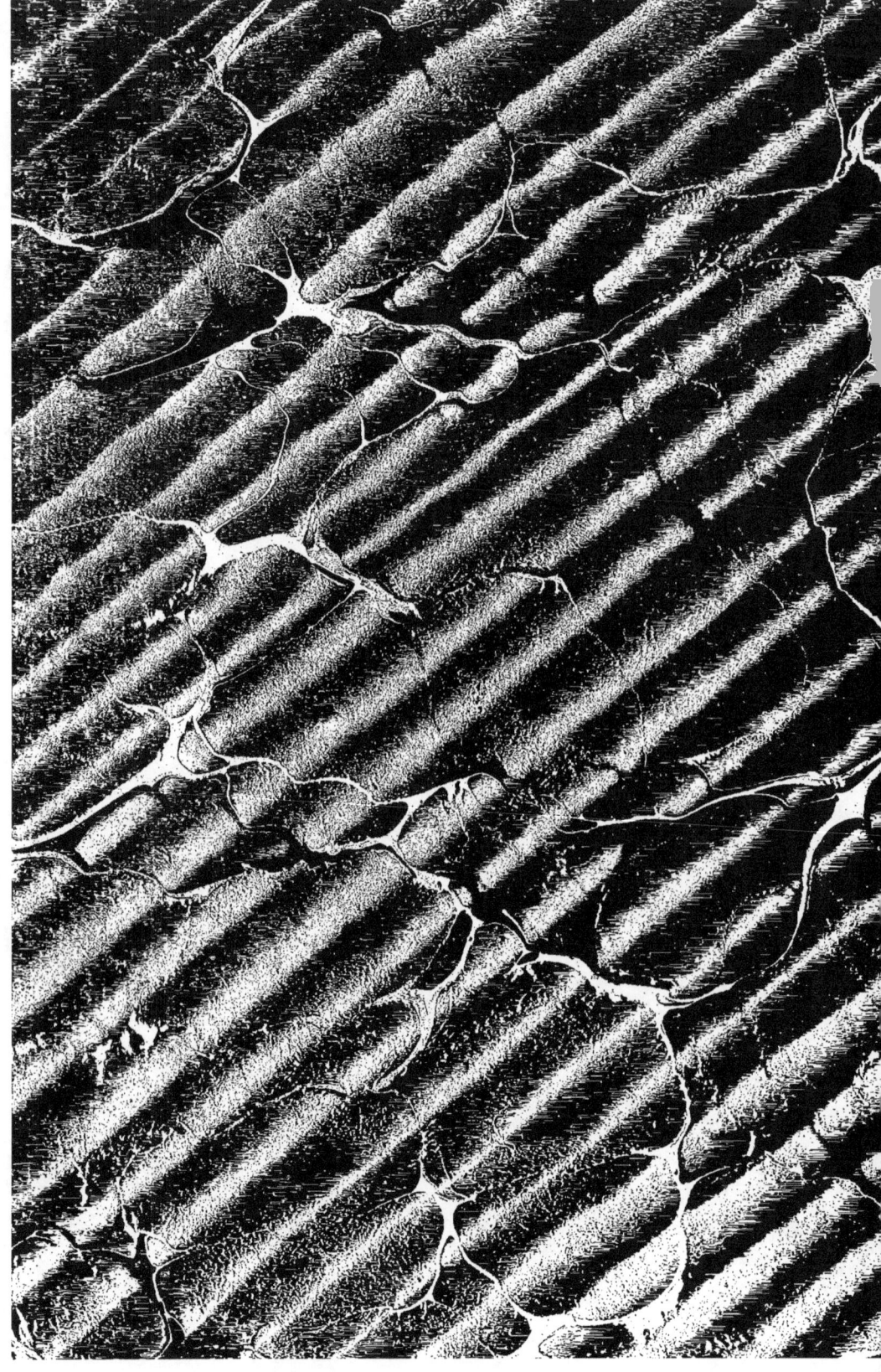